存量土地开发

深圳土地整备探索与实践

许亚萍　王　嘉　岳　隽　赵若焱
深圳市城市规划设计研究院股份有限公司　著

中国建筑工业出版社

图书在版编目（CIP）数据

存量土地开发：深圳土地整备探索与实践 / 许亚萍等著. -- 北京：中国建筑工业出版社，2024. 12.

ISBN 978-7-112-30248-2

I. F321. 1

中国国家版本馆 CIP 数据核字第 2025V3J646 号

责任编辑：毋婷娴

责任校对：赵　菲

存量土地开发：深圳土地整备探索与实践

许亚萍　王　嘉　岳　隽　赵若焱
深圳市城市规划设计研究院股份有限公司　著

＊

中国建筑工业出版社出版、发行（北京海淀三里河路 9 号）

各地新华书店、建筑书店经销

北京方舟正佳图文设计有限公司制版

建工社（河北）印刷有限公司印刷

＊

开本：787 毫米 × 1092 毫米　1/16　印张：$14\frac{1}{2}$　字数：259 千字

2025 年 2 月第一版　　2025 年 2 月第一次印刷

定价：**78.00** 元

ISBN 978-7-112-30248-2

（43876）

电话：（010）58337283　QQ：2885381756

（地址：北京海淀三里河路 9 号中国建筑工业出版社 604 室　邮政编码：100037）

编委会成员

前言

改革开放以来，深圳通过快速城市化实现了经济社会的高速发展，取得了一系列令人瞩目的成就，从一个边陲小镇发展成为千万级人口规模的超大型城市。然而，有限的国土空间面积使深圳较早面临土地和空间资源瓶颈。早在2005年深圳即提出城市发展面临土地空间、能源和水资源、人口、环境承载力“四个难以为继”的困境，2010年《深圳市城市总体规划》正式确立“增量空间扩张向存量空间优化”的目标，拉开了城市向存量土地开发转型的大幕。

不同于其他城市，深圳是中国唯一没有农村的城市，缺乏城乡统筹增量与存量调节的条件。相较于重庆、上海，深圳规划城镇开发边界外的建设用地极少，不存在实施以城乡用地增减挂钩为主要工具的地票政策或低效建设用地减量化的条件；相较于广州、佛山，深圳全市土地已完成国有化改革，市场主体的资产补偿意愿远超货币补偿意愿，不具备以政府挂账收储为代表的成片村改模式的条件。

不同于增量用地，存量土地开发面临多元利益主体博弈、复杂产权关系处理和高昂的拆迁成本支付等系列问题，特别是深圳在过去40余年的高速发展中，城市建成区高强度开发，城中村高密度建设，土地再开发成本进一步抬升。与此同时，在深圳高速发展进程中，大量未完善征（转）地补偿手续的用地实际仍掌握在原农村集体经济组织手中，且存在土地私下流转、违法建设、配套设施欠账等诸多问题。由于产权不清晰，土地开发利用受限，形成“政府拿不走、社区用不好、市场难作为”的局面，严重影响了土地资源的节约集约利用。

为了有效应对这些问题，同时保障法定规划的充分落实，促进重大产业项目、大型基础设施和公共服务设施的落地实施，深圳于2011年正式启动土地整备的探索。经过多年的实践，土地整备逐渐成为深圳存量土地再开发的重要途径，其有效实施离不开对各方利益的合理兼顾和统筹，通过利益共享激发权利主体及市场的积极性，在市、区两级规划和计划引领下，综合运用土地、规划、资金和地价等手段，重塑既有权属复杂和空间无序的土地，使各类土地资源按照规划进行再配置，并调动各方力量全过程参与，合力推动重要设施、重点项目的落地和片区整体品质改善，进而促进土地价值的显著提升。总体而言，深圳土地整备的成功经验可以归纳为利益共享、规划引领、连片统筹、多方共治四个方面。

利益共享是调动各方主体积极性和推动存量土地再开发的关键。在以往实践中，地方政府大多秉持“涨价归公”的理念，占据土地增值收益的主体部分，补偿给原权利人的利益相对较少且形式单一，导致原权利人改造意愿不高，沟通协调难度极大，因而政府主导的存量土地再开发项目往往推进缓慢，甚至陷入博弈僵局。为有效应对这一困境，深圳在土地整备利益统筹中坚持“涨价公私兼顾”的原则，构建了以“留用地”为核心的土地增值收益分配机制，通过向原权利人及市场合理让渡增值收益，实现政府、原农村集体经济组织和市场的收益共增，从而调动各方积极性，使原权利人从“要我改”转为“我要改”，有效推动了存量土地的再开发。

规划引领是土地整备项目实施的依据。在存量土地再开发进程中，受地方财政、市场行情和权利主体诉求等诸多因素影响，存量土地开发项目往往趋于碎片化、散点化，与上位规划脱节，难以有效落实城市宏观战略和重大设施部署，严重制约城市的持续发展。为扭转该局面，深圳在土地整备实践中探索了“规划引导计划、计划统筹项目、项目推进实施”的全流程推进机制，通过五年专项规划衔接各相关规划计划，明确土地整备规模和重点区域，自上而下分解土地整备任务，进而通过年度计划统筹自下而上的项目诉求，协调改造时序，合理安排资金预算，推动整备项目滚动实施，最后通过适当政策倾斜和集中资源投放，引导重点土地整备项目优先推进实施，保障政府战略意图的有效落实。

连片统筹是深圳市土地整备的特色和创新。随着存量土地再开发成本的不断抬升，传统以项目为导向的碎片化征地模式越来越困难。其一，针对存量地区进行局部土地征收，往往缺乏回迁用地规模，难以满足原权利主体的资产补偿诉求；其二，法定补偿标准缺乏弹性，且补偿幅度较难满足市场预期，导致沟通阻力较大、周期较长，阻碍规划的落实和公共设施供给的速度；其三，存量地区局部征收和改造带来的土地价值提升，更多被周边既有权利主体无偿捕获，难以回流至政府以平衡前期高昂的资金投入，长此以往将不断加大财政负担，使地方发展难以持续。深圳在土地整备的持续探索中，逐步形成连片统筹和整备前置的创新路径，通过在更大尺度上（常以社区或片区为单位）开展利益统筹，先行协商明确政府和原权利人的利益边界，再结合各方诉求优化用地规划，保障公共设施的落实和片区整体品质的提升，以此破解传统征地模式的弊端，实现存量土地连片再开发和各方收益的共同提升。

多方共治是深圳市推动土地整备工作的基本路径和方法。在传统的土地征收模式中，往往由政府主导项目的计划立项、征地拆迁、储备和供应等全过程，原权利人则处于被动地位，获取的信息相对有限，在项目实施过程中更倾向采取非合作策略以争取更大收益，当博弈双方难以达成统一意见时，项目实施将难以为继，甚而引发社会对立风险。考虑到存量用地涉及的利益主体更多、产权格局更加复杂，传统征地模式会面临更大的交易成本，深圳在土地整备工作中对项目实施模式进行了创新，从“政府一元主导”转向“多方协同治理”，引导不同利益相关主体参与土地整备项目实施的各个环节，形成了“政府主导、社区主体、社会参与”的多主体全过程协同推进模式，以此在项目推进的整个过程中提高利益相关主体的知情权和参与权，化解潜在矛盾，避免累积叠加为社会风险。

存量土地开发是城镇化后半场我国土地政策与制度改革的重要方向。深圳市所遇到的土地和空间资源瓶颈问题在其他城市也在陆续出现，很多城市的政府管理人员和规划技术人员希望在先行先试的深圳获取启发和参考。因此，深圳每年都会迎来大量考察学习团队。不同于物质空间开发建设方面内容那么直观，土地整备制度内在的复杂性即便对具有相关知识背景的专业技术人员而言，也很难在短暂的考察期间“速成”。为了讲好深圳土地整备的故事，让深圳制度探索的经验给其他城市带来更多的思考和启发，编写团队根据多年的实践经验，撰写了本书。

本书分为上、中、下三篇共计11个章节。其中，上篇是土地整备总论，包含3个章节。第1章是城市发展与土地整备；第2章从规划传导的视角介绍土地整备专项规划；第3章是从计划统筹的视角介绍深圳市土地整备计划。

中篇是利益统筹创新，该篇包括5个章节。其中，第4章是从利益共享的视角介绍土地整备利益统筹政策；第5章是土地整备利益统筹项目的可行性研究，内容包括可行性研究的概念界定、可行性研究的参与主体与职能分工、可行性研究编制的技术内容和实践案例；第6章是土地整备单元规划，内容包括土地整备单元规划的作用与探索过程、规划编制要点、编制审批流程和具体案例；第7章是土地整备项目实施方案，内容包括土地整备实施方案编制目的和内容、审批流程和要点、土地整备实施方案核心环节等；第8章是土地整备项目实施管理，内容包括土地整备项目实施管理体制的发展演变、多元参与的互动协同机制、全流程管理的土地整备实施机制和具体案例。

下篇是土地整备展望，该篇包含3个章节。其中，第9章是从项目式整备走向片区统筹整备，内容包括项目式整备推进的困境、片区统筹的技术方法、片区统筹的工作特征、片区统筹的核心要素。第10章是深圳土地整备与其他城市比较，内容包括深圳市土地整备的特征和总结、上海、重庆和佛山三个城市的案例分析、各地探索实践的基本经验，以及深圳与相关案例相比的主要差异；第11章是政府主导下土地整备的思考与展望，内容包括土地整备的作用、现实困境、趋势和展望等。

本书从框架谋划到初稿形成，几经增删和修订，凝结了数十位专业技术人员的热情和心血。掩卷沉思，不胜感慨，在规划设计行业不断内卷的大环境之下，参与本书讨论和写作的每一位技术人员都承担着十分繁忙的规划设计任务，尽管如此，研究团队的每一位成员仍不辞劳苦，甘之如饴，坚持将本书保质保量地完成。政府主导的存量土地开发模式是深圳市改革开放制度探索和创新的重要组成部分，编写团队期望通过本书的出版，启迪国内其他城市存量土地开发的探索与改革。

初衷虽好，但现实有现实的不易。首先，无论是深圳制度实践本身还是本书编写团队对土地整备的理解，都难以称得上尽善尽美；其次，深圳市土地整备从提出至今，每年都有新的政策和技术规范出台，每年也都有新的项目在已有政策的基础上探索试点，仍处在探索和实践的过程之中；再次，其他城市面临的问题和发展阶段与深圳并不完全相同，机械性的政策移植并不可取。尽管如此，我们仍执一盏星火，以期照四方灼灼。

深圳土地整备一直在前行的路上，而作为深度参与其中的研究团队和个人，我们也在前行的路上。

目 录

中篇：利益统筹创新

下篇：土地整备展望

上篇：土地整备总论

第1章　城市发展与土地整备

1.1　土地整备的发展背景

深圳是我国改革开放的试验田，其发展速度之快可以通过人口和经济规模的纵向对比数据进行说明。从人口规模来看，1979年深圳市年末常住人口为31.41万人，2021年为1768.16万人，平均增长速度高达10.1%。从经济规模来看，1979年深圳市（GDP）为1.96亿元，2021年为30664.85亿元，平均增长速度高达20.7%。城市发展快，建设用地增长也快，相对于国内其他城市，深圳市还有人口和经济规模大，但陆域面积规模小和人口密度高的特征，土地资源瓶颈较为突出。从年末常住人口密度来看，2021年深圳人口密度为8552人/km^2，而香港为6637人/km^2，上海为3926人/km^2，北京为1334人/km^2 [1]。综合来看，在不到2000km^{2}的陆域国土面积上，深圳拥有如此大的人口规模和经济体量，同时也面临着较为严峻的土地资源瓶颈。

1.1.1　土地国有化与特区内外城市化

为保障经济发展和建设用地的顺利供应，深圳市土地管理进行了卓有成效的探索。1987年，深圳“第一锤”在全国率先进行了土地有偿使用探索，拉开了我国土地使用制度改革的序幕。深圳市率先推行土地的招拍挂出让，不断推进土地资源市场化配置，率先创立“取之于地，用之于地”的国土基金管理模式，有力推动了深圳城市建设。深圳市率先实行土地管理的“五统一”制度（统一规划、统一征用、

1　数据来源《深圳统计年鉴 2022》《北京统计年鉴 2022》《上海统计年鉴 2022》和《中国统计年鉴 2022》。

统一开发、统一出让、统一管理），有力保证了规划在土地利用和管理中的先导、统筹和主导作用。为实现用地保障，在增量用地为主阶段，前后两次的土地全面国有化为快速城镇化过程提供了土地支撑。

（1）第一次：原特区内土地国有化（1979—1992年）

1980年8月，深圳经济特区正式成立，城市的性质定位是以工业为核心的综合性经济特区。特区成立之初，政府需要利用土地吸引外资进行滚动开发，利用当时廉价的土地资源和劳动力发展“三来一补”企业。然而，由于土地所有权和使用权没有明确规定，在土地价值水涨船高的背景下，原农村集体经济组织也自发出租、出售土地谋求发展。随着特区经济的飞速发展，在特区面积确定的情况下，迟早面临无地可用的局面，时间节点取决于政府开发的速度和农村集体占地的速度。除了土地，成立之初的特区还面临资金短缺困境，国家的政策优惠和资金补贴并不足以支撑其快速城市化。当时与土地管理相关的部门很多，土地的征用、开发、审批、费用收取和使用等属于不同部门，造成土地供应与土地收益无法达到预期。基于这些因素，特区决定进行土地管理体制的综合改革。1982年修正后的《中华人民共和国宪法》第十条规定：“城市的土地属于国家所有。农村和城市郊区的土地，除由法律规定属于国家所有的以外，属于集体所有；宅基地和自留地、自留山，也属于集体所有。”这在大原则上对国有和集体所有两种土地所有制进行了界定。1987年，深圳市委、市政府批准《深圳经济特区土地管理条例》提出将农村集体所有土地有计划地收归国家所有，然后由特区政府统一经营管理，统一进行有偿出让。该阶段原特区内土地国有化可以分为1989年以前的直接征地和1989年后的土地统征两个阶段。

1989年以前的直接征地有开发公司征地和用地单位征地两种做法。开发公司征地指市政府将土地分片划给各开发公司，由各个开发公司负责征地、开发和经营，市政府按照规定，向用地单位收取土地使用费。用地单位征地即用地单位的项目经市政府批准后，持有关批文向市规划部门申请用地，如果项目用地属于农村集体所有土地，市规划部门定点划线后，用地单位持《征地介绍书》到土地所在区的征地部门办理征地手续，通过办理征地手续后，土地由农村集体所有变为国有，用地单位每年按规定向市政府缴纳土地使用费。

无论是开发公司征地还是用地单位征地都需要进行征地补偿。当时，深圳市征地补偿参照国务院和广东省有关文件规定执行，土地补偿费、青苗补偿费、附着物补偿费和安置补助费均采用货币补偿。例如，土地补偿标准从1980年每亩[1]耕地征地费几百到千元左右，到1989年每亩水田补偿4000元左右。按照1982年《国家建设征用土地条例》的规定，征地除了货币补偿外，还要安置被征地需要安置的农民。深圳经济社会发展刚刚起步，有招工指标的单位少，因此采取征地后“留地”的办法来解决安置问题。1989年1月，《深圳市人民政府关于深圳经济特区征地工作的若干规定》（以下简称《征地工作的若干规定》）首次出现了“征地返还用地”的补偿方式。政府可以结合城市规划和村庄建设发展需求，优先免地价划拨一块土地供农村集体用于兴建经营性物业发展生产和经济，或者用于兴建公共福利设施以发展社会建设，并且可以先划地，后立项。至此，深圳征地补偿以货币补偿和征地返还用地补偿两种方式并行。

在规划管理方面，1986年6月，深圳市政府出台《关于进一步加强深圳特区内农村规划工作的通知》，提出“根据现有农村建设现状，按照城市总体规划的要求，划定控制线”，并明确要求农民建房应控制在划定范围内。文件出台后，各区迅速对所管辖的农村建设状况进行了调查，并由原市国土部门按城市规划的要求，最终划定原村民合法建设用地控制线（即城中村“用地红线”）。到了1988年，特区农村经济的总收入和人均收入都已经较为可观。特区农民已经由务农转向从工从商，在整个农村经济结构中，第二、第三产业已经占主导地位，特区农村具备了城市化条件。

对于深圳土地国有化进程而言，1989年是一个非常重要的历史节点。7月，深圳市成立土地国有化研究小组，并在11月提出“深圳土地国有化”的改革方案。由此，深圳市土地国有化进程进入了一个全新的发展阶段。1992年4月，深圳成立特区农村城市化领导小组，市委副书记任组长，同年6月发布了《关于深圳经济特区农村城市化的暂行规定》。1992年7月，召开特区农村城市化动员大会，首先在福田区原上步村开展试点，正式开启第一次农村城市化。1992年8月，深圳市规划国土局发布《深圳经济特区农村城市化工作中有关规划、国土部分的实施细则》，规定对特区集体所有的、尚未被征用的土地，实行一次性征用。

该阶段深圳农村土地国有化办法要点包括四个方面：一是对特区内集体所有的

1　1 亩约为 666.7m^2。

尚未被征用的土地实行一次性征收，一次性确定土地补偿；二是已划给原农村的集体工业企业用地和私人宅基地，使用权仍属原使用者；三是原各村在红线范围内投资建设的公用设施，在符合城市规划的情况下，仍归原投资者使用，街道办事处和居委会应配合集体企业进行管理；四是特区内原农民全部一次性转为城市居民。该阶段土地征收补偿主要依据《征地工作的若干规定》，补偿手段以货币补偿和征地返还用地为主。

至1992年11月，福田、罗湖和南山3个区的68个行政村、173个自然村全部撤销，新成立100个城市居委会，4.5万多农民、渔民和蚝民全转为城市居民，特区内农村剩余未开发土地征为国有。土地国有化推进了农村集体企业股份制改造，主要措施包括：将原来村民委员会的职能分解，将其发展集体经济和组织村民自治的两大职能分离，按照“政企分开、经营权和所有权分开、产权关系和分配关系明确”的要求，对各村的集体资产进行清产核资，进行资产评估；本着尊重历史、实事求是的态度进行股权设置；根据现代企业管理要求，建立企业型的组织机构和规章制度，从而建立了一批集体所有的股份有限公司。1994年，深圳市人民代表大会常务委员会通过了《深圳经济特区股份合作公司条例》，将社区股份合作制模式以立法的方式固定下来。

（2）第二次：原特区外土地国有化（1993—2005年）

经历了十年的积累，20世纪90年代的深圳已然成为高速增长的代名词。1991年，深圳提出建成国际性现代化大都市、实现深圳追赶亚洲“四小龙”的战略目标。这一年，深圳市GDP增长了37.86%，人口增加了35.15%。1992年，我国迎来了一轮经济发展的热潮，处在改革开放前沿中的深圳对于经济增长的热情更为高涨。然而，经过十几年的高速发展，原特区内可建设的土地资源已经比较紧张，剩余的未开发建设用地主要分布在宝安县。由于原特区内土地已经完成统征，城市要实现可持续发展，就需要把宝安县纳入整体发展。在此背景下，市政府希望通过原特区外土地的国有化，突破全市土地资源瓶颈，增加土地资源保障能力，拓展经济和各项社会事业发展空间。于是，1992年宝安撤县建区，分设宝安区和龙岗区。深圳市的管理体制实际上形成了特区内外双重体制的格局，因而希望通过特区外全面城市化来理顺管理体制问题。

从宝安和龙岗两区当时的发展现状来看，2003年，两区的农业总产值占GDP的比重仅约2%，农业人口就业已经非农化；农民收入实现多元化，农村集体经济组织分红、经商、出租物业等成为农民的主要收入来源，年均收入超过万元。农民的生活方式也发生了很大转变，生活设施和居住环境较传统农村相比，已经得到很大改善。总体来看，宝安、龙岗两区的城市化条件已经成熟。以2003年为界，原特区外土地国有化可以分为2003年之前政府征地，2003—2005年全面城市化转地两个阶段（李江等，2015）。

2003年之前政府征地。1993年7月，深圳市人民政府发布《深圳市宝安、龙岗区规划、国土管理暂行办法》（以下简称《暂行办法》），推进两区的土地统一规划、统一征收。征地单位为深圳市规划国土管理部门在这两区设立的派出机构，征收对象是城市建设规划区范围内的集体所有土地或范围外的预留用地，可以分批征收，也可以一次性征用。征地补偿标准参照《深圳经济特区征地拆迁补偿办法》。具体做法包括四点：

一是市政府依据国家有关法律法规，对两区的土地实行统一规划、统一征用、统一开发、统一出让、统一管理。深圳市规划国土管理部门（以下简称“市规划国土管理部门”）在两区设立派出机构（以下统称“派出机构”），派出机构受市规划国土管理部门和区政府的双重领导。

二是派出机构按《暂行办法》给农村集体组织划定非农建设用地（指各行政村集体的工商用地、村民的住宅用地及农村道路、市政、绿地、文化、卫生、体育活动场所等公共设施用地）范围，其余农业用地不得擅自改为非农建设用地。各行政村的工商用地按照每人100m^2计算；农村居民住宅用地，每户基地投影面积不超过100m^2；农村道路、市政、文化、卫生等公共设施用地，按照每户200m^2计算。各行政村的户数和常住人口数以1993年1月1日公安部门登记为准。

三是城市建设规划区范围内的农村集体或个人使用的非农建设用地，属国有土地。用地单位或个人应向派出机构申请领取房地产权利证书。此类用地暂免交土地使用费。城市建设规划区范围外的农村集体或个人使用的非农建设用地，属集体所有土地，未经市规划国土管理部门批准不得转让。

四是在1993年7月之前，农村集体单位或者其他单位未经县级以上人民政府批准已推土、尚未建设的土地，属非法占地。已转让、出租的，其签订的转让、出租合同属非法合同，不予承认。

2003—2005年原特区外全面城市化转地。2003年10月，深圳市委、市政府下发

《中共深圳市委深圳市人民政府关于加快宝安龙岗两区城市化进程的意见》，涉及行政管理、经济管理、发展规划、土地资源、市政建设、城市管理、户籍和计划生育、社会保障和劳动就业、教育、党建等10个方面。首先在宝安区龙华镇和龙岗区龙岗镇开展试点，标志着第二次农村城市化正式启动；8个月后，总结试点经验，在2004年6月，全面启动第二次农村城市化。2005年4月，深圳市委、市政府作出了全面开展宝安、龙岗两区城市化转地的战略部署，以便推进特区外转地，严格控制和统一管理土地，维护原村集体和群众合法权益。

深圳市各级政府陆续出台了一系列配套政策。其中，市政府层面出台了《深圳市人民政府关于印发〈深圳市宝安龙岗两区城市化转地工作实施方案〉的通知》《深圳市人民政府关于印发〈深圳市宝安龙岗两区城市化土地储备管理实施方案〉的通知》和《深圳市人民政府关于印发〈深圳市宝安龙岗两区城市化转为国有土地交接与管理实施方案〉的通知》，此外还出台了关于户籍、教育、养老保险等一系列配套政策。区政府层面相应制定了“实施方案”“推进方案”“实施细则”“操作办法”等配套文件。

在组织机构方面，深圳设立了市、区转地工作领导小组，建立了市、区、街道、社区四级转地工作机制，并向街道、社区派驻转地督导组，对转地工作监督检查和督促整改。城市化转地的主要程序：①召开宝安、龙岗两区城市化转地工作动员大会，要求城市化转地工作年内完成；②培训工作人员，组织专业测绘、评估队伍，测量转地面积及土地、青苗及地上附着物的补偿；③审批转地范围、适当补偿范围、测绘清点评估结果与补偿方案；④复查补偿地块，签订补偿协议，拨付补偿款；⑤建立信访、接访机制和纪检监察机制；⑥开展专项审计。城市化转地的补偿标准主要依据《深圳市人民政府关于印发〈深圳市宝安龙岗两区城市化土地管理办法〉的通知》和《深圳市征用土地实施办法》。补偿类别包括土地及地上附着物的货币补偿、非农建设用地安排及征地返还用地。

在第二次全面城市化期间，宝安和龙岗两区18个镇218个行政村转制为街道和社区，27万村民转为城市居民。深圳市政府通过“一次性转地，一次性付款，一年内完成”的转地方式，完成了1000多平方千米的农村城市化转地工作，至此深圳实现了理论上全域土地的国有化。对转为国有的土地按照“国土统一储备、部门依法监管、属地委托管理”的原则进行管理。同时启动了城市总体规划和土地利用总体规划的编制工作，促进了特区内外统一规划、统筹建设。在村集体企业改制方面，

1995年开始，宝安区和龙岗区开始在部分地区开展农村集体企业改制，建立股份合作制企业。2004年在特区外土地国有化的同时，两区农村集体经济组织也统一改制为具有法人资格的股份合作公司。

总体来看，在深圳经济特区建设之初，“时间就是金钱，效率就是生命”，特区建设和发展充满了大干快上的氛围。随着外向型经济的兴起，“三来一补”产业迅速发展，城市建设需要为厂房建设提供空间（黄卫东，2021）。这一时期的制度设计均服务于开发建设项目的快速落地及城市建设的快速推进。为解决政府建设资金短缺问题，深圳借鉴香港推进土地市场化，化解城市建设资金来源困境；早期深圳市用地大多是农村集体用地，为提高土地供给效率，深圳市先后在原特区内和原特区外启动了土地全面国有化，对集体所有土地实行一次性征收，快速释放土地供给。在财政条件有限的背景下，围绕土地征收和有偿使用、住房市场化等一系列改革，深圳特区开拓出一条相对低成本、高效率的土地获取与供应途径，为全国范围内的新城、新区快速开发建设提供了蓝本。

1.1.2　存量盘活推动深度城市化

深圳在2004年全市城市化后，紧接着在2005年，全市陆地面积近50%的土地被划入基本生态控制线，以保护城市生态环境和防止城市建设的无序蔓延。当全国还在如火如荼地进行增量开发时，时任深圳市委书记李鸿忠率先提出了土地、资源、人口、环境承载力“四个难以为继”问题。2006年深圳编制的第二轮近期建设规划和随后启动编制的《深圳市城市总体规划（2010—2020）》，都提出了由增量扩张向存量优化转型的策略。2008年末常住人口为869万人，总人口已突破1200万，第二、第三产业所占比重已经超过99%，建设用地面积917.69km^2，已经成为一个高度城市化地区。但根据国家批复的新一轮土地利用规划大纲，深圳市2020年建设用地控制规模为976km^2，2009—2020年可新增建设用地规模为58.31km^2，年均不足5km^2。作为我国经济中心城市之一，可以预见，深圳市在相当长时期内城市快速发展仍将是主旋律，城市发展的重心将转移到存量空间上来，对有限土地资源进行整合和挖潜从而保障城市发展的空间需求，将是深圳长期面临的客观现实，存量土地的二次开发利用已成为经济社会可持续发展的主要保障。

相比新增用地，存量用地开发伴随物质空间的再生产过程，既是权力、资本与社会共同博弈过程，也是相关制度和规则形成过程。深圳作为高度城市化地区，存量空间开发面临不一样的现实：一方面，全面城市化后，深圳虽然没有农村建制，但“城中村”与“村中城”并存，土地权属仅是理论上全部国有。据不完全统计，截至2009年6月仅宝安和龙岗两区股份合作公司实际占用的土地约349km^2，约占特区外建设用地总量的一半，其中各类合法用地约88km^2，占股份公司实际使用土地的25.2%。这些土地中绝大部分用地混杂，功能不清，结构不明，呈现出零散无序的点状分布状态，均质、蔓延化布局现象严重，土地集聚利用程度较低，土地利用效率低下；农村人口全部转为城市人口但原村民未完全市民化，经济发展迅速但大量低端产业与高端产业并存。另一方面，深圳市场经济及社会发展相对成熟，政府相对“弱势”。在此背景下，深圳存量用地开发中，除了城市政府外，市场主体（主要是开发商）和原农村集体经济组织也有很大话语权。因此，深圳的存量优化不同于传统城市的旧区更新，实质是未完善城市化地区的深度城市化。相比其他城市，深圳基于现实情况，以问题为导向，在规划管理、土地确权、土地出让方式、地价管理等方面进行了探索和创新，形成了政府主导土地整备、市场主导城市更新的两大存量空间开发政策，其在各自政策范围内推动土地二次开发。

（1）城市更新

1995年深圳市委提出了发展高新技术等四大支柱产业的重大发展战略，推动了原特区内高新技术产业蓬勃发展，制造业向城市外围圈层转移。产业升级进一步带动人口增长和结构变化，华强北、八卦岭等一批旧工业区便开始了市场自发的“后工业化”转型，将标准厂房改造用作商业、办公等功能，按市场的实际需求而非政府的用途规划来进行城市更新。政府当时对这种自发转型没有进行强硬干预，反而是积极配合开展基础设施提升、景观改造。同一时期，政府成立了旧村改造办公室，积极推动城市居住配套改善。深圳城市更新充分尊重市场需求的治理特征在这一阶段已经初步显现，也出现了一批具有代表性的更新实践，但由于城市更新制度的不完善，尚未形成稳定的治理体系。

2005年深圳市就率先宣告面临“土地、空间，能源、水资源，人口重负，环境承载力”四个“难以为继”。这意味着特区前25年的快速扩张型发展方式已进入尾声，探索空间资源约束下的城市更新治理路径正式列入政府工作目标。

城市更新纲领性文件陆续出台。2004年出台《深圳市城中村（旧村）改造暂行规定》，2007年出台《深圳市人民政府关于工业区升级改造的若干意见》，深圳市尝试按不同空间对象逐步探索城市更新的制度路径。2009年，得益于原国土资源部与广东省开展部省合作，探索允许“三旧改造”项目进行土地协议出让，深圳市趁势出台了《深圳市城市更新办法》，正式建立起以城市更新单元规划为技术平台的框架体系，“三旧”对象整体纳入的城市更新制度路径。2011年《深圳市城市更新单元规划编制技术规定（试行）》和2012年《深圳市城市更新办法实施细则》等后续文件出台，为各类城市更新项目进行规划编制、审批和实施明确了政策路径。这一阶段在深圳市政府的引导和推动下，更新规划实践和更新制度建设两方面均取得突破性进展，搭建了政府、市场、权利主体三者关系平衡的基本操作范式，带动了市场积极性，有效推进了城市更新项目实施，尤其是公共服务设施的落地。

2016年，伴随社会各界对城市更新的广泛参与和讨论，深圳市政府也对过去五年的城市更新工作开展了实施评估，既肯定其在城市发展中取得的成就，也总结了高强度拆除重建带来基础设施过载、产业和生活成本上升等一系列负面影响。面向高质量发展，深圳需要更有效的城市治理。一方面强化区级政府在城市更新中的自主性和治理能力。2016年起，深圳正式将城市更新行政审批职能向区政府下放，并鼓励各区构建因地制宜的法规政策体系，建立专门的行政部门和人才体系，使城市更新工作与地区发展、基层治理深度融合。另一方面，强化城市公共价值的政策引导和措施落实。同一时期，在市级政府的政策和规划引导下，对粗放的城市更新进行了一系列改革。面向产业发展，2018年通过出台《深圳市工业区块线管理办法》保障实体产业发展空间，通过区政府与国企合作的片区统筹更新，实现产业创新环境的有效供给。面向住区建设，2019年编制了《深圳市城中村（旧村）综合整治总体规划（2019—2025）》，保障低成本生活空间，探索城中村微更新与增加更新过程中人才住房供给的新路径。面向社会关怀，2018年印发《深圳市建设儿童友好型城市战略规划（2018—2035年）》，应对年轻化的城市人口结构，探索辖区相关部门和街道主导，协调相关产权单位共同实施的儿童友好街区建设。面向历史文化保护，以“深港城市/建筑双城双年展（深圳）”为契机，针对南头古城等历史城区，搭建“政府主导、企业实施、村民参与、公众监督”的多方协同模式，以绣花功夫开展由点及面的渐进式激活。

截至2022年9月，深圳市已批计划更新项目1005个，其中通过规划审批项目651

个，通过更新可开发建设用地面积合计3417hm^2，计容建筑面积合计20488万m^2，其中住宅建筑9354万m^2（占比46%）。在落实公共配套设施方面，通过城市更新规划落实了218所中小学、436所幼儿园、5家医院、403家社康中心、2909万m^{2}保障性住房，以及大量其他类公共配套设施。在贡献公共利益用地方面，土地贡献率平均逾30%，近年来逐年增加。在产业发展方面，深圳市累计有179个拆除重建类产业升级项目获得审批，更新改造后将提供4151万m^{2}产业用房及配套设施，其中创新型产业用房210万m^2。

（2）土地整备

深圳全面城市化后，政府已无法再大规模成片征地，在落实公共利益和重大基础设施项目时，政府主导的房屋征收成为主要的方式，但面临以下问题，导致推进困难。其一，两次土地国有化产生了大量的土地历史遗留问题和违法建筑，加大了征地拆迁的实施难度。特别是在1992年特区内、2004年特区外两次城市化过程中转为城市居民的原农民，由于祖祖辈辈赖以生存的土地被征收为国有，因而对补偿安置的期望和要求普遍很高，与现行政策和补偿标准相去甚远，而且部分原农村集体经济组织的征转地补偿至今尚未完成，更是加大了继续征地拆迁的难度。其二，国家日益重视保护私有财产权，公民权利意识不断增强，给征地拆迁工作带来了新的挑战。其三，随着房地产市场的发展，土地和房屋价值日益增长，被拆迁人期望值不断提高，增加了实施征地拆迁的成本和阻力。其四，以单个项目为主导的房屋征收不具有片区统筹的优势，难以在片区层面、规划层面厘清各用地的产权和权益人的诉求，失去规划视角的土地利用使项目难以推进，在实际工作中发挥不出政府主导、规划引领的作用，不仅不利于片区历史遗留问题的解决，更难以为片区提供未来发展的可能性。基于上述原因，政府启动了土地整备的新探索，并创新了利益统筹模式土地整备。

至2023年，全市土地整备计划安排新建土地整备项目36个，续建土地整备项目281个，共317个，实施面积合计18603.51hm^2。2023年度土地整备计划安排新建土地整备利益统筹项目35个，续建土地整备利益统筹项目189个，共224个，实施总面积为12645.87hm^2。从2011年启动土地整备到2023年，土地整备项目从75个增长到317个，数量增加了4倍多，实施面积增加了6倍多；而土地整备利益统筹项目，从2015年启动试点的40个，到2023年的224个，数量上增加了5倍多，实施面积增加了4倍多。而且，土地整备利益统筹项目占土地整备项目的数量和用地规模占比分别为41.40%和40.47%。利益统筹作为土地整备的一种创新类型，已经成为土地整备项目中的重要板块。为加大对产业空间的用地保障，2019年深圳市规划和自然资源局印发《关于加快推进全市较大面积产业空间土地整备工作的通知》，深圳市按照“一平方公里以上、产业用地为主、空间集中连片”的原则，划定33 片较大面积产业空间整备片区，作为未来土地整备工作的重点。

截至2020年底，已批准实施方案项目37个，实施面积合计12.56km^2，其中政府储备土地 9.72km^2，占到总用地的77%，社区留用地2.84km^2，占到总用地的23%。政府通过土地整备取得了显著的社会效益，解决了土地历史遗留问题，解决了大型基础设施或产业项目的落地问题，提高了土地节约集约利用水平。已批准实施方案的37个土地整备项目全部涉及公共基础设施建设，规划公共基础设施用地超过5km^2，占到总规模的44%，解决了原特区外公共基础设施欠账多、落地难的问题。其中公共配套设施用地超过2km^2，涉及学校25所、医院8座；市政、交通用地超过3km^2，包括轨道交通、高快速路、水厂及河流综合整治等项目。保障了重大产业项目落地。已批准实施方案的37个项目能释放产业用地超过4km^2，占到总规模的39%。解决了国际低碳产业园、国际教育合作区、新能源汽车产业基地等用地需求，也为“深圳市产业发展空间全球招商大会”的召开提供了空间保障。

1.2 土地整备的发展演进与基本内涵

1.2.1 土地整备发展演进

（1）土地整备的初步谋划

随着城市新增建设用地减少，规划主管部门面临规划实施困境。比如，深圳市某高级中学在2005年立项，由于存量用地权属不清、补偿未理顺等问题，用地清理推进困难，前后经历4轮另选址，历时8年，项目最终选址于规划确定的非公共设施用地范围内。事实上，这一案例只是众多规划项目实施困难中的一个缩影，由于存量用地清理难度大，很多规划项目实施严重滞后，规划频繁另选址。在很多规划建设项目中，表面上看是“规划主导”，实际上已是“用地主导”，严重损害了规划对城市空间资源合理配置的功能，影响城市的整体效益。

针对存在的困境，2006年，深圳市规划主管部门编制的《深圳市近期建设规划（2006—2010）工作方案》提出，原有的规划实施路径"规划实施—规划选址—用地清理—用地出让"不适应存量条件下的规划实施新形势。因为在存量用地条件下，许多规划选址都涉及较大工作量的用地前期清理工作，而用地清理又是一项周期较长的工作，导致供地流程在"用地清理"环节产生瓶颈，不能顺利供地。规划首次提出"土地整备"概念，建议通过土地整备建立起规划引导土地整备、土地整备保障土地供应的规划实施新机制，即"规划实施—土地整备—规划选址—用地供应"。在时序上将工作周期较长的土地整备工作调整至规划选址前，通过超前的土地整备满足一定时期内有效用地的供给。该规划成果以专题报告形式提交深圳市政府，市领导高度重视，要求各部门以此规划为依据开展土地整备相关工作，构建深圳市规划导向型的土地整备机制。

同期，土地主管部门以市征地拆迁办为牵头单位也开展了相关研究。研究指出规划实施难的直接原因是剩余可建设用地不多，且地块畸零，80%以上存在违法建筑等各类遗留问题，不能形成有效供给，用地需求主要依靠对有限土地资源的整合与挖潜来保障。深层次原因则是土地整备工作没有到位，没有建立起规划引导土地整备、土地整备保障土地供应的体制机制，没有形成土地整备拆迁先行的工作制度，在征地拆迁和土地收购过程中，市场化运作手段缺乏，综合利益平衡机制缺失。

2009年，深圳市实行"大部制"改革，市规划局和国土局合并成立深圳市规划和国土资源委员会（以下简称"深圳市规划国土委"）。2010年，深圳市规划和国土资源委员会向市政府提交《关于创新土地整备体制机制有效保障城市发展的报告》，其主要内容包括四个方面：一是加强组织领导，创新土地整备管理体制，设立深圳市土地整备局，增强土地整备工作力度；二是尽快建立全市统一的土地投融资平台，筹集土地整备资金；三是理顺土地整备工作机制，建立拆迁先行的土地整备工作制度和相应激励机制；四是建立健全土地整备工作的保障机制。

这一阶段，规划主管部门和土地主管部门，针对规划实施难、征地拆迁难的现实，从各自职能出发，并就建立规划引导土地整备、土地整备保障土地供应的体制机制达成了共识。

（2）土地整备的提出与实施

2011年是深圳市土地整备提出并实施的元年。1月，深圳市《政府工作报告》

正式将土地整备列为政府工作的目标，标志着土地整备的正式提出。其中对土地整备的工作有两点：一是加大重大项目用地和重点开发区域的土地整备力度，到2015年，力争通过土地整备释放150km^{2}建设用地；二是出台相关政策，切实推进土地确权工作，完善土地整备体制机制。以此为依据，深圳市在政策制定、专项规划和计划编制、资金保障、个案探索和组织架构等方面予以迅速响应。

2011年7月，深圳市出台了土地整备的纲领性文件《深圳市人民政府关于推进土地整备工作的若干意见》（以下简称《若干意见》），明确了土地整备的工作原则“政府主导、规划统筹、分区实施、统一管理、共同责任、利益兼顾、保障和促进科学发展的原则”。该政策初步明确了土地整备的组织保障、实施方式和范围、规划计划管理、资金保障、实施机制、激励机制、监督和责任机制等核心内容。

《深圳市土地整备专项规划（2011—2015）》是深圳市第一版土地整备的专项规划。规划提出了规划期内完成150km^{2}土地整备目标任务；划定“七区、六十单元”的重点土地整备空间；根据现状用地条件，结合规划实施成本，测算土地整备资金需求为560亿元，并且分解了各区土地整备用地和资金规模。

《深圳市2011年度土地整备计划》是深圳第一版年度土地整备计划。该年度计划安排土地整备项目75个，释放建设用地4528.39hm^2，安排年度土地整备专项资金248亿元。土地整备总资金安排为333.23亿元，其中，资金来源为国土基金及政府统筹资金39.41亿元，土地投融资293.82亿元。此外，该年度计划要求所有进入整备计划的土地整备项目由发改部门统一立项和开展工作。为保障巨大的土地整备资金需求，市规土委搭建土地投融资平台，由市土地储备中心作为借款人开展土地融资工作，根据下达的融资额度、投向，以国有储备土地抵押贷款为主要形式。根据各区申报的土地整备资金进度需求，与银行沟通协调，科学安排给各区的拨款计划。融资资金主要用于土地整备、土地收购和拆迁安置房建设。

在市政府的指导下，各区也结合自身特点开展了有地方特色的土地整备探索。坪山新区按照“整村统筹”的思路开展土地整备，将土地整备和社区转型相结合，充分调动社区的积极性。宝安区以一揽子解决土地历史遗留问题为突破口，坚持多管齐下盘活存量土地，扩大土地整备来源。龙岗区以重大项目为突破口，调动多方积极性，探索多方利益共享的土地整备模式。其中，试点成效最显著的是2011年坪山南布、沙湖社区开展的整村统筹土地整备探索。其探索和创新的要点包括三个方面：其一，以片区存量用地盘活为目标，将整个社区掌控的用地一揽子纳入实施范围；其二，创新利益平衡机制，丰富补偿手段，在原有资金补偿基础上，增加留用土地补偿，实现社区共享土地增值收益；其三，多主体协同推进。转变实施方式，将社区作为实施主体，政府不再直接面对分散化的个体，降低行政成本，提高实施效率，为政府主导盘活大面积的存量空间提供组织保障。整村统筹土地整备探索，工作目标除了实现政府收储土地外，更多已转向成片存量土地再开发及社区转型发展。

2012年10月深圳市在原来深圳市征地拆迁办公室基础上成立深圳市土地整备局。土地整备机构是在原来征地拆迁机构基础上组建，从业人员也以原来从事征地拆迁的工作人员为主，这一阶段在土地整备的实施机制上，增加了规划、计划引导，从原有征地拆迁的项目导向、被动式走向整体、主动实施。至此，“规划引导整备，整备保障供应”的机制正式建立。但土地整备实施方式有很深的征地拆迁的“烙印”，实施方式上只是对现有各项手段的整合（表1–1），一是在无法解决土地价值显现的现实下，被拆迁人要求提高补偿标准及灵活补偿方式的诉求；二是成片区实施土地整备涉及大量经营性用地时，依托“公共利益和整体利益”去推动房屋征收拆迁和土地收回，其政策不充分。土地整备在具体实施中仍然困难重重，需要在市场化运作手段、利益平衡机制缺失进行突破。

土地整备实施方式一览表　　表1–1

类别	内涵	特征
房屋征收	因公共利益项目需要，根据政府制定的补偿标准对其使用的土地范围内的房屋予以征收，土地使用权同时收回，补偿方式以货币补偿为主，物业置换为辅	政府主导，直接与小业主进行谈判
收回土地权	为了公共利益、规划实施需要，政府按照等价值原则收回国有土地使用权。合同约定土地使用期限届满的，政府无偿收回国有土地使用权	政府主导，直接与业主谈判
土地收购	由政府依照法定程序，通过收购、回购、置换用等方式取得土地	政府主导，由于决策程序长，推进困难
征转地历史遗留问题处理	主要针对原市、区政府及镇政府以会议纪要或协议方式应予征返和安置但尚未安排的用地	处置对象较窄

（3）土地整备的政策创新

2015年7月，深圳市政府在坪山“整村统筹”试点基础上，出台《土地整备利益统筹试点项目管理办法（试行）》（以下简称《利益统筹试点办法》），至此，确立了利益统筹模式土地整备路径（段磊等, 2018）。2015年11月，深圳市规划国土委发布关于印发《土地整备利益统筹试点项目管理办法（试行）试点项目目录的通知》，首批纳入土地整备利益统筹试点项目有40个，涉及总实施面积2783hm^2。利益统筹模式土地整备在补偿方式和标准上给予社区和居民更多自主权，由于实施范围广、方式较为灵活，在成片释放土地、支撑公共基础设施和重大产业项目落地、解决历史遗留问题等方面都能获得较好的效果。经过三年探索实践，深圳市对土地整备的政策进一步优化完善，于2018年出台了《深圳市土地整备利益统筹项目管理办法》（以下简称《管理办法》），对留用地核算、容积率核算和留用地开发方式进行了完善。该政策有效期为5年，2023年8月，深圳市规划和自然资源局对该政策续期3年，有效期延续至2026年8月9日。

1.2.2 土地整备的基本内涵

（1）土地整备内涵

“土地整备”是深圳市结合自身实际提出的一个新名称，从概念提出到后期实践，其内涵也在不断完善过程中（陈群弟, 2016; 张宇, 2012）。2011年度发布的《若干意见》明确土地整备概念：“立足于实现公共利益和城市整体利益的需要，综合运用收回土地使用权、房屋征收、土地收购、征转地历史遗留问题处理、填海（填江）造地等多种方式，对零散用地进行整合，并进行土地清理及土地前期开发，统一纳入全市土地储备。”

综合土地整备的发展演进过程及《若干意见》对土地整备的定义，可以将土地整备的概念进行如下界定：土地整备是在规划计划指引下，以政府主导，多主体参与的方式，综合运用收回土地使用权、房屋征收、土地收购、利益统筹等方式，将零散、低效的用地整合为成片、成规模的用地，从整体上改善该区域的土地利用结构和布局。

（2）土地整备与房屋征收

根据《国有土地上房屋征收与补偿条例》，房屋征收是指应公共利益的需要，市、县级人民政府确定的房屋征收部门按照规定程序征收国有土地上单位和个人的房屋，并对被征收房屋所有权人给予公平补偿的行为。房屋征收以立项的公共利益项目为对象，政府实施有行政强制性，一般基于现状价值或等价值给予货币补偿或物业置换。土地整备落实规划实施，以低效、零散用地为对象，里面既包括公共利益用地，也包含重大产业项目用地等经营性用地；采取政府主导、权益人和市场参与协商的实施方式，综合运用货币、物业、留用地、规划调整等多种补偿手段。相较房屋征收，土地整备是实现了从突击向常态，从被动向主动，从零星向整体转变的制度创新。

（3）土地整备与土地储备

我国土地储备制度出现在20世纪90年代中期，背景是20世纪80年代末到90年代初，我国财政收入占GDP比重以及中央财政收入占财政收入比重下降。1994年，国家开展了分税制改革，重新界定了中央、地方政府之间的财权和事权范围，受分税制影响，地方财政收入税源和税额减少，于是，地方政府开始探索尝试通过土地储备开发，补充地方财政收入。财政部、原国土资源部、中国人民银行联合制定发布的《土地储备管理办法》规定，“土地储备是指县级（含）以上国土资源主管部门为调控土地市场、促进土地资源合理利用，依法取得土地，组织前期开发、储存以备供应的行为”。1997年，上海市房地局、财政局联合发布《上海市国有土地使用权、收购、储备、出让试行办法》，提出上海市房地局依法征用土地、置换土地、收回国有土地使用权；上海市政府对收储土地进行前期开发和储备管理。2002年，上海地产集团有限公司成立，作为土地储备的运作载体，2004年,《上海市土地储备办法》发布，标志着上海正式建立了土地储备制度。

随后，杭州、青岛、宁波等地陆续建立了土地储备制度。从土地储备制度兴起的背景及其他城市土地储备的实践来看，土地储备的重点在于“储”，以政府委托的机构通过征收、收购换地和到期收回等形式，从分散的土地使用者手中，把土地集中起来，并由政府或政府委托机构组织进行土地开发。在完成拆迁和土地平整等一系列前期开发工作后，根据城市土地出让计划，有计划将土地投入市场。土地储备制度有很重要的任务是以经营城市的理念服务土地财政。所以收储对象以经营性用地为主，实现收支平衡是土地储备的重要目标。

“土地整备”与“土地储备”只是一字之差，但反映出完全不同的工作理念。深圳土地整备重在“整”，服务城市规划实施的需要，将城市低效用地纳入实施范围，通过土地确权、规划调整、货币补偿、留用地安排等综合手段，实现公共利益项目和产业项目等按照规划实施。土地整备更强调在存量用地条件下服务于规划实施的土地提前清理与准备，土地财政不是土地整备制度设计的初衷。土地储备重在“储”，主要目的是政府通过取得土地来垄断一级土地市场。深圳市土地整备相对于其他城市还在实施目的等方面还存在一些差异（表1–2）。

深圳土地整备与其他城市土地储备比较一览表　　表1–2

城市	实施目的	实施现状用地	实施规划对象	实施手段
深圳	服务规划实施	存量低效用地	以规划公共设施用地、产业用地为主	土地确权、规划调整、货币补偿、留用地安排等综合手段
其他城市	经营城市理念下调节土地市场	以新增用地为主	以规划的居住、商业等经营性用地为主	土地征收

深圳市于2004年8月成立深圳市土地储备中心，隶属于深圳市规划土地主管部门。2006年6月，深圳市人民政府颁布了《深圳市土地储备管理办法》。早期，储备土地由深圳市国土资源和房产管理局各分局依辖区范围进行管理，成立储备中心后，由土地储备中心对全市范围储备土地进行统一管理。其他城市土地储备与深圳土地储备也有着不同的工作重点。其他城市土地储备是“收—储—供”全链条的土地管理，将收储/收购/征收得来的土地进行土地整理和前期开发，纳入土地储备和管护中，在必要的时刻将所储的土地投入城市建设。而深圳的土地储备则更偏重于“储”，即储备土地的日常管理。从土地储备年度计划内容上也可以看出，其他城市的土地储备计划包括上年度末储备土地结转情况、年度新增储备土地计划、年度储备土地前期开发计划、年度储备土地供应计划、年度储备土地临时管护计划、年度土地储备资金需求总量等内容；而深圳市土地储备计划内容包括土地日常管理计划、土地简易整治计划、土地储备资金计划等内容，工作围绕储备土地日常管理。

深圳市土地整备，包含整理和储备两个环节。也就是说土地整备位于“收—储—供”链条中的“收—储”端，土地整备先完成理顺经济关系、明确权属、土地清理等工作，然后移交市土地储备中心统一入库管理。

（4）土地整备与土地整治/土地整理

我国于1999年实施的《土地管理法》，提出了“国家鼓励土地整理”，后来陆续出现了很多概念，如土地开发整理、土地整理复垦开发、土地整理复垦、土地整治、农村土地整治、土地开发整理复垦等，甚至不同的概念在中央文件里同时出现。《全国土地整治规划（2011—2015年）》，在概念上进行统一，即选择了“土地整治”这一术语。土地整治是指在一定区域内，按照土地利用总体规划、城市规划、土地整治专项规划确定的目标和用途，通过采取行政、经济和法律等手段，运用工程建设措施，通过对田、水、路、林、村实行综合整治、开发，对配置不当、利用不合理，以及分散、闲置、未被充分利用的农村居民点用地实施深度开发，提高土地集约利用率和产出率，改善生产、生活条件和生态环境的过程，其实质是合理组织土地利用。广义的土地整治包括土地整理、土地复垦和土地开发。这样的话，土地整治是大的概念，土地整理是小的概念，两者是包含关系。早期，土地整治工作重点在农用地整治，主要是田、水、路、林、村的综合整治，提高耕地数量和质量，改善农村生态环境，促进社会主义新农村建设是其主要目标。现在工作内容已由以农用地整理为主，转向农用地、农村建设用地、城镇工矿建设用地、未利用地开发与土地复垦等综合整治活动。促进建设用地集约节约利用也成为其重要工作目标。

土地整备包含土地整治中的土地整理和土地储备两个环节。在土地整理过程中，两组既有联系，又有区别（表1-3）。就工作对象来说，土地整理在城镇中以低效工矿建设用地和未利用开发用地为主，土地整备不仅针对城市建设用地来开展，对生态用地也提出通过土地整备方式推进建设用地清退和生态修复工作。从工作目标来说，二者都强调优化土地利用结构，缓解土地资金紧张局面。但土地整治重点在提高土地集约节约利用，土地整备重点在保障公共基础设施和产业项目落地；从工作思路来说，两者都对闲置零散、低效用地进行整合，通过产权重构提高土地利用效率；在实施方式上，土地整理由政府主导实施，货币补偿和产权置换为主要补偿方式。土地整备政府、权益人和市场共同参与，还通过利益共享机制让相关权益人分享土地增值收益。土地整备作为政府治理下的土地二次开发，是针对城市问题提出的一种综合性的土地优化利用手段，其要义在于通过多种方式的组合来推动存量土地盘活。

土地整备与土地整治/整理的区别　　表1-3

内容	工作对象	工作目标	实施方式
土地整备	城镇低效用地和生态用地	服务规划实施，重点保障公共基础设施和产业项目落地	政府、权益人和市场共同参与，还通过利益共享机制让相关权益人分享土地增值收益
土地整治/整理	以农用地为主，扩展到农村建设用地、城镇工矿建设用地和未利用地开发	提高耕地数量和质量，促进社会主义新农村建设，改善生态环境，提高土地集约节约利用	政府主导实施，货币补偿和产权置换为主要补偿方式，相关权益人参与不多

（5）土地整备与利益统筹

深圳市于2015年出台了《利益统筹试点办法》，正式提出利益统筹的概念。此后，经历2016年、2017年的试点探索和2018—2023年的调整完善，利益统筹作为土地整备的一种类型和方式，已经成为土地整备项目中的重要板块。从概念的包含关系来看，利益统筹是土地整备的一种方式（图1-1）。从政策和实施的视角来看，利益统筹考虑了相关主体的利益关系，以利益统筹为抓手的政策工具在实践探索过程中不断优化完善，已经成为土地整备中的一种最重要的方式。

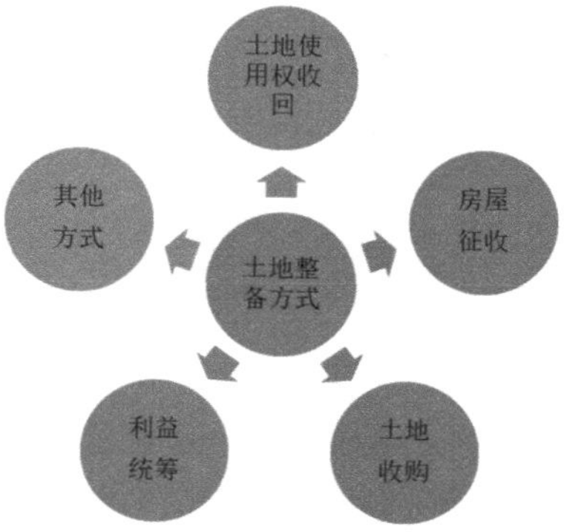

图 1-1　利益统筹与土地整备的关系

（6）土地整备与城市更新

深圳进入存量开发阶段后，城市更新和土地整备在摸索中逐渐完善，成为推动深圳存量土地开发的两大核心模式，城市更新为“政府统筹、市场主导”，而土地整备实施模式则为“政府主导、社区主体、市场参与”。虽然深圳市城市更新和土地整备两种模式具有很多的共同点，比如都是面向存量用地的土地开发模式，都能够推动土地资源节约集约利用水平提升，也都存在复杂的利益博弈过程，等等。然而，两种模式在实施目的、实施原则、实施成效等方面存在较大差异（表1-4）。总体来看，以市场为主导的城市更新和以政府为主导的土地整备是互为补充、竞合发展的存量土地开发模式。2019年，深圳市将原市城市更新局和市土地整备局整合为市城市更新和土地整备局，将进一步加强不同存量用地开发模式的统筹协调，优势互补，更好保障城市可持续发展。

土地整备与城市更新比较一览表 表1-4

内容	土地整备	城市更新
实施目的	解决大型公共基础设施及重大产业项目落地，以及后发展区域土地资源储备	促进片区自身的配套设施完善及环境提升
实施原则	政府主导、社区主体、社会参与	政府引导、市场运作
对象区域	城市建设边缘区域或现状开发强度较低的区域	一般位于区位条件较好或土地价值较高的区域，如现状开发强度较高的城市核心区及建设成熟片区
实施门槛	门槛较低	门槛较高
利益实现方式	土地+规划+地价+资金	土地+规划+地价
实施成效	推动重大公共基础设施和产业项目落地，释放成片土地，推动片区转型	规划居住、商业等高价值项目为主，追求经济利益最大化，高强度开发

1.3 土地整备工作的主要特征

1.3.1 规划引领

土地整备刚提出时就强调要服务规划实施，土地整备纲领性文件《若干意见》要求建立土地整备的规划计划管理。深圳市目前已经建立起“规划指导计划，计划引导整备，整备保障供应”的规划实施新机制。在深圳市两级三类的国土空间规划体系中，两级是指深圳市国土空间总体规划分为市级国土空间总体规划和区级国土空间总体规划两个层级，三类是指国土空间规划的类型分为总体规划、专项规划和详细规划三种类型。土地整备专项规划在类型上属于国土空间规划中的专项规划，土地整备单元规划是详细规划中的项目实施性规划。

在资金和土地清理周期的限制下，不是所有的土地都适合或应当纳入土地整备的范围，应通过加强规划超前引导，使得土地整备在规划引导下，有目的性和计划性地展开。深圳市从2011年开始，连续编制了“十二五”“十三五”和“十四五”土地整备专项规划。与国民经济、社会发展规划和近期城市建设规划相衔接，提出切合近期城市发展目标的土地整备要求，包括整备用地总量及构成、具体空间分布和时序安排、基础设施配套要求和资金预算安排等。土地整备计划在落实土地整备专项规划要求基础上，结合城市发展年度用地需求及各区土地整备项目申报情况，确定年度土地整备任务、整备项目及整备资金安排。同时与国民经济和社会发展计划、土地供应计划、国土基金收支计划等衔接，实现项目、用地和资金的有机衔接，保障土地整备项目顺利实施。规划实施在整备完成土地上开展规划选址和用地供应，通过超前的土地整备满足一定时期内有效用地供给及项目顺利落地。

1.3.2 用地整合

传统规划实施是“规划选址—用地清理—土地出让”，导致用地清理以规划选址项目为导向，在存量用地条件下，一个规划选址项目往往涉及多个权益人用地，为实现这个选址的用地清理，需要与涉及的所有权益人谈判拆迁补偿。以项目为导向的用地清理，一方面原有宗地被切割，加剧存量用地零碎化；另一方面，人为增加拆迁谈判的工作量。例如，一个宗地在规划中可能被分割为道路、学校、医院和居住等多个功能用地，这样，在项目导向的规划实施路径下，至少会有道路、学校、医院等三次的拆迁补偿谈判，导致行政成本大大提高。

土地整备以近期规划要实施的土地为整备对象，在对片区用地整备潜力评估的基础上，遵循已有法定规划，在保障规划公共基础设施项目用地的完整性和现有产权边界完整性基础上，综合考虑山体、河流等自然要素以及主次道路路网等因素，尽量整合零碎用地，实现片区用地的土地整备。整备完成后，按照一定比例返还原有权益人留用地，通过空间整合及腾挪，实现政府储备土地和权益人留用地在空间上相对规整。

1.3.3 多元参与

土地整备坚持政府主导原则，通过土地整备专项规划来统筹城市长远发展与土地整备的关系，通过年度计划的编制来协调土地整备项目的推进时序，通过区政府作为实施主体来保障土地整备实施的有序管理，通过制定统一规则保障全市土地整备实施过程中的公平与公正，通过整备土地的统一入库管理来提高土地整备效率与质量。

但在政府主导基础上，强调权益人在土地整备中的主体地位。在深圳存量用地主要权益人是原农村社区，在项目前期立项阶段，土地整备项目由土地权益人提出申请，保障实施范围的确定既要满足权益人意愿，也要解决政府诉求；在实施方案编制阶段，虽然方案由政府主导编制，但要征求权益人的意见，中间往往有多轮博弈过程，权益人同意的方案才能报政府审批，也就是说该实施方案是权益人和政府达成共识的方案；方案实施阶段，权益人和政府签订实施协议书，明确政府职责和权益人的权利义务，权益人实现用地移交，政府出让留用地。权益人由于专业技能及财力的限制，需要引入市场主体进行拆迁补偿和留用地开发工作。在现实中，市场主体在前期就会介入，早期主要为社区提供技术支持，成为实施主体后，提供财力、物力、技术等支持。这样的制度设计，既保留了自上而下的行政控制以实现政府意图，又吸纳了社会参与和协商对话等“社会自治”特征，有助于强化行政主导的效果，提高效率。

1.3.4　利益共享

房屋征收难的很大原因是原权益人不愿意接受基于现状或等价值的补偿标准，希望能够分享城市发展的增值收益（唐艳, 2013）。土地整备坚持整体统筹、利益兼顾的理念，建立利益共享机制，从而充分调动原村民、原农村集体经济组织的积极性，通过土地整备引导原村民、原农村集体经济组织改变原出租经济模式。重点明晰原农村占有的历史遗留、违法违规等各类型土地、房屋的收益分配的差异化标准，通过货币补偿、产权调换、土地留用、规划调整、作价入股等多种方式，统筹兼顾各方利益，并通过合理重新分配城市发展的收益来实现政府、集体、个人共同分享城市发展增值收益，把城市发展的公共利益和集体、个人利益统一起来，激发土地权益人参与土地整备工作的积极性，破解征地拆迁中原土地权益人抵触情绪强、不配合等问题。

第2章　规划传导：土地整备专项规划

2.1　土地整备专项规划的发展过程

自2006年起，深圳相继编制了《深圳市近期建设规划（2006—2010）工作方案》、两版《深圳市土地整备专项规划》，在“十四五”时期，又与城市更新专项合并，编制了《深圳市城市更新和土地整备“十四五”规划》，在不同阶段，以不同形式、相同内核发挥着宏观层面的统筹指导作用。专项规划作为城市宏观规划的实施篇章的一部分，将宏观规划中的发展目标“转译”为一定规划期内规划实施的工作目标、任务和规划期内的重点工作（李怡婉等, 2019），包括整备用地总量及构成、空间分布和时序安排、基础设施配套要求和资金预算安排等，再将各项工作任务落实到每一年的土地整备年度计划中，指导工作实施，以确保城市发展向蓝图推进。

专项规划的发展历程是深圳面向城市发展形势快速变化的创新探索经验的体现，而每一版专项规划，都是在过往的基础上进行回应阶段发展需求的技术创新，最终形成了一套框架体系完善、技术方法鲜明的面向存量发展的专项规划内容。第一轮专项规划在确定整体框架与基本内容的基础上，更加聚焦土地整备的实施机制和空间布局。第二轮专项规划的时代背景是“强区放权”改革，主要特征是强调市区分工下土地整备工作分解。第三轮专项规划的编制背景是行政机构改革、城市更新与土地整备年度计划合并编制，这一阶段专项规划的特征是强化更新整备融合，将原有的土地整备专项规划与城市更新专项规划合并编制。总体来看，不同阶段的土地整备专项规划呈现出持续演进的特征，内容不断充实优化。

2.1.1　缘起：面向存量发展的实施机制与空间谋划

2005年，深圳已开发建设用地703km²，占全市可建设用地总量的72%，全市剩余可建设用地不仅绝对规模较小，且多为畸零地难以开发利用。增量土地供应告急拉开了存量更新的工作序幕。然而，当时土地供应方式是“收—储—供”一条线的土地储备供应机制，存量地区复杂的权属情况和烦琐的征地谈判流程往往致使项目用地未能提前或及时进行储备，导致用地供应滞后或规划频繁变更选址，严重影响规划项目的落实。同期，针对“三旧改造”对象，深圳编制了《深圳市城中村（旧村）改造总体规划纲要（2005—2010）》和《深圳市工业区升级改造总体规划纲要（2007—2020）》，分别对两类改造对象进行了深入调查摸底，并做出改造指引。然而，这两项规划并未根本性地解决存量地区的土地供应难题。

为服务规划实施需求，深圳市启动了《深圳市近期建设规划（2006—2010）工作方案》的编制工作，并且在其中增加“土地整备规划（2006—2010）”专题作为重要的支撑篇章。此时“土地整备”是一种更加强调服务城市规划实施和更具综合性的工作机制。在工作时序方面，将传统用地供应流程中耗时较长的“土地清理”环节调整至“规划选址”环节之前，给处理各类复杂的用地状况预留足够的时间，保障用地高效供应；在目标导向方面，将土地整备与规划重点发展地区和重大建设项目相结合，在规划导向下提前谋划需要供应的土地，保障用地精准供应。所谓的重点发展地区和重大建设项目，指的是深圳四大新城、轨道沿线经营性用地、居住用地、工业用地与重大基础设施用地，通过空间上的总体谋划，在这些地区盘整出55km²的可建设用地。该专题首次系统性地谋划存量地区的土地供应机制、挖掘土地供应潜力，有效指导了这一时期的各年度工作安排。但对于片区与项目尺度的规划实施，其指导作用较为有限。

2010年前后，深圳市在坪山、光明等地进行了探索实践，优化了土地整备机制在具体项目中的工作思路和操作方法。2011年，深圳市政府出台《若干意见》，标志着全市土地整备工作正式启动，相关项目即将全面铺开。因此，加强宏观层面的指导与统筹迫在眉睫，有必要编制正式的专项规划，发挥宏观调控作用，对项目谋划、工作安排做好引导。在此背景下，深圳编制了《深圳市土地整备专项规划（2011—2015）》，作为指导全市土地整备工作的纲领性文件，完善优化土地整备规划体系。作为首个土地整备的专项类规划，其规划目标也从单一地服务于土地供应，转变为更综合性的目标，旨在有序推进整备工作，解决城市科学发展中土地历史遗留问题，促进城市功能和结构优化，加快产业结构的升级，保障社会民生设施建设。这一版规划奠定了土地整备专项规划的整体框架与基本内容，往后的专项规划更多是在这一基础上做出规划技术的探索和编制方法的优化。

2.1.2 完善：市区分工新局面下的层级分解需求

2016年，深圳市政府印发《关于深化规划国土体制机制改革的决定》（以下简称《深化决定》）和《全面深化规划国土体制机制改革方案》（以下简称《改革方案》），要求调整下放土地整备职权，进一步推进管理服务重心下移，最大限度提高审批效率，释放改革红利，区级层面土地整备的工作积极性显著提高。

随着《利益统筹试点办法》等文件的颁布，土地整备制度日趋完善，土地整备政策红利逐步显化，土地整备项目的推进力度也随之持续加大。相应地，这一阶段将面临的项目推进难度也将日益增大：一方面，随着土地整备工作的推进，可开展整备的空地越来越少，建成区将成为"十三五"期间土地整备的重要地区，但建成区大多存在土地历史遗留问题，涉及利益主体更多，利益关系更复杂，整备实施成本更高，土地整备也必将进入"攻坚期"；另一方面，随着物权意识的提升以及土地价值的显化，原权利人对土地整备资金补偿方式的接受意愿有所降低，利益诉求有所提高，客观上加大了土地整备的实施难度。[1]

这一时期的顶层规划管控，所面临的管理形式、管控内容都更趋复杂。因此，"十三五"时期，结合"强区放权"的管理机制变化要求，以及上一轮专项规划期内市区两级政府土地整备工作开展的具体情况，深圳对土地整备专项规划进行了全面实施评估与优化反思。在实际工作推进过程中，土地整备工作涉及原农村集体土地问题，权属错综复杂，需协调事项较多，区政府作为具体工作的实施主体，对具体项目诉求与需求的理解更为深入。然而，此前宏观层面专项规划的编制工作主要由市级主导，区级参与度相对有限，区级的部分工作诉求、实施诉求未能向上反馈到专项规划内容中。只有在项目实操层面，各区根据自身实际问题探索各具特色的土地整备模式之时，才能通过具体试点项目经验向上反馈工作诉求，再由市级土地整

1 《深圳市土地整备专项规划（2016—2020）》文本。

备机构统筹协调，并多以“一事一议”形式给予项目创新与突破的机会。由于缺少区级层面的深度参与，对于部分战略统筹空间，其规划实施成效不尽如人意。

新形势和新发展要求下，如何以实施攻坚为导向、充分发挥市区两级优势、加强联动协同快速推进下一阶段土地整备工作，是专项规划编制的主要议题之一。因此，“十三五”时期，深圳将宏观层面市一级的专项规划拓展为市区两级，出台了《深圳市土地整备专项规划（2016—2020）》（以下简称《市级专项规划（2016—2020）》）和各区土地整备专项规划，从而在保证市级统筹调控的同时，更加充分地契合各区发展诉求，区政府可结合新的政策要求和项目用地需求，灵活调配资源，增强对整备用地及空间掌控力度，在土地整备方面进行有益的创新探索实践，找准整备实施抓手，更好地指导下一层次的实施方案。这一时期的城市更新专项规划作了层级拓展，市区两级的专项规划架构也一直延续到现在。

2.1.3 变化：更新整备融合导向下的工作整合需求

深圳在多年存量发展实践中，除土地整备外，还探索过多类改造路径。其中，城市更新是体系最完善、应用最广泛的路径之一，与土地整备被广泛并称为深圳存量开发的“两驾马车”，多版城市更新专项规划和土地整备专项规划，则分别划定了重点片区及各类适用于该改造路径的空间范围，展现了政府对城市不同区域的开发思路及策略。然而，两类路径有各自的适用范围和进入计划“门槛”要求，使得物质空间上连片、归属同一所有人的地块被进一步细分为符合政策与否、能改造和不能改造的地块，造成空间破碎（郭炎等, 2017）。城市更新方面，项目主体往往“挑肥拣瘦”，优先选择利益大、难度小的项目进行申报，加剧了空间的碎片化；而在土地整备方面，由于存在同时适用于两类政策路径的地区，在不同的利益分配格局下，原权利人倾向于更高补偿的更新方式，以至于不同改造路径彼此竞争（田莉, 2018），改造成本水涨船高，规划实施日益艰难。总体而言，两者都是面向建成区的二次开发手段，属于城市更新行动的范畴（岳隽, 2022），对两类改造路径及其他存量改造路径的工作统筹势在必行，也不乏相关学者、规划师探索研究两条改造路径的联动可能性（刘荷蕾等, 2020）。而在城市更新行动背景下，深圳原有的土地整备专项规划与城市更新专项规划如何协同服务于城市更新行动的部署，编制什么、怎么编制，更是成为规划体系优化的关键议题之一。

2018年12月30日，中共广东省委办公厅、广东省人民政府办公厅印发《深圳市机构改革方案》，明确将市城市更新局、市土地整备局的行政职能整合，组建市城市更新和土地整备局，由市规划和自然资源局统一领导和管理。2019年，深圳首次将年度土地整备计划与年度城市更新计划合并编制为《深圳市2019年度城市更新和土地整备计划》，并将“更新整备融合”作为第一项编制要点，要求统筹考虑城市更新和土地整备工作推进情况，充分发挥年度计划的调控作用，合理安排年度任务以及土地供应结构，统筹项目空间分布与开发时序，为深圳市存量用地开发建设的规划统筹提供基础。

在行政机构改革、两项年度计划合并之后，新一阶段的专项规划编制方向也逐渐明晰，即强化更新整备融合，将原有的土地整备专项规划与城市更新专项规划合并编制，从任务指标分解、空间范围划定和考核机制设计等多个方面积极探索更新整备融合的方法（冯小红, 2019），推动“两驾马车”的进一步统筹协调，统一方向，分工协作，相互联动。2022年在城市更新和土地整备“十四五”规划中，将“强化融合”作为一项规划编制原则，贯穿在从总体目标到分项指引的内容中。

2.2 土地整备专项规划的内容与方法

2.2.1 服务于存量土地供应的内容设置

深圳市土地整备专项规划从全市整体利益出发，与国民经济和社会发展规划、近期建设与土地利用规划等中长期规划相衔接，以五年为规划期，配合城市经济发展目标，从空间上统筹引导全市中长期土地整备工作的开展，构建宏观与微观、近期与年度相结合的土地整备规划体系。重点对规划期内土地整备的目标规模、空间布局、整备时序、实施计划等进行了定性和定量的安排，系统性地明确土地整备专项规划的编制内容，强化规划在土地整备工作中的统筹和引导作用。以下将以《深圳市城市更新和土地整备“十四五”规划》为例展开详细的规划编制内容分析。

（1）确定规划目标与规模，加强战略引领

专项规划需要充分衔接国土空间总体规划和相关专项规划，落实城市总体发展格局和重大战略部署。

总体目标是五年工作的方向性要求，明确土地整备和城市更新工作的总体方向、目标和策略，安排规划期内的重点工作，以此强化对土地整备和城市更新工作的战略引领。

分项目标是五年工作的规划实施任务。分项目标明确了实施规模、基础设施与公共服务设施规模、空间规模、防止大拆大建标准控制等要求，将总体目标分解为量化任务。

规划策略是五年工作的重点关注内容。基于发展目标，充分考虑城市现状条件和存在问题，通过规划策略提出破解思路，围绕推进城市绿色发展、保护历史文化资源、提升公共服务支撑水平、加大住房保障力度、提升产业空间质量、优化城市空间布局六大方面，提出更新整备任务需要实现的工作任务和工作要求，促进城市的持续提升和高质量发展。

（2）提出规划结构指引，引导改造方向

专项规划需要合理引导建筑增量分配，不断优化建设用地和建筑规模结构。在规划策略的指引下，围绕公共服务体系、住房保障和产业空间的工作要求，结合当前城市发展的诉求与问题，合理引导改造后的建筑增量功能分配，一是重点保障公共服务与基础配套用地和建筑面积，二是大力提高居住与产业建筑面积，三是严格控制新增商业（含研发和办公）建筑面积。其中，居住用地和建筑面积比例不少于50%，商业（含研发和办公）建筑面积比例不高于20%，产业建筑面积比例不少于30%。

（3）明确规划分区指引，统筹配置资源

专项规划划定了三大类空间范围，包括城市更新空间范围、土地整备空间范围及更新整备融合试点区范围，并对各类分区提出具体的管理要求：

城市更新空间范围是结合总体规划要求，评估更新潜力，盘查城中村综合整治分区、工业保留提升区、旧住宅区等空间后形成的空间范围，可进一步细分为限制拆除重建区和允许拆除重建区。对于限制拆除重建区，应严格落实各类控制线管制要求，严格管控。对于允许拆除重建区，应强化其引领作用，引导新申报的城市更新计划项目向该区域集中，并适当增加分区管控弹性，预留全市新增计划规模10%的拆除重建类空间范围作为弹性指标，由各区视情况提出指标落地申请。土地整备空间范围是根据总体规划要求，结合《关于加快打造高品质产业发展空间 促进实体经济高质量发展的实施方案》（以下简称《实施方案》）等重大战略布局和民生需求情况划定的空间范围，可进一步细分为产业空间整备区、综合功能整备区。对于产业空间整备区，其具体管理要求和实施应按照相关战略布局文件执行。对于综合功能整备区，则由市政府及相关部门另行制定。

此外，依据产业发展的市级工作部署，专项规划落实划定了工业区转型升级分区指引图，打造“两个百平方公里级”高品质产业空间。具体内容包括：将一批现状基础较好的工业区划入保留提升区，控制改造，保障实体产业稳定发展；将一批现状低效利用的工业区划入连片改造区，实现整体改造、连片升级；将一批现状低效利用的工业区划入土地整备区，形成一定规模的规划产业用地。通过不同工业区分区的划定，促进实体经济高质量发展。

（4）重点落实公共服务设施，提升配套水平

为强化对上层次规划的支撑和保障作用，结合深圳市国土空间总体规划等上层次规划、相关专项规划、公共配套能力评估等内容，专项规划建立了公共服务设施和基础设施项目清单，通过城市更新和土地整备统筹落实各类项目用地。具体包括：

保障公共服务设施，包括基础教育设施、医疗卫生设施、养老设施的规模和数量要求，并形成全市重点落实设施任务分配方案；明确文化体育设施的结构要求，重点统筹落实市区级公共文体设施的用地，加大街道级、社区级基层文体设施的配建力度。

统筹市政基础设施，在工作时序上，协调市政基础设施升级改造与城市更新和土地整备项目建设时序，尤其在支撑能力薄弱地区，应优先推动设施升级与存量改造同步进行，以系统性提升地区基础支撑水平；工作任务上，明确规划期内应优先落实的各类设施，包括能源设备、通信系统、固体废物处理设施，等等。

完善城市交通系统，在交通承载力不足地区优先安排落实各类交通设施建设，并结合更新整备工作助推干线道路建设，加快主次干道、支路网建设，打通断头路，改善片区微循环。同时，通过更新整备，预留落实国家铁路、城际铁路空间，超前谋划轨道设施空间。

提升城市安全能力，结合各区城市安全保障目标，优先推进防灾减灾重点工程建设，结合城市更新和土地整备开展公共安全工程和防治设施建设。而在更新整备工作开展前，应着力保障工作安全。

（5）强化顶层设计要求，保障规划实施

专项规划一方面要加强空间管控和引导，另一方面也需要强化制度设计，通过优化工作机制和流程，保障规划目标的传导落实和项目的有效实施。除了对更新整备融合的保障机制外，专项规划对政策体系、工作组织和监督考核等方面内容也提出了保障机制要求。

政策体系方面，要求加快建立以产权为核心、利益共享为原则、实施为导向，更系统、更融合、更精准、更公平、更可持续的新一代更新整备政策体系。细分到改造路径上，专项规划提出需针对连片改造升级试点，研究制定配套政策和规则；针对城中村综合整治分区，探索激励措施，探索综合运用局部拆除重建、土地整备与综合整治等多种手段的方式推进工作。

工作组织方面，对城市更新和土地整备全链条工作全流程进一步规范，完善土壤环境调查、公众参与和批后监管等工作环节，并对审批环节进行精简，对规划期内重大产业升级与民生保障项目探索开通绿色通道，提升规划实施效率。

监督考核方面，一是加强对年度计划和具体项目的传导与监管，专项规划要求搭建常态化的计划清理或调出机制，各区政府按规定对符合清理条件的城市更新和土地整备利益统筹项目采取调出措施，建立促进项目实施的倒逼机制；二是探索搭建防止大拆大建的监督检查机制，要求对城市更新和土地整备利益统筹计划涉及"大拆大建"的各区自查评估、专项检查、抽查机制，并纳入全市考核体系。

2.2.2　支撑规划实施的技术方法创新

（1）建立多层次评价体系识别整备空间

科学评估土地整备潜力用地是确定土地整备规模的重要基础。过去的潜力评估，通常采用多因子叠加分析的方式进行，其中传统规划分析因子主要包含城市总体规划、近期建设规划、重点产业片区规划等，属于从规划发展的目标导向出发，自上而下对土地整备空间的重要程度进行评价分析。为确保该时期的土地整备专项规划能够更加精准指引开展土地整备工作，积极推进项目落地实施，专项规划提出以实施导向视角，从用地的客观可实施条件出发，新增地籍管理情况、用地产权合同、违法建筑等多项因子，对土地整备的难易程度进行评价。同时，以探究规划必要性与实施可行性为研究重点，建立包含目标层、要素层、指标层在内的三层次指标评价体系，叠加分析识别整备空间范围，再进一步结合综合调校数据（路网边界、权属边界、社区边界、主体反馈意见等），最终划定重点整备区。多层次评价体系实现了深圳市整备潜力空间多视角、全覆盖的系统摸排，为之后划定土地整备单元、制定计划、下达项目任务等环节提供了扎实依据。

（2）结合经济分析统筹规模与时序安排

土地整备是以政府为主导，立足实现公共利益和城市整体利益的需要进行存量开发的行为，其资金来源以政府划拨为主，全市开启大规模的土地整备工作必然会给地方政府带来巨大的财政压力。《深圳市土地整备专项规划（2011—2015）》非常重视经济可行性分析，在编制过程中，一方面，通过“经济账”测算来优化土地整备空间结构，将各区土地整备成本的测算数据与预测整备完成的经营性用地收益数据进行比较权衡，进而优化各区整备重点区域中公益性设施和经营性用地的构成比例，平衡各区的经济收益。另一方面，通过土地整备资金的敏感性测试校核土地整备时序，达到控制土地整备的推进节奏、缓解公共财政的资金压力、保障资金安全的目的，并将调校后的土地整备任务按时序分解，指导近三年深圳市土地整备年度计划的编制，以保障规划期内土地整备工作有序推进。

（3）创新提出“土地整备单元规划”制度

专项规划在近期专项规划专题的研究基础上，落实系列政策要求，明确提出土地整备专项规划应与国民经济和社会发展规划、近期建设与土地利用规划等中长期规划相衔接，强化规划在土地整备工作中的统筹和引导作用。

在管理体系方面，土地整备专项规划创新性地提出“土地整备单元规划”制度，明确土地整备单元规划是控制性详细规划层面的法定专项规划，从而完善土地整备规划与城市规划体系的衔接，实现土地整备从宏观到微观尺度的深化传导。“土地整备单元规划”主要是指把原农村经济组织畸零、分散、不好用的土地整合腾挪为规整、集中、好用的土地，一揽子解决土地历史遗留问题，重点解决由于安置用地规划条件改变引起的公配、市政及交通等公共设施的规划调整问题（司马晓等，

2020）。通过综合考虑城市功能定位、规划路网、现状整备用地潜力、原农村集体经济组织实际掌握用地边界、用地权属、生态控制线以及城市发展要求等要素，专项规划把土地整备单元划分为四大类，分别为重点地区型，产业升级型，生态建设型和民生项目型，并针对不同类别提出不同的工作目标和考核要求，以此大力强化对土地整备工作的分类分项指引，力求实现以土地整备单元为平台，统筹近期土地整备空间，明确近期土地整备重点区域，引导各区的整备项目和整备用地向整备单元集中，做到整备一片，收储一片。"土地整备单元规划制度"涵盖了规划技术标准、利益分配规则、审批管理机制等多方面，有力推动了全市零散、低效建设用地进行整理和再开发，促进了国土空间提质增效。

在土地整备规划实施体系方面，提出采用"年度逐步推进"的方式，编制年度土地整备计划，形成"规划引导计划"的管理模式，加强土地整备专项规划的区域统筹作用，确保土地整备专项规划的中远期目标能够通过年度工作任务的分解得以实现。这也从侧面体现出在空间资源紧约束、进入存量发展时代的背景下，土地整备作为实现深圳存量土地二次开发、实现城市经济社会增长和可持续发展的重要抓手，承担着对阶段性城市经济社会发展目标进行分解落实的重要任务。

《深圳市土地整备专项规划（2011—2015）》构建的"专项规划—单元规划"两层规划管理体系，较大强化了规划在土地整备中的统筹和引导作用；形成的"近期—年度"两个层次相结合的规划实施体系，为后期"规划引导计划，计划指导操作"的管理模式奠定了基础。该规划提出的土地整备规划、计划机制以及土地整备激励机制，被写入深圳市政府规章及规范性文件，实现了空间规划向公共政策的转变。

2.3 市区两级的管理联动：刚弹结合完善管控与传导

2.3.1 分级管理下的要素管控手段创新

（1）刚性管控：规模逐级传导，专项任务分区分解

"规划统筹计划"作为土地整备实施机制的重要环节，是市区两级从宏观战略意图安排的重要抓手。市区两级土地整备专项规划在规划衔接、主要内容等方面各有侧重。"十三五"期间，市区两级主要围绕土地整备规模、结构、布局、时序、资金

安排等主要内容，探索刚性与弹性结合、实施导向的专项规划编制方法及要点。

全市土地整备专项规划作为国民经济和社会发展规划、城市总体规划近期建设规划等重要组成部分，对规划期内土地整备规模、空间、时序等内容进行统筹安排。区级土地整备专项规划作为中观层面承上启下的实施规划，在各区政府负责编制及统筹落实对上衔接全市土地整备规划的基础上，对下结合各区国民经济发展规划、财政资金情况等，以及规划期内的任务进行合理分解和落实，指导土地整备项目实施方案编制。

土地整备用地规模是市级专项规划向下传导至各区的刚性约束性指标。在需求预测方面，市级专项强调土地整备用地规模需求充分衔接各项规划，对接规划期内国民经济发展所需的城市建设用地规模和土地供应结构。整备规模供给潜力盘查方面，建立综合规划实施要求、整备实施条件等多因素评价体系（李怡婉等, 2019），合理评估潜力空间范围，梳理规划期内新增建设用地可供应总量和其他二次开发手段提供的用地规模情况，明确土地整备规模目标。《市级专项规划（2016—2020）》提出全市通过土地整备完成不少于50km^{2}土地规模目标。在全市土地整备空间布局的基础上，根据各区潜力用地情况和发展实际需求，合理调控各区土地整备重点，平衡各区发展诉求，将全市整备规模分解至各区。

区级专项规划按市级下达分区整备规模目标测算全区“经济账”，充分考虑市区两级财政对土地整备工作支出比例情况，以此保障整备规划切实可行。以《龙华区土地整备“十三五”规划》为例，注重“收入—支出”平衡分析，结合土地整备资金需求和整备完成的用地效益测算，优化全区土地整备空间结构，以此保障下一阶段土地整备项目稳定运行。其次，通过土地整备资金的敏感性测试调校土地整备时序，有序控制土地整备的推进节奏，将土地整备目标分解到各年度。同时结合实际情况，根据各街道潜力用地规模，以及项目建设的时序安排制定分街道实施计划，夯实街道基层主体责任。

（2）优化细化重点整备片区范围

重点片区是统筹近期土地整备空间和工作的重要平台，亟须发挥整备片区在空间资源整合、功能提升方面的辐射、带动作用。同时也是有机协同政府和市场的边界，区分市场主导城市更新与政府主导土地整备活动范围，划入重点整备片区的用地不得纳入城市更新项目范围，避免原农村集体经济组织对未来改造收益期待过高影响整备项目推进。

以《市级专项规划（2016—2020）》为例，市级层面针对土地整备潜力用地进行权重因子赋值分析，划分一类土地整备区、二类土地整备区、三类土地整备区和弹性整备区。全市划定50个重点整备片区，根据不同区域特征差异分为重点地区型整备片区、产业升级型整备片区、社区统筹型整备片区、民生项目型整备片区和生态建设型整备片区等五类区域。针对具体片区类型提出分类策略和实施指引，主要包括片区实施预期目标、重点整备对象、整备内容及差异化管控要求。

区级层面结合自身发展诉求和潜力用地情况，对市级重点片区范围进行优化完善，进一步引导区级层面土地整备空间格局。以《龙华区土地整备“十三五”规划》为例，首先，在市级划定七大重点整备区的基础上，提出“一中轴八片区”的土地整备空间格局，规划期内土地整备工作向中轴线和8个重点整备片区集中。明确提出重点整备片区内整备用地规模不少于全区整备用地规模的50%等要求。其次，在落实市级专项规划重点整备片区要求的基础上，加强重点整备片区的整体引导，开展重点整备片区研究。制定更详细的土地整备重点片区规划实施指引，从工作重点、整备任务、推进时序等方面对每个片区进行细化。同步将市级专项规划提出的专项行动分解转化为各片区具体实施要点及指标，再实施指引予以明确，用以指导下一阶段工作。

（3）强化规划传导实施保障机制

规划的有效传导实施也是市区分级管理重要内容之一。《市级专项规划（2016—2020）》通过编制实施保障内容对关键规划实施要点进行明确，形成有针对性的专项行动计划、年度计划、实施机制等工作安排。

专项行动方面，结合深圳市委、市政府“十大专项行动”部署要求，将各类专项行动按各区潜力情况进行合理分解。主要内容包括土地整备利益统筹试点工作专项行动、土地历史遗留问题处理专项行动、重大产业项目用地保障专项行动、重大民生设施用地整备专项行动、国有储备土地清理专项行动、围填海专项行动等。

年度计划作为“规划统筹计划”向下传导的重要环节，指导全市土地整备工作开展。深圳充分尊重基层更新意愿，目前，市区结合实际推进土地整备工作已形成项目刚弹性、以实施为导向的管理模式。充分体现自上而下的总体谋划和自下而上个案操作相结合的特征（岳隽，2022），《市级专项规划（2016—2020）》提出逐步建立“市统筹整备规模和资金指标，各区常态化申报项目”的土地整备计划常态申报、动态弹性调整机制。

在实施保障机制方面，优化专项规划的实施导向管理，主要集中在土地整备项目管理、政策保障体系、工作机制、实施评估和考核激励机制等方面提出相关要点。在土地整备项目管理方面，以龙华区为例，在市级专项规划要求下，提出加强土地整备计划管理和项目评估，建立土地整备项目退出机制，定期清理不具备实施条件的土地整备项目，形成项目实施的倒逼机制。工作机制方面，《市级专项规划（2016—2020）》提出优化土地整备工作机制，优化市、区土地整备事权，构建权力与责任相适应的土地整备管理体制。在此基础上，《龙华区土地整备“十三五”规划》提出建立区土地整备机构、与各部门联动合作和定期沟通机制，关联业务同时申报、并联审批，提高行政效率。在实施评估和考核激励方面，设置土地整备计划激励机制，充分调动区级层面的积极性。探索将各区年度整备实施情况与各区年度土地供应指标、土地整备资金安排挂钩，对于实施考核优秀的区，增加年度用地供应指标和土地整备资金规模。

2.3.2 市区联合的规划编制方法探索

（1）困境：仅靠市级主导难以回应日益复杂的实施需求

在“十一五”和“十二五”两轮土地整备专项规划编制经验基础上，结合市区具体土地整备工作开展情况，深圳市“十三五”土地整备专项规划进行全面实施评估与优化反思。前两轮专项规划主要由市级主导，区参与度相对有限，部分诉求未能有效反馈。在土地整备工作中，市区联动主要体现在项目实操层面，即各区根据自身实际问题探索各具特色的土地整备模式，通过具体试点项目经验向上反馈政策诉求，市级土地整备机构负责向下统筹协调进行联动。比如，区层面在遭遇土地整备实施推进困难时，多依靠的是市层面的政策创新或者“一事一议”所给的突破机会（聂家荣等, 2016）。

由于缺少区级层面的深度参与，市级专项规划在部分战略统筹空间抓手的实施上有一定限制。《市级专项规划（2016—2020）》对“十二五”期间土地整备实施成效进行充分总结，提出该阶段专项规划工作仍存在空间统筹力度较弱、利益共享力度较弱、实施传导有待完善等问题。同时，《市级专项规划（2016—2020）》也提出

"十三五"期间全市土地整备面临新的发展形势：一是土地整备的推进难度加大；二是土地整备利益统筹政策的政策红利逐步显化；三是城市发展和特区一体化对土地整备空间保障能力提出了更高的要求。

（2）契机："强区放权"下的市区分工新局面

《深圳市人民政府关于深化规划国土体制、机制改革的决定》和《深圳市人民政府关于印发全面深化规划国土体制机制改革方案的通知》提出市土地整备局主要负责统筹、协调、指导全市土地整备（房屋征收）工作，组织编制土地整备规划、计划；各区主要负责参与编制和落实土地整备规划、计划。进一步将实施方案审批、规划报审权限等在内的部分土地整备项目审批职权由市土地整备局调整至各区政府。在"强区放权"的背景下，将宏观层面市级的专项规划拓展为市区两级，能更加充分地契合各区发展诉求。此举充分调动区级政府的主观能动性，横向加强与国民经济和社会发展规划衔接，找准整备实施抓手，对指导下一层次的实施方案开展有积极作用。

在实际工作推进中，新时期利益统筹为主的土地整备工作推进涉及原农村集体土地问题错综复杂，需协调事项较多，区政府作为具体工作的实施主体，相对市级直接管理有一定协调优势。在"强区放权"与政策机遇叠加下，区政府可结合新的政策要求和项目用地需求，灵活调配资源，增强对整备用地及空间掌控力度，在土地整备方面进行有益创新探索实践。

深圳"强区放权"的重大战略契机，释放了区政府的工作活力，增强了区政府发展主动性，进一步提高了行政效率和质量。在专项规划拓展为市区两级之后，市级牢牢把控总体方向和目标，各区对分解下来的任务依据自身情况协调分配资源，对于自身需落实的重大产业项目、重大民生项目有了更强的主动谋划动力。然而，市区两级管理机制下，市级决策者追求"全市一盘棋"，属于偏好于解决问题的结果导向型策略，区级决策者关注自身发展，属于偏好于直接效益的自利导向型策略（陈慧玲, 2020），两者的立场不同，仍需要进一步协调要求与诉求。

（3）抓手：制定区级土地整备专项规划的编制指引

为规范区级城市更新和土地整备"十四五"规划的编制，加强对区级城市的强化规划引领作用，保障全市城市更新整备"十四五"规划的目标和要求充分落地，市局层面制定了《深圳市各区城市更新和土地整备“十四五”规划编制技术指引》，要求各区按照指引要求及时开展辖区内城市更新和土地整备五年规划的编制工作。该指引的适用范围是深圳区级层面城市更新和土地整备“十四五”规划编制。其中，编制原则包括：充分体现城市规划的公共政策属性；优先保障公共利益；促进各方利益平衡；提高辖区发展品质。各区城市更新和土地整备“十四五”规划的编制，应落实《深圳市城市更新和土地整备“十四五”规划》。总体来看，区级城市更新和土地整备专项规划是落实《深圳市城市更新和土地整备“十四五”规划》的核心内容，而《深圳市各区城市更新和土地整备“十四五”规划编制技术指引》是确保市区两级城市更新和土地整备专项规划的重要抓手。

2.4　更新整备的融合探索：多层次协同促进路径融合

2.4.1　城市更新行动下的专项规划内涵拓展

2022年，深圳市规划和自然资源局、深圳市发展和改革委员会印发《深圳市城市更新和土地整备“十四五”规划》，提出“规划引领、政府统筹，公益优先、强化融合，有机更新、生态优先，市区联动、公众参与”的规划原则。这一版的专项规划，突破了原来的对某一种规划实施路径的系统安排，将工作范畴拓展到整个城市更新行动的顶层谋划上。

一是对存量改造路径的系统安排。专项规划作为宏观层面的统筹指导，其作用之一就在于提前做好指引、规范改造行为，引导工作有序推进，但由于不同的改造路径分别做专项规划，城市物质空间是连续的，顶层规划却各自“划地盘”，各自对所适用的空间范围进行规划管控，缺乏宏观层面整体性的空间引导，难免存在衔接不充分或管理边界模糊等问题，难以对各类存量资源进行统筹配置。2020年深圳市规划和自然资源局印发的《实施方案》提出为促进产业集聚，形成带动能力突出的高品质产业空间，要求整备与连片改造100km^{2}工业区，并提出要在改造试点项目中充分运用“案例+政策工具箱”的工作机制，加强城市更新、土地整备、产业用地提容等政策联动融合。这一文件对不同改造路径的空间统筹提出了直接要求，专项规划将深圳主要推进的存量改造路径，包括土地整备（含利益统筹与房屋征收等）、城市更新（拆除重建类和综合整治类）都进行了系统安排。

二是对存量改造范围的全面统筹。针对一些重点难点改造对象，《深圳市工业区块线管理办法》等相关政策，对工业区、城中村、老旧小区等改造对象提出了规划管控要求。除产业集聚需求之外，其他改造要素如重要交通干线、重大公共服务设施和基础设施，往往都需要政府从区域整体通盘考虑，在宏观层面统筹配置存量资源。已有各类管控要素和要求也都需要在新阶段的专项规划中进行衔接和落实。

无论是日益复杂的存量管控要求，还是更趋繁重的规划实施问题，都对专项规划编制提出了更高的要求。在高质量发展要求下，专项规划是对整个城市更新大盘子的专项规划，并对其中涉及的多种路径的全局指引和统筹安排。有必要在顶层规划上做好融合，全方位提高规划管理水平，有力支持城市发展。而不同存量路径的统筹是"十四五"专项规划编制的重中之重。

2.4.2 不同路径的统筹协同方式探索

（1）"主体协同"：明确政企合作分工

土地整备和城市更新两类路径更新对象和准入门槛的差异造成政府、市场的主要发力点不同。实施城市更新行动能够促进资本、土地等要素根据市场规律和国家发展需求进行优化再配置，而政府和市场分头发力的两大模式也要探索进一步的有机协同，更加合理地分配政府力量和市场投入，强化政府统筹力度并激活市场能动性。因此，政府和市场的角色定位、合作分工要求，在专项规划中有多处体现。

在总体目标的要求方面，"十三五"时期，无论是土地整备专项规划还是城市更新专项规划，其总体目标都是服务于城市发展。而"十四五"时期着重强调了工作推进的各项前提要求："以持续强化政府统筹力度、全面盘活城市低效用地为方向，以更新整备融合、政策创新为手段，深入探索利用存量建设用地进行开发建设的市场化机制，全面合理、有序推进城市更新和土地整备各项工作"，明确了政府统筹指导、市场深入参与的要求。

在规划策略方面，规划策略的落地实施要求相关主体充分协作、发挥各自优势。比如，对产业空间的策略谋划中，供应给高端制造的45km^2"连片改造区"，有20km^2需要由政府主导完成土地整备，其余25km^2需要政府统筹、政企合作进行连片改造。再比如，在公共服务设施方面，专项规划将规划期内需重点落实的各类设施梳理，直接分配为城市更新和土地整备的用地指标任务。住房保障策略上，则需要发挥市场城市更新对商品住房市场供应的稳定作用，加大政府土地整备对住房用地供应的支持作用，以共同发力优化住房供应结构。

在保障机制方面，为解决不同路径的竞争问题，专项规划提出应加强更新整备补偿统筹标准，动态修订住宅类房屋征收基准价格，参考市场标准出台厂房和商业征收基准价格，建立征收补偿基准价格动态调整机制，加强政府征收基准价格与市场价格的接轨。为促进不同政策联动互通，提出构建统一的合法用地和历史用地处置规则，构建允许利用政府储备地与市场主体或原权利人的留用土地进行腾挪置换的机制，为下阶段政策创新指明要求。

（2）"空间协同"：统筹划定各类分区

在空间协同方面，专项规划划定了三大类空间范围，包括城市更新空间、土地整备空间及更新整备融合试点区空间。其中，城市更新范围中的允许拆除重建区，是市场参与城市更新项目的重要依据，为市场指明了可着重发力的区域和方向。土地整备空间范围，是基层政府需要重点关注和投入的范围。更新整备融合试点区空间范围是两类改造路径融合、两大主体协同的重要片区。

专项规划划定的三大类空间范围，首次将不同实施路径的几类分区范围在一张图上进行管控，明确了土地整备、城市更新两大类路径的分区关系和空间关系，更进一步创新更新整备融合试点区，允许借助综合授权试点改革契机，作为更新整备融合创新政策封闭运行的试点范围。分区范围的划定，体现出更新整备融合新体系科学高效、公平有序的特征。

（3）"实施协同"：探索路径联动机制

为加强更新整备融合，专项规划在实施保障机制章节中提出了促进更新整备路径互通的多个探索方向，从而使得片区可通过多种路径协同改造，实现规划整合，形成系统、成片、高质量的规划空间。具体内容体现在以下三个方面：

总体层面，在向下传导至年度计划时，借助年度计划的统筹作用，对于产业空间整备任务完成情况较好的区，探索增加拆除重建类空间范围弹性指标等激励机制。

片区层面，加强两类路径的规划实施统筹。以国土空间规划标准单元为抓手，由标准单元对下指导标准单元内城市更新和土地整备等各类存量规划编制，包括指引划定项目边界、确定地块划分、明确地块功能、建筑规模和配套设施等，以实现项目实施的彼此协调。

项目层面，探索空间腾挪置换和指标互动政策创新。打破宗地位置限制，构建允许利用政府储备地与市场主体或原权利人的留用土地进行腾挪置换的机制，加大空间统筹力度；探索在城市更新“飞地政策”、土地整备利益统筹等政策基础上进行优化创新，扩大指标转移范围，细化腾挪置换规则，解决项目碎片化和畸零化的问题。同时，对更新整备融合试点区的实施模式提出方向建议，可参照重点更新单元模式，试点区计划和规划由各区政府负责拟定，经市政府批准后，区政府可组织以公开方式确定实施方式和实施主体。试点区范围内积极鼓励融合运用城市更新、土地整备等多种实施手段，实现片区整体发展的目标。

2.5　专项规划的统筹要点：政府统筹的关键工具

2.5.1　目标统筹：通过目标与重点引导各项工作形成合力

在突破单一改造路径后，城市更新和土地整备专项规划的作用，更接近城乡规划中的“近期建设规划”，是总体规划的分阶段、分时序实施的抓手。近期建设规划提出的意图是为规划管理提供管理目标和方向，包括五年规划期内的总量控制指标、强制性内容，以及对重点地区和功能片区的引导，为城市总体规划的实施提供一个新的规划工具。这一创新也使得城市规划实施创新有了长足的进展（刘永红等, 2011）。然而，受限于实施路径多样性和分散决策等原因，当时的近期建设规划无法保证政府公共投资项目与市场发展意愿在空间上的统筹协调（邹兵, 2013）。在国土空间规划体系下，深圳的城市更新和土地整备专项规划一定程度上承接了其行政逻辑和技术逻辑（许世光, 2021），成为这一时期的“行动规划”核心和政府进行规划实施统筹的关键工具（王富海, 2022）。

专项规划的作用在于对五年规划期内的工作目标进行统筹。总体规划的目标是长期性的、远景性的，而五年规划则聚焦近期，依托土地、项目等空间抓手，将长期目标转化为阶段性目标与安排，对规划期内的工作方向和原则、重点工作安排、时序和资金配置等方面做出方向性指导，确保各项工作在方向上和空间上形成合力。

《深圳市城市更新和土地整备“十四五”规划》提出了规划期内的总体目标，在工作原则上，明确防止大拆大建、落实“碳达峰、碳中和”部署、高质量发展、提升土地节约集约利用水平等要求；在工作方向上，持续强化政府统筹力度、全面盘活城市低效用地；在工作方式上，深入探索利用存量建设用地进行开发建设的市场化机制，全面合理、有序推进城市更新和土地整备各项工作，等等。而具体到规划期内的工作事项，则提出“积极鼓励开展城中村和旧工业区有机更新，统筹有序推进拆除重建类城市更新，深入开展土地整备利益统筹”几类关键的改造路径，加速盘活规模成片土地，打造“两个百平方公里级”的高品质产业空间等重点工作，以及逐步实现城市空间结构优化、住宅供应增加、公共服务水平与基础支撑能力提升，为加快建成现代化国际化创新型城市提供有力支撑的阶段目标，从而引导各项工作在基本共识下开展。

2.5.2 技术统筹：通过技术安排确保各项工作协同推进

存量改造对规划编制的要求更复杂，不仅需要统筹考虑权属、建成情况等更新潜力条件，也需要考虑改造指标、改造资金等在片区层面配置的要素。由于改造资源是有限的，这就需要通过顶层设计提前做好统筹配置的大格局、制定分配规则。在高质量发展要求下，存量改造工作安排也需要更精准的空间资源要素配置、更综合的空间技术手段运用，以完善顶层规划的科学性、提高对下传导的有效性，以及对工作组织的合理性。专项规划可以作为“技术统筹”的工具，系统谋划全市存量改造的规模、管控要求、实施计划和工作机制等，形成总体工作纲领，以合理的工作流程和实施次序，确保各项工作协同配合，切实指导存量改造工作的全面开展。

城市更新和土地整备“十四五”专项规划将总体目标分解为技术性、可落实的量化任务，包括实施规模、基础设施与公共服务设施规模、空间规模等。比如，规划期内全市城市更新和土地整备不少于95km^{2}的实施规模要求，通过城市更新和土地整备完成基础教育设施学位供应，重点保障一批综合医院、高中等全市紧缺的大型公共服务设施用地供应，弥补民生短板的任务要求；通过城市更新和土地整备实现供应商品住房建筑面积、筹集公共住房和配套宿舍面积的任务要求，等等。

同时，专项规划也会提出原则性的技术指引。在规划结构和改造方向的指引方面，“十四五”专项规划围绕公共服务体系、住房保障和产业空间的工作要求，提出应通过城市更新和土地整备合理引导建筑增量分配，重点保障公共服务与基础配套用地和建筑面积，大力提高居住与产业建筑面积，以及严格控制新增商业（含研发和办公）建筑面积；在规划分区指引方面，结合工作目标、实施模式、市场动力等，基于不同改造路径、不同改造方向进行分类，划定各类管控分区范围，在宏观层面对各类分区范围进行整体性引导；在公共利益的关注与引导方面，建立公共服务设施和基础设施项目清单，通过城市更新和土地整备统筹落实各类项目用地，等等。

2.5.3 部门统筹：通过系统安排协调部门间的分工衔接

土地整备等存量改造作为一项实施性工作，不仅需要规划和自然资源部门、住建部门的管理与实施，也需要发改、教育、城管等关联部门进行工作配合。除了市、区管理关系之外，随着治理重心的下沉，街道也已经成为土地整备项目的推动主力。

基于目标与技术两个方面的“统筹”，一方面，专项规划能够协助决策者更准确地研判问题，更整体地确定行动，更协调地落实工作，并对横向的不同部门、纵向的不同层级做好任务安排和配合工作安排，从而实现对所涉及工作部门的统筹（王富海，2022）。另一方面，“专项规划—年度计划”的制度设计为理顺条块关系提供了有力的工具。2005年，深圳确定了年度计划制度，实现了年度的土地供应计划、政府投资计划等工作安排的协同。到2008年，深圳开始同步编制土地整备和城市更新的专项年度实施计划，将存量改造的工作放进年度工作中通盘考虑，基本理顺了相关部门之间的合作分工关系，保证年度工作方向和步骤的基本统一（邹兵，2013）。随着规划计划编制经验的积累，专项规划和年度计划的关系日渐紧密，“十四五”专项规划要求强化年度计划分配和实施，要求规划期内，应“按照年度提前制定推动规划实施的行动方案，将用地供给目标、土地整备实施目标、工业区升级改造目标、各类公共设施建设目标、公共住房筹集目标等任务合理分配至每年度”，各区根据市级专项规划编制区级专项规划时，会提前谋划每一年度的工作安排，做好指标与时序统筹，同时与住建、交通、财政等各部门做好工作衔接。

在城市更新行动要求下，各类存量改造工作的专项规划无疑是五年工作的重要行动安排，是政府主导性和政府意志的关键工具之一。深圳城市更新和土地整备专项规划应对城市发展不同阶段，不断完善编制内容、改良编制技术。在探索初期，面对规划蓝图的实施困境，第一版土地整备专项规划首次提出土地整备工作机制，全面系统探讨了此类专项规划的规划对象、整备规模、工作深度和工作内容，奠定了专项规划编制的总体框架。当深圳全面深化规划国土体制机制改革、推进“强区放权”之时，土地整备专项规划则拓展为市、区两级，以更好地契合各区发展诉求和实施需求，调动各级主观能动性，推动工作逐级落实。在国家提出“实施城市更新行动”之际，深圳进一步强化更新整备融合，专项规划成为城市更新、土地整备两大规划实施路径“大盘子”的统筹安排。从单一的土地整备工作统筹，到多路径统筹、对存量改造工作的行动安排，多版专项规划的发展历程，是深圳对土地整备及其他存量改造工作进行系统谋划的持续探索。

第3章　土地整备计划统筹

3.1　土地整备计划的阶段性演进

土地整备年度计划是土地整备“规划引导计划、计划统筹项目、项目推进实施”工作机制中的重要一环，通过土地整备年度计划的编制和实施，发挥计划统筹项目的作用，明确年度土地整备的总体任务、整备要求、分项任务、资金安排等，是推进土地整备项目顺利实施的行动指南。

按照《若干意见》的相关要求，深圳市首次编制了《深圳市2011年度土地整备计划》，明确了全市2011年度土地整备的年度目标、土地整备安排重点、土地整备项目安排、土地整备资金安排等内容，在一定程度上统筹并引导了土地整备项目的实施推进。《深圳市2011年度土地整备计划》实施后，有效保障了土地整备工作的顺利推进，并获得了相关领域的认可。后续每年都根据土地整备专项规划、土地整备和供应情况、相应的政策及城市发展要求等进行编制，至2023年已完成13个年份的土地整备年度计划的编制和实施工作。

随着时间的推移，政策背景、城市发展条件、存量空间等都发生了一定的变化，土地整备计划的编制工作也在不断创新和探索。总体来看，深圳市土地整备计划十余年的探索实践可以划分为三个阶段：第一个阶段是土地整备年度计划的初创阶段，计划编制的主要契机是传导与落实《深圳市土地整备专项规划（2011—2015）》等相关规划的内容，具有典型自上而下的特点；第二个阶段是土地整备年度计划的完善阶段，规划编制的主要背景是《利益统筹试点办法》出台和强区放权改革，具有自上而下和自下而上相结合的特征；第三个阶段是城市更新和土地整备年度计划合并编制的阶段，规划编制的背景是深圳市机构改革过程中城市更新局和土地整备局的行政职能整合。

3.1.1 自上而下土地整备的创新探索（2011—2015年）

《深圳市2011年度土地整备计划》是深圳市编制的第一版土地整备年度计划，土地整备工作成为深圳市年度城市建设活动的重要环节之一。至此，土地整备年度计划成为深圳市开展土地整备、征地拆迁、拆迁安置房建设、储备用地管理及土地投融资的重要依据。第一版土地整备年度计划充分衔接了《深圳市国民经济和社会发展十二五规划》和《深圳市近期建设和土地利用规划（2011—2015）》的主要内容和实施要求，优先保障重点发展地区、重大项目和重要类型用地的土地整备，为深圳市推进重大项目的实施奠定了坚实的基础。该年度计划的编制和实施基本上确立了深圳市以政府为主导、自上而下从市级层面保障重点发展地区、重大项目和重要类型用地的土地整备工作路径。2011—2015年深圳市共计编制了五版土地整备年度计划，通过编制思路或原则的梳理可以总结出这一阶段土地整备年度计划的一些特征：

强调“规划引导”。这里的规划引导主要包括《深圳市近期建设与土地利用规划（2011—2015）》《深圳市土地整备专项规划（2011—2015）》《深圳市国民经济和社会发展第十二个五年规划》等，表明土地整备年度计划的制定的基本思路是对相关规划的支撑和细化落实。

强调与其他计划的衔接协调。2011年土地整备年度计划明确提出与国民经济和社会发展计划、重大建设项目计划、国土基金收支计划、近期建设和土地利用规划年度实施计划等的衔接协调。此后四版年度计划也都明确提出了“加强衔接”。需要说明的是，2013年的土地整备年度计划提出了与整备用地现状情况及区政府的现实需求相衔接，从而提高土地整备年度计划的可实施性。2014年和2015年土地整备年度计划对需要衔接的计划内容进行了扩充，包括：重点与政府投资项目计划、年度土地供应计划、土地出让收支计划、城市更新计划和住房建设计划。

对刚性和弹性关系的表述进行不断调整，但是总体而言采用的是刚性和弹性相结合的编制思路。2011年和2012年土地整备年度计划都强调“弹性与刚性相结合”，出发点是考虑到“全市统筹、分区实施”的总体思路及土地整备工作的不确定性，强调土地整备年度计划对各区土地整备总规模和总资金进行约束，对具体项目的整备规模和资金进行弹性控制。2013年土地整备年度计划对刚性和弹性之间关系的表达是“精细化管理”，意图是对土地整备项目进行分级和分类管理，以区为单元对土地整备项目进行打包，区内土地整备的规模和资金可以根据具体地块的实施情况进行灵活调剂，本质上是对刚性和弹性相结合的一种有益尝试。2014年土地整备年度计划更加强调计划的刚性约束作用，对“弹性”采用“方便实施”的方式表达，具体体现在各区范围内土地整备的规模和资金可灵活调整，计划内市级财政承担的房屋征收及用地清退项目可根据项目的重要程度和推进情况调整项目资金。2015年土地整备年度计划进一步强调“突出刚性，严格计划实施”，但是，为了确保年度计划的弹性，该年度计划提出计划内各区土地整备的规模和资金以及市级财政承担的房屋征收及用地清退项目的资金安排可视具体情况进行调整，从而保证了年度计划在刚性约束下的顺利实施。

不同年份的年度计划在编制思路和原则方面也进行了一些内容调整。其中，2011年度土地整备计划提出以“用地”为核心，服务规划实施，统筹安排项目和资金。根据城市发展的用地需求及各区申报情况，合理安排年度土地整备规模，建立“规划引导整备，整备保障供应”的土地供应模式，真正实现土地整备保障城市发展的目标。2013—2015年土地整备年度计划强调土地整备在改善民生和保障公共利益方面的作用。其中，2013年土地整备年度计划提出推进保障性住房用地和公共服务设施用地的整备，推进幸福城市建设。2014年和2015年在2013年相应表述的基础上增加了重大基础设施的土地整备。尽管2011年之后不同年份的土地整备计划的内容和表述不断变化和调整，但总体而言，2011年度土地整备计划的编制奠定了深圳市后续土地整备年度计划的基础，基本确定了年度计划的内容框架，是深圳市土地整备工作架构的重要组成部分（表3-1）。

本阶段各年份土地整备年度计划的编制原则　　表3-1

年份	编制思路或原则
2011	以“用地”为核心，服务规划实施，统筹安排项目和资金；坚持规划引导，突出重点；弹性与刚性相结合；与其他计划相衔接协调
2012	规划引导整备，整备保障发展；满足相关政策要求，利于融资；弹性与刚性相结合，便于操作；创新土地整备思路，拓展内涵；加强计划衔接，保障实施
2013	规划引导，突出重点；改善民生，提升福祉；精细化管理，提高可操作性；加强衔接，保障实施
2014	规划引导，突出重点；民生先行，分类管理；严格刚性，方便实施；加强衔接，确保落实
2015	规划引导，主动推进实施；民生先行，保障公共利益；突出刚性，严格计划实施；加强衔接，确保顺利推进

3.1.2 建立自上而下与自下而上相结合的整备计划编制路径（2016—2018年）

随着《利益统筹试点办法》确立了利益统筹模式的土地整备路径，要求试点项目应当列入全市土地整备计划，以保障资金安排。土地整备利益统筹项目的试点，改变了原有的市级政府主导确定土地整备重点片区和项目的传统工作方法，增加了自下而上的土地整备项目申报路径，土地整备利益统筹项目的申报增加了权益人作为申报主体，将市场意愿纳入土地整备的工作流程中。由于土地整备项目申报方式的改变，市级层面对各区土地整备的诉求和意愿更为重视，这不仅提高了各区土地整备的积极性，还强化了对市场行为的统筹考虑，进一步推动了市场主体的主动性。

以2016年度土地整备计划为例，2016年是“十三五”的开局之年，除了需要衔接《深圳市城市总体规划（2010—2020）》《深圳市土地利用总体规划（2006—2020年）》等规划的内容之外，还需要衔接《深圳市国民经济和社会发展第十三个五年规划》《深圳市近期建设与土地利用规划（2016—2020）》和《市级专项规划（2016—2020）（草案）》等规划内容，并落实深圳市“拓展空间保障发展”十大专项行动。2016年度土地整备计划的主要内容包括三项：一是对2015年及“十二五”期间土地整备计划执行情况进行检讨评估；二是对2016年度土地整备计划的编制情况进行梳理，确定编制思路；三是专项计划的编制，包括土地整备专项计划、房屋征收专项计划等。在传统编制内容的基础上，2016年度土地整备利益统筹项目试点目录单独列出，试点目录的项目来源主要是各区政府和土地整备项目权益主体。

基于深圳市强区放权的改革要求和完善土地整备项目申报流程的需要，2017年度土地整备计划在原有土地整备年度计划内容的基础上，增加了全市土地整备项目申报系统的完善工作。从这一年开始，土地整备年度计划的编制更加注重各区对于土地整备工作的诉求和意愿，建立了“自下而上”的土地整备项目申报制度。一方面，该申报系统可以及时对全市范围的土地整备项目申报情况进行汇总、统计和分析，同时结合土地利用规划、相关法定图则和其他相关规划对申报项目的具体内容进行评估和核查，进一步优化了土地整备计划的编制流程，提高了土地整备项目核查和审批的效率，保证了项目申报的可行性和可实施性。另一方面，该申报系统也充分回应了各区对于土地整备工作和土地整备重点的诉求，重视各区的土地整备意愿，注重市场主体对于土地整备的参与深度，充分调动了各区对于土地整备工作的积极性，充分尊重市场行为对于土地整备工作的带动作用，建立了自上而下与自下而上相结合的土地整备年度计划编制路径。

3.1.3　更新整备融合导向下年度计划的持续编制与创新（2019年至今）

2018年12月30日，深圳市城市更新局和深圳市土地整备局的行政职能整合，这对年度计划的目标定位和管理方式提出全新的要求。重点围绕“加大成块连片土地清理和整备，加快旧工业区连片升级改造”的工作要求，年度计划的主要目标是加快形成连片可开发的产业空间，为重大产业项目落地提供保障。自2019年开始，城市更新年度计划和土地整备年度计划正式合并，年度计划的名称正式调整为《深圳市2019年度城市更新和土地整备计划》。

《深圳市2019年度城市更新和土地整备计划》是城市更新与土地整备融合后编制的第一版年度计划，是对更新整备融合工作在年度实施方面的初步探索，也是对更新整备工作统筹实施推进的有效实践。考虑到年度计划是统筹两种存量开发模式的顶层框架设计手段之一，编制过程中需充分统筹考虑城市更新和土地整备工作推进情况，充分发挥年度计划的调控作用，合理安排年度任务以及土地供应结构，统筹项目空间分布与开发时序，保障全市城市更新和土地整备五年专项规划的年度实施，并为全市存量用地建设规划开发统筹提供基础。

2020—2023年各年度城市更新和土地整备计划是在《深圳市2019年度城市更新和土地整备计划》基础上不断调整完善的。其中，2020年是深圳经济特区建立40周年，也是“十三五”规划的收官之年，年度计划编制的重点增加了与全市城市更新和土地整备“十三五”规划任务衔接的相关内容。2021年是“十四五”规划的开局之年，此时《深圳市国土空间总体规划（2020—2035）（送审稿）》、《深圳市国土空间保护与发展“十四五”规划（过程稿）》和《深圳市城市更新和土地整备“十四五”规划（草案）》等重大规划初步形成，该年度计划与相关规划进行了初步衔接。2022年和2023年，随着《深圳市城市更新和土地整备“十四五”规划》和《深圳市国土空间总体规划（2020—2035）》等规划正式出台，城市更新与土地整备计划与相关规划进行了更为充分的衔接和细化落实。

3.2 编制内容

3.2.1 上一年度计划执行情况

年度计划需要充分评估上一年度的计划执行情况，该内容包括总体任务完成情况、分项任务完成情况、资金支付工作完成情况、各区上一年度计划执行情况四部分内容。

总体任务完成情况的内容包括三项：一是主要分析用地保障任务的完成情况，主要指标包括上一年度城市更新和土地整备实现用地保障的计划规模、实际完成规模、目标完成率、通过拆除重建类城市更新移交入库公共利益用地规模、土地整备规模等；二是保障城市用地供应任务的完成情况，主要指标包括上一年度通过城市更新和土地整备完成直接用地规模和目标完成率、完成居住用地直接供应规模和目标完成率；三是新增计划规模管控任务的完成情况，主要指标包括上一年度新增城市更新单元计划规模和实际规模。

分项任务完成情况的内容较多，概括起来包括民生设施、住房保障和产业空间三个方面。民生设施方面，需要分析各类民生设施服务水平提升任务的完成情况：首先要分析民生设施用地整备任务完成情况，包括计划规模、实际完成规模和目标完成率；其次要分析通过城市更新和土地整备规划统筹实施的基础教育设施的计划规模和目标完成率；再次，要分析民生设施项目库用地保障任务的完成情况。住房保障方面，一是需要分析的内容是上年度计划通过土地整备完成的居住潜力用地的计划规模、实际完成规模和目标完成率；二是要分析公共住房和配套宿舍套数的计划规模、实际完成规模和目标完成率。产业空间方面，需要分析的内容包括产业用地整备任务的完成情况、严控新增“工改M0”类城市更新单元计划的实现情况和高品质产业空间保留提升综合整治用地目标完成情况等。

资金支付工作完成情况主要包括土地整备资金支付工作完成情况和市本级房屋征收项目资金拨付情况。

各区上一年度计划执行情况通过两个总体任务完成情况表和分项任务完成情况表进行说明。上一年度深圳市城市更新和土地整备总体任务完成情况表，内容要求细分到各个区，主要指标包括用地保障规模、直接供应用地规模、直接供应的居住用地规模、年度城市更新用地供应任务、新增拆除重建类城市更新单元计划等。上一年度城市更新和土地整备分项任务完成情况，细分到各区，主要指标包括基础教育规划统筹实施规模、民生设施整备规模、公共住房和配套宿舍规划配建规模、居住潜力用地整备规模、新增“工改M0”类城市更新单元计划规模、高品质产业空间保留提升综合整治用地规模、工业用地整备任务规模。其中，2019年更新整备融合以来，城市更新和土地整备年度计划的整体执行情况如表3-2所示。

上一年度计划执行情况（2019年以来）　表3-2

年份	土地整备年度任务	产业空间整备专项	重大项目	土地整备资金支付	市本级房屋征收项目补偿资金
2019	计划任务11km²；实际完成13km²；目标完成率为118%	计划完成4.86km²；实际完成5.44km²；目标完成率为112%	全市饮用水水源一级保护区范围内土地征转工作全部完成（面积22.81km²）；有序开展重点片区和重大项目土地整备工作	计划安排105亿元；全部支出	计划安排53亿元；实际支付45.97亿元
2020	计划任务16km²；实际完成24.2km²；目标完成率为151%	计划完成12km²；实际完成15km²；目标完成率为125%	重点完成龙岗中心医院、吉华医院等基础设施项目的土地整备工作	计划安排180亿元；实际支付169.5亿元	计划安排43.31亿元；全部拨付
2021	计划任务15km²；实际完成19.7km²；目标完成率为131%	计划完成10km²；实际完成11km²；目标完成率为110%	推进了深圳歌剧院等重大公共服务设施项目的土地整备工作；基本解决了原特区外96所村办小学土地房产历史遗留问题	计划安排110亿元；全部支出	计划安排114.13亿元；全部拨付
2022	计划任务10.11km²；实际完成18.80km²；目标完成率为131%	计划完成5km²；实际完成5.05km²；目标完成率为100.9%	完成民生设施用地整备2.50km²；完成居住潜力用地整备2.05km²	计划安排118.97亿元；全部支出	计划安排66.93亿元；全部拨付
2023	城市更新和土地整备实现用地保障规模17.25km²，目标完成率 173%	计划完成4.50km²；实际完成4.70km²；目标完成率为104%	实际完成民生设施用地整备5.87km²；实际完成居住潜力用地整备2.55km²	计划安排200.73亿元；全部支出	计划安排26.39亿元；全部拨付

备注：部分数据进行了四舍五入处理，与原始数据有微小出入。2020年土地整备资金支付情况中，其余10.5亿元用于坪山区新增市级房屋征收项目资金需求。

3.2.2　年度计划编制情况

年度计划编制情况包括编制背景和编制重点两项内容。从编制背景入手，分析当年土地整备面临的政策和城市发展形势的变化，特别是需要与当年政府工作目标、工作任务相协调。在梳理编制背景的基础上，确定该年度的编制重点和土地整备的基本方向。由于各年度编制背景、政策背景和城市发展形势的差异，不同年份的编制重点也不同（表3–3）。

由于编制背景的变化，同样编制内容和重点在不同年份中的具体表述也在不断变化。比如，2020年关于“产业空间资源保障”的表述包括三层含义：一是打造“两个百平方公里级”高品质产业空间；二是持续推进较大面积产业空间整备工作；三是完成全球招商30km^{2}产业用地的土地整备工作。到了2023年，虽然同样将“产业空间资源保障”纳入年度计划的编制重点，但是对于内涵的表述中增加了“20+8”产业集群和“工业上楼”等相关内容。其中，“20+8”产业集群的概念来自2022年印发的《深圳市人民政府关于发展壮大战略性新兴产业集群和培育发展未来产业的意见》，含义是20个战略性新兴产业加8个未来产业重点发展方向。“工业上楼”纳入年度计划编制重点内容的契机是2023年2月《深圳市人民政府关于印发深圳市“工业上楼”项目审批实施方案的通知》的印发。

年度计划编制重点（2019年以来）　　表3–3

年份	编制重点
2019	更新整备融合；公共利益优先；加强规划引导和计划管控；创新督办考核机制；注重自然资源环境保护
2020	全面推进产业空间资源保障工作；完成市政府提出的“四个1000”目标；落实中国特色社会主义先行示范区及粤港澳大湾区建设相关的重大项目、城市基础设施及公共服务设施等用地；完成“加快国土空间提质增效 实现高质量可持续发展”十大专项行动工作任务；完成全市城市更新和土地整备“十三五”规划任务
2021	瞄准“民生七优”目标，推动构建优质均衡的公共服务体系；加大住房保障力度，切实改善人居环境；持续推进产业空间保障工作，促进实体经济高质量发展
2022	瞄准“民生七优”目标，推动构建优质均衡的公共服务体系；加大住房保障力度，切实改善人居环境；持续推进产业空间保障工作，促进实体经济高质量发展
2023	提升民生设施供给，构建优质均衡的公共服务体系；持续推进产业空间保障工作，促进实体经济高质量发展；加大住房保障力度，切实改善人居环境；盘活低效空间资源，有序推动未完善征（转）地手续土地历史遗留问题处置工作

备注：2021年和2022年该部分的内容表述一致。

3.2.3　年度计划任务

2019年和2020年，深圳市城市更新和土地整备进行了储备的融合（表3–4）。这两个年份的年度计划任务包括三部分内容：一是城市更新的年度任务，包括省“三旧改造”考核任务、拆除重建类城市更新单元计划和旧工业区综合整治规模三项任务指标。二是全市土地整备总体任务及其指标分解，包括产业空间整备专项工作任务、土地整备利益统筹工作任务、原特区外村办学校土地房产遗留问题处理工作任务和其他土地整备工作任务四项任务指标。三是供地任务，主要是衔接落实年度建设用地供应计划要求，制定全市拆除重建类城市更新和土地整备利益统筹用地供应总体规模并且细分到各个区。

年度计划中的任务安排（2019年和2020年）　表3-4

类别	内容		2019年	2020年
城市更新	省“三旧改造”考核任务	新增改造（单位：亩）	9000	9000
		完成改造（单位：亩）	5600	5000
	拆除重建类城市更新单元计划（单位：hm^2）		—	679
	旧工业区综合整治规模（单位：万m^2）		120	120
土地整备	产业空间整备专项工作任务（单位：hm^2）		1200	1000
	土地整备利益统筹工作任务（单位：hm^2）		100	100
	原特区外村办学校土地房产遗留问题处理工作任务（单位：hm^2）		70	49
	其他土地整备工作任务（单位：hm^2）		230	351
	2020年度土地整备总体任务（单位：hm^2）		1600	1500
用地供应	拆除重建类城市更新和土地整备利益统筹用地供应任务规模（单位：hm^2）		306	235

经历了两年的融合探索，到2021年，城市更新和土地整备逐渐实现了深度融合（表3-5）。这一时期年度计划中的任务安排包括总体任务和分项任务两部分内容。其中总体任务包括保障城市用地供应、稳定用地保障规模、加强新增更新单元计划规模管控三个方面。分项任务的主要内容包括提升民生设施服务水平、加大住房保障力度、提高产业空间质量三项内容，主要指标包括基础教育规划统筹实施规模、民生设施整备规模、公共住房和配套宿舍规划配建规模、居住潜力用地整备规模、“工改M0”类城市更新单元计划规模、产业用地整备任务规模、用地保障规模、直接供应用地规模、年度城市更新用地供应任务和新增拆除重建类城市更新单元计划等。

年度计划中的任务安排（2021—2023年） 表3-5

大类	小类	项目	2021年	2022年	2023年
总体任务	用地保障规模	合计（hm^2）	1311	1000	900
		城市更新（hm^2）	300	100	100
		土地整备（hm^2）	1011	900	800
	直接供应用地规模	合计（hm^2）	180	195	235
		城市更新（hm^2）	—	150	165
		土地整备（hm^2）	—	45	70
	直接供应居住用地规模	合计（hm^2）	110	120	155
		城市更新（hm^2）	—	—	110
		土地整备（hm^2）	—	—	45
	其他	年度城市更新用地供应（hm^2）	—	250	265
		未完善征（转）地手续土地历史遗留问题处置（hm^2）	—	—	500
		新增拆除重建类城市更新单元计划（hm^2）★	560	595	500
分项任务	提升民生设施服务水平	基础教育规划统筹实施面积（hm^2）	53.5	53.5	53.5
		基础教育规划统筹实施学位数（座）	53500	53500	53500
		民生设施整备规模（hm^2）	200	200	200
	加大住房保障力度	公共住房和配套宿舍规划配建规模（套）	31043	34000	34000
		居住潜力用地整备规模（hm^2）	200	250	200
	提高产业空间质量	“工改M0”类城市更新单元计划规模（hm^2）★	74	68	34
		高品质产业空间保留提升综合整治（km^2）	5.495	20	20
		工业用地整备任务规模（hm^2）	500	450	400

备注：“★”表示该值为上限值，其他均为下限值；“—”表示该年度无对应指标；2021年新增拆除重建类城市更新单元计划为建议值。

3.2.4 资金及项目安排

城市更新和土地整备年度计划最重要的内容支撑就是资金及项目安排。资金保障的内容包括土地整备年度资金和市本级房屋征收项目资金两个方面。除资金保障之外，还需要统筹安排各类项目，保证项目实施推进的顺利进行。项目大类可以分为土地整备项目（中类）、市本级房屋征收项目和区级房屋征收项目三个中类。土地整备项目（中类）可以细分为土地整备项目（小类）、土地整备利益统筹项目、土地整备安置房建设项目三个小类；市本级房屋征收项目可以细分为市本级财政承担的房屋征收常规项目、市本级财政承担的房屋征收轨道交通项目、社会投资类房屋征收项目三个小类。

3.3 技术要点

3.3.1 坚持规划引导和计划管控

规划引导是土地整备计划编制的基本要求，这改变了传统的“项目+资金”的计划组成形式，突出以“用地”为核心，以“用地+项目+资金”的形式服务规划实施。按照深圳市国民经济及社会发展规划、近期建设规划及土地整备专项规划、国土空间规划等规划的要求，充分落实和分解土地整备专项规划目标，将年度计划作为专项规划实施的有效抓手。年度土地整备计划需根据土地整备规划的要求，在以5年为期限的总体要求基础上，明确年度新增整备土地的总量、年度土地供应计划、土地整备时序、空间布局、土地整备规模、项目资金安排等。依据不同类型的上层次规划要求，重点推进市区级重点发展地区的土地整备、重点保障市级重大项目的土地整备、加大全市范围内的产业用地整备力度，推进产业转型。同时，在与各实施主体充分协调的基础上，年度计划需主动结合已有储备用地，推进集中成片的土地整备工作的开展，提高土地整备工作实施后土地的使用效率；主动结合郊野公园、一级水源保护区等范围，推进建设用地清退工作，强化计划的统筹、引导作用。

以2022年度更新整备年度计划为例，在编制过程中加强了年度计划与五年专项规划之间的传导机制研究，按照年度提前制定推动规划实施的行动方案；加快推进更新整备工作统筹融合，在年度计划的管理中打通城市更新和土地整备直接供应用地指标的互认路径；细化计划管理工作要求，厘清土地整备利益统筹项目计划准入阶段审查要求；严肃计划管控的刚性要求，明确各区安排的年度土地整备任务不得随意调整，确保计划目标的执行。

3.3.2 坚持政府主导、市场联动的上下结合编制方式

2016年至今，土地整备年度计划的编制始终坚持政府主导、市场联动的原则，项目申报采用自上而下与自下而上相结合的方式。土地整备年度计划中的重要内容是年度项目实施和资金计划安排，包括土地整备项目、土地整备利益统筹项目、房屋征收项目以及相应的资金安排。其中，一部分土地整备项目和房屋征收项目来自

市级政府及其职能部门对于市级重点发展片区、市级重大项目、重点产业用地等方面的整备需求，根据土地整备需求申报相应的土地整备项目，并制定相应的资金使用规模和计划。另一部分土地整备项目和房屋征收项目来源于区级政府及其职能部门，在对区级重点发展地区、区级重大项目等空间研究的基础上，形成土地整备项目库和对应的资金使用计划。土地整备利益统筹项目基本上来源于土地权益人和市场主体，充分尊重土地权益人和市场的意愿，将市场力量引入土地整备工作程序中，建立政府主导、市场联动的上下结合编制方式，并在此基础上持续完善年度计划的编制方式和路径。

3.3.3 保障民生和公共利益优先

更新整备计划作为实施存量土地二次开发的重要工具，通过综合运用规划、土地、经济、产权等相关政策统筹解决社区土地历史遗留问题；通过政策的集成与创新，建立各相关政策及政策主导部门之间的协同耦合运作机制，打破已有政策难以有机结合的被动局面；并通过权属清理、用地指标腾挪与置换、土地开发整理、规划实施等具体措施，实现社区内部空间资源及其周边环境的整合。民生保障和公共利益优先是更新整备计划的基本原则，优先确保保障性住房、重大基础设施及民生工程建设用地整备。更新整备计划主动结合城市重点发展区域、城市更新片区等的开发建设要求，推进公共设施、市政设施、道路交通设施等的土地整备工作，超前做好用地保障。

以2021年度深圳更新整备年度计划为例，作为“十四五”规划的开局之年，编制时更加充分落实《深圳市国土空间保护与发展“十四五”规划》和《深圳市城市更新和土地整备“十四五”规划》等相关规划的要求，编制重点包括三项内容：一是瞄准“民生七优”目标，推动构建优质均衡的公共服务体系；二是加大住房保障力度，切实改善人居环境；三是持续推进产业空间保障工作，促进实体经济高质量发展。总体来看，年度计划加大了高中、中小学、医疗、养老院等民生设施的更新整备力度，确保民生设施用地有效供应，着力实现规划重大交通市政基础设施落地，体现了更新整备年度计划编制过程中保障民生和公共利益的技术特点。

3.3.4　加强与各规划计划的衔接协调

计划编制与各区政府（含新区管委会）的现实需求相衔接，加强与其他规划计划（如国民经济和社会发展计划、重大建设项目计划、国土基金收支计划、近期建设和土地利用规划年度实施计划等）衔接协调，重点与政府投资项目计划、年度土地供应计划、土地出让收支计划、住房建设计划等衔接协调，确保计划的顺利实施。

（1）土地整备年度计划与国土基金使用计划直接关联

《深圳市土地整备资金管理暂行办法》提出，由深圳市政府主导的土地整备工作所涉及的资金管理，包括市土地整备局和各区土地整备事务机构（含其他土地整备项目实施单位），按照国家、省、市有关规定进行土地整备过程中的资金来源、支出、监管及绩效评估等管理活动。土地整备资金实行依法依规管理，按计划执行，实行专款专用、专户储存、专账核算。整备土地出让、整备土地利用、安置房利用及整备土地资产其他收入全额缴入市级国库，纳入基金预算，实行收支两条线管理。

土地整备资金计划是土地整备计划的组成部分，由深圳市城市更新和土地整备局组织各区政府及相关职能部门编制，按程序报深圳市政府审批后执行。深圳市规划和自然资源部门向市财政部门提供年度土地整备计划，由市财政部门将土地整备需要财政安排的资金列入年度土地出让支出计划。深圳市国土基金主要应用于深圳市年度土地出让收支计划，全市土地使用权出让条例相关规定及财政预算，参照上年土地出让收入情况、本年度土地供应计划、本年度土地整备计划、本年度地价水平等因素进行编制。总体来看，土地整备年度计划与年度土地出让支出计划直接关联，进而与国土基金使用计划紧密关联。

（2）土地整备年度计划与土地供应计划相互支撑

土地年度供应计划，是对全市的年度建设用地供应空间布局和类型的统筹安排，一般依据国土空间保护与发展规划，结合国民经济和社会发展规划、住房发展实施计划等内容进行编制。主要内容包括对上一年度土地供应情况的实施总结，以及下一年度的土地供应实施计划、实施保障等。土地年度供应计划应根据各区土地整备的完成情况进行编制。各区每年的建设用地供地指标优先从完成整备的土地中安排。提前完成整备任务的，在提前完成的土地整备范围内按照一定的比例给予年度土地供应指标奖励；未按要求完成土地整备的，相应减少年度土地供应指标。

土地整备年度计划会对上一年的土地整备情况进行实施评估和总结，并制定下一年的整备计划，土地整备情况的实施评估和总结内容将支撑土地供应计划中对各区的土地供应指标的分配，可在一定程度上鼓励并调动各区政府推进土地整备工作的积极性，进一步提升土地整备的比例和指标。

3.3.5 适应编制背景的变化，确定编制重点和内容

年度计划编制需要紧跟政府的年度目标和发展重点，充分落实相关政策要求，做到在专项规划的引导下，根据发展背景的变化及时调整年度计划的内容。以2021年度和2022年度计划为例，2021年度计划编制背景聚焦“十四五”开局之年，城市更新和土地整备工作将立足新发展阶段、贯彻新发展理念，发挥市区联动合力，为城市高质量发展提供有力的空间保障，在产业发展和教育、住房、医疗等民生重点领域的空间供给上持续发力，为落实“双区驱动”发展目标提供宝贵发展空间，助力深圳加快建成现代化国际化创新型城市。2022年度编制背景则在“十四五”开局基础上，更加聚焦宏观政策和要求上的变化。2022年度计划背景除坚持以习近平新时代中国特色社会主义思想为指导，抢抓“双区”驱动、“双区”叠加的黄金发展期外，还需深入落实广东省政府土地管理专题工作会议精神，通过城市更新和土地整备工作大力挖潜盘活低效存量用地，全面提高各类土地利用效率，为城市高质量发展提供有力的空间保障。积极鼓励采用微更新和绣花功夫等手段和理念开展城中村和旧工业区有机更新，落实住建部《关于在实施城市更新行动中防止大拆大建问题的通知》精神。在产业高质量发展和教育、住房、医疗等民生重点领域的空间供给上持续发力，助力深圳加快建成现代化国际化创新型城市。

在编制背景梳理的基础上，确定年度计划编制的重点和原则，以2022年度计划为例，编制重点更加聚焦民生，瞄准“民生七优”目标，体现了深圳土地整备工作对我国民生目标的充分落实，强化推动构建优质均衡的公共服务体系。该年度计划提出，加快民生设施用地更新整备工作推进力度，全面落实深圳市委、市政府关于加快推进基础教育优质发展、促进医疗养老等事业持续稳定发展的工作要求，加大

中小学、医疗、养老院等民生设施的更新整备力度，确保民生设施用地有效供应，着力实现规划重大交通市政基础设施落地；进一步加大住房保障力度以及推进产业空间保障工作，促进实体经济高质量发展。这些内容的调整体现了年度计划编制重点对城市发展背景变化的紧密呼应。

3.4　流程管理

3.4.1　编制流程

在深圳市土地整备年度计划编制过程中，首先开展的是预申报工作。深圳市规划和自然资源局每年都会下发关于开展下一年度土地整备项目申报工作的通知。拟在下一年度安排土地整备、房屋征收和拆迁安置房建设的项目，均须进行申报，经综合平衡后纳入土地整备年度计划。各区应结合当年的规划目标、城市建设要求、对应阶段的专项规划安排，对辖区内土地整备项目进行全面的汇总梳理。深圳市土地整备项目的申报主体一般包括各区人民政府、新区管委会、前海管理局。市政府相关主管部门因项目实施需要开展土地整备、房屋征收工作，经与各区（新区管委会）、前海管理局协调后，由各区政府（新区管委会）、前海管理局统一申报。

根据《土地整备年度计划项目申报审批工作指引》（以下简称《审批工作指引》）相关要求，新增纳入年度计划的项目、已纳入年度计划但需要进行调整的项目、已纳入年度计划但需要退出的项目等不同类型的项目所需资料也不相同。其中，对于实施条件成熟的、拟在本年度新增申报纳入计划的新建项目须在《土地整备项目申报汇总表》和《土地整备利益统筹项目申报汇总表》中填报新增项目信息，包括区域、实施主体、序号、项目类型、项目名称、街道、社区、整备实施总规模、年度申请安排资金规模等。对于已经纳入上一年土地整备计划的且将在本年度继续实施推进的续建项目，应当申请列入本年度土地整备续建项目，若无申报续建，则需申报为退出项目。市财政及区财政承担补偿费用支出的公共基础设施项目及重大项目涉及的房屋征收、土地使用权收回、土地历史遗留问题处理等均需要申报并提交相应材料（表3-6）。

不同类型项目年度计划申报所需材料　　表3-6

项目类型	提交材料
新建项目	①土地整备年度计划项目申报信息表。②项目实施范围图。③对于土地整备利益统筹项目，须另附申请报告，内容应包括：申报试点项目的基本情况、现状建成情况、土地征（转）地情况、现状照片等；须提供体现原农村集体经济组织继受单位意愿的相关证明材料
续建项目	①若项目名称及实施范围无调整，须在《本年度土地整备项目申报汇总表》和《本年度土地整备利益统筹项目申报汇总表》中“是否调整或退出”一栏选择选项“否”，并填报年度申请安排资金规模。②若因项目实施等原因需调整项目信息的项目，须在《本年度土地整备项目申报汇总表》和《本年度土地整备利益统筹项目申报汇总表》“是否调整或退出”一栏选择选项“调整”，同步修改需调整的项目信息，并填报调整原因。对于项目实施范围调整的项目，须提供变更前后的实施范围图。③对于实施范围减少且调出地块已拨付资金的项目，须提供调整地块资金使用情况及整备完成情况的说明
完成项目	对于已完成结算程序的项目，须在《本年度土地整备项目申报汇总表》和《本年度土地整备利益统筹项目申报汇总表》中“是否调整或退出”一栏选择选项“完成”
调整（退出）项目	①计划调整（退出）申请书，应详细说明计划调整（退出）的内容和理由。②涉及实施范围调整的，应增加实施范围调整图。③提供调整部分的现场照片。④申报主体认为需提供的其他材料
房屋征收项目	①申报表格为《市本级财政承担的房屋征收项目申报原始信息采集表》或《区级财政承担的房屋征收项目申报汇总表》。②房屋征收项目范围图，须包含本项目的位置、用地红线边界、涉及房屋征收补偿、土地使用权收回等用地的范围及年度实施的范围等信息。③拟申报土地整备项目所在地的市规划和国土资源委员会管理局的初审意见

土地整备项目计划的申报流程一般包括“申请—核查筛选—意见征求—审议审批”等阶段。由于各区机构设置和职能分工的不同，具体申报流程具有一定的差异。以龙华区为例，2019年11月，深圳市龙华区城市更新和土地整备局印发了《龙华区土地整备利益统筹项目计划申报指引（试行）》（以下简称《申报指引（试行）》），将项目申报程序分为申请、预审、核查汇总筛选、征求意见、项目申报计划报审、开展影像记录工作六个阶段。第一个阶段是申请，原农村集体经济组织继受单位向辖区街道办事处提出项目计划申请，所需资料包括项目计划申请书（含“三会”决议证明）、项目范围图、建筑物信息图和现状建筑物整体情况的近期照片等材料。第二个阶段是预审，项目所在辖区街道办事处对申报项目进行预审，形成可行性研究报告，并连同申报材料提交至区更新整备部门。第三个阶段是核查汇总筛选，区更新整备部门对申报材料进行核查和汇总，并筛选符合要求的申报项目。第四个阶段是征求意见，由区更新整备部门对核查通过后的项目征求区土地整备工作领导小组成员单位意见。第五个阶段是项目申报计划报审，具体内容是区更新整备部门将拟定的项目计划草案提交区领导小组办公室初审，并由区领导小组办公室报区领导小组审议，审议通过后区更新整备部门以区政府的名义报市更新整备部门，根据市

更新整备部门相关文件确定项目申报成功。第六个阶段是开展影像记录工作，工作事项是街道办在原农村集体经济组织继受单位的协助下开展项目范围内的影像记录工作并存档。

根据各区政府、新区管委会、前海管理局等提交的申报材料，市土地整备部门与各区政府、相关职能部门沟通土地整备项目及整备规模；与市财政部门沟通年度土地出让收支计划安排的土地整备资金；与市发改部门沟通年度政府投资项目计划安排的房屋征收项目补偿资金；做好与政府投资项目计划近期建设和土地利用规划年度实施计划、住房建设计划、城市更新计划等相关计划的衔接工作。形成年度计划编制草案，经征求各职能部门意见后，提请市政府审议审批后，由深圳市规划和自然资源局印发。

3.4.2　审批流程

土地整备年度计划首批次项目的审批流程可以分为五个阶段。第一个阶段是申报阶段，深圳市规划和自然资源局向各区政府等申报主体发布开展申报工作的通知，各申报主体对年度首批次项目进行汇总后，统一向深圳市规划和自然资源局申报。第二个阶段是年度计划草案阶段，对各区申报的项目进行汇总，结合重大项目用地需求以及土地整备专项规划等相关规划要求对汇总项目进行筛选，并依据近期建设和土地利用规划年度实施计划等相关规划确定市级下达项目，拟定年度计划草案后，征求相关处室及各管理局意见，提请市规划和自然资源局审议。第三个阶段是局长办公会审议，业务会审议通过后，提请局长办公会审议。第四个阶段是意见征集，局长办公会审议通过后，年度计划草案以市规划和自然资源局名义征求市政府相关主管部门、各区政府意见。结合意见修改完善后，提请市政府审批。第五个阶段是印发执行，市政府审批通过年度计划后，以深圳市规划和自然资源局的名义印发执行。

3.4.3　调整流程

在实施过程中，城市更新和土地整备年度计划与近期建设和土地利用规划年度实施计划相衔接，并根据实际工作情况进行调整，建立了相应的项目调整机制。土地整备年度计划的调整机制共经过以下两个发展阶段。

（1）常态化调整机制

2018年以及在此之前土地整备项目实行常态化申报。各区政府可根据土地整备工作实际情况，在保持总量不变、结构优化的前提下，对年度计划项目提出调入调出申请，由市规划国土部门统筹确定，并报市政府备案。2019年城市更新与土地整备计划统筹后，土地整备计划中包含了城市更新单元、土地整备专项、房屋征收专项的申报周期。2019年和2020年土地整备项目仍实行常态化申报，在计划实施过程中，各区可根据市委、市政府工作部署，结合实际情况，常态化对申报项目进行调整。

（2）定期调整机制

自2021年起，土地整备专项计划项目实行定期调整机制。2021年逢单月份、2022年按月各区可根据土地整备工作实际情况，提出一次土地整备专项计划项目调整申请。土地整备项目调整由市规划和自然资源局统筹确定后报市政府备案，土地整备利益统筹项目调整由市规划和自然资源局统筹后报市政府审批。项目实施范围年度内调整优化部分的面积不超过原项目实施面积20%的，不视作项目调整情形，应将调整后范围报送市规划和自然资源局。

中篇：利益统筹创新

第4章　政策探索：土地整备政策解析

4.1　土地整备政策构成

4.1.1　分类构成

依据土地整备方式的差异，深圳市土地整备的政策可以细分为房屋征收、土地整备利益统筹、历史遗留问题处理等政策类型（表4–1）。在房屋征收方面，核心政策包括《深圳市房屋征收与补偿实施办法（试行）》等；在土地整备利益统筹方面，核心政策包括《深圳市土地整备利益统筹项目管理办法》；在历史遗留问题处理方面，核心政策以违法私房和生产经营性违法建筑及农村城市化和征地过程中出现的历史遗留违法问题为主。

土地整备政策分类　　表4–1

类型	年份	政策名称及文号
房屋征收	2016	《深圳市人民政府关于进一步完善房屋征收补偿机制的若干意见》
	2022	《深圳市房屋征收与补偿实施办法（试行）》
土地整备利益统筹	2016	《深圳市规划国土委关于明确土地整备利益统筹试点项目地价测算有关事项的通知》
	2018	《深圳市土地整备利益统筹项目管理办法》
	2019	《深圳市规划和自然资源局关于规范土地整备利益统筹项目补偿安置有关事项的通知》
历史遗留问题处理	2002	《深圳经济特区处理历史遗留违法私房若干规定》
	2002	《深圳经济特区处理历史遗留生产经营性违法建筑若干规定》
	2009	《深圳市人民代表大会常务委员会关于农村城市化历史遗留违法建筑的处理决定》

续表

类型	年份	政策名称及文号
历史遗留问题处理	2013	《〈深圳市人民代表大会常务委员会关于农村城市化历史遗留违法建筑的处理决定〉试点实施办法》
	2018	《深圳市人民政府关于农村城市化历史遗留产业类和公共配套类违法建筑的处理办法》
其他	2007	《深圳市土地收购实施细则》
	2015	《关于征地安置补偿和土地置换若干规定（试行）》
	2019	《深圳市土地征用与收回条例》

4.1.2 政策架构

在探索实践过程中，深圳土地整备政策结合实际问题在发展过程中不断优化完善，形成了一套涵盖体制机制、政策规划、规划计划等多方面的较为完整的政策体系框架，逐步建立了核心文件和配套规范指引相结合的政策框架。主要内容可以分为纲领政策、编制审批政策、技术标准和其他支撑政策四种类型（表4–2）。

第一类是纲领政策，主要内容是土地整备利益统筹的总体思路和机制框架。比如，《若干意见》和《管理办法》。其中，《若干意见》首次提出土地整备的概念，并建立土地整备工作的体制机制，提出土地整备的工作目标、工作原则，主要内容包括土地整备的组织保障、实施方式及范围、规划计划管理、资金保障、实施机制等方面。《管理办法》聚焦于利益统筹模式领域，提出利益统筹的宗旨、原则、对象，对利益统筹的管理架构、利益统筹规则、项目实施方案和土地整备单元规划、项目搬迁、监管及留用土地出让等多个方面作出了明确规定。

第二类是编制审批政策，该类政策是针对土地整备利益统筹项目的申报和审批等管理流程出台的一系列操作规程。比如，《审批工作指引》和《土地整备项目规划审批工作规程》等。其中，《深圳市人民政府办公厅印发关于进一步优化土地整备项目管理工作机制的若干措施的通知》是为落实《若干意见》的相关要求，综合地从计划、实施方案、整备资金和后续管理等方面明晰管理流程。《审批工作指引》是针对计划阶段，对项目申报、审查、审批流程要点做出的具体规定。《土地整备项目规划审批工作规程》等政策聚焦更为复杂的规划阶段，对项目实施方案审批、公告及公示、规划审批、供地方案、后续管理作出了具体规定。

第三类是技术标准，深圳市针对土地整备利益统筹的计划、规划管理，出台了各类技术标准或指引。其中，在计划管理方面，由于本阶段工作以行政为主，涉及的技术内容较少，主要是规定了服务于规划范围划定的土地信息和现状容积率核算的具体技术内容，比如《深圳市规划国土委关于规范土地整备土地信息核查及现状容积率核算工作的通知》。在规划管理方面，需要对项目涉及的资金方案、权益容积方案、留用土地方案、项目实施方式等方面做出编制和审查方面的技术指引，相关的政策比较多，比如《深圳市土地整备规划编制技术指引（试行）》等。

第四类是前三类政策之外，与土地整备相关的其他支撑政策。比如，在土地整备资金管理方面，出台了《深圳市土地整备资金管理暂行办法》，对土地整备资金的来源、使用范围、使用流程以及管理的部门职责、计划资金及调剂资金管理做出具体说明。在建筑物拆除方面，出台了《深圳市房屋拆除工程管理办法（2017）》。在土地入库方面，出台了《深圳市规划国土委关于进一步完善土地整备地块验收和移交入库工作的通知》。在地价测算方面，出台了《深圳市人民政府办公厅关于印发深圳市地价测算规则的通知》。在留用土地指标的管理方面，出台了《深圳市规划和自然资源局关于规范土地整备指标台账管理有关事项的通知》。

市级土地整备的主要配套政策 表4-2

分类	政策名称
纲领政策	《深圳市人民政府关于推进土地整备工作的若干意见》
	《深圳市土地整备利益统筹项目管理办法》
编制审批政策	《土地整备项目规划审批工作规程（试行）》
	《土地整备年度计划项目申报审批工作指引》
	《深圳市规划国土委关于印发土地整备项目审批工作规程的通知》
	《深圳市规划国土委关于规范土地整备规划审批有关事项的通知》
	《关于深圳市城市规划委员会法定图则委员会审议土地整备规划有关事项的通知》
	《深圳市人民政府办公厅印发关于进一步优化土地整备项目管理工作机制的若干措施的通知》
技术标准	《土地整备利益统筹试点项目实施方案编制技术指引（试行）》
	《土地整备留用地规划研究审查技术指引（试行）》
	《深圳市土地整备规划编制技术指引（试行）》
	《深圳市规划国土委关于规范土地整备土地信息核查及现状容积率核算工作的通知》
	《关于进一步规范土地整备规划编制和审查等有关事项的通知》

续表

分类	政策名称
其他支撑政策	《关于做好土地整备地块验收和移交入库工作的通知》
	《深圳市土地整备资金管理暂行办法》
	《深圳市规划国土委关于进一步完善土地整备地块验收和移交入库工作的通知》
	《深圳市规划国土委关于明确土地整备利益统筹试点项目地价测算有关事项的通知》
	《深圳市房屋征收与补偿实施办法（试行）》
	《深圳市规划国土委关于规范土地整备涉及已拆除不动产权利注销登记工作的通知》
	《深圳市规划和自然资源局关于规范土地整备利益统筹项目补偿安置有关事项的通知》
	《深圳市规划和自然资源局关于规范土地整备指标台账管理有关事项的通知》

4.1.3　区级政策配套

区级层面的土地整备政策主要从土地整备实施细则、土地整备资金细化管理、土地整备的关键领域（环节）细化或创新操作指引三个方向做进一步规定，结合各区实际情况细化辖区土地整备管理细则（表4–3）。

首先在土地整备工作推进操作方面，多个区都制定了适应各区实际的土地整备实施细则或操作规程，如福田区出台了《福田区房屋征收和土地整备工作实施细则》，宝安区出台了《宝安区土地整备工作操作规程》和《宝安区土地整备利益统筹操作规程》，光明区出台了《光明区土地整备利益统筹项目操作规程》，坪山区出台了《坪山区人民政府关于加强土地整备利益统筹工作的指导意见》，从项目立项、实施方案编制与审批、项目组织实施、资金等方面细化规定；还有的结合辖区特征设置特定流程，如龙岗区出台了《龙岗区关于加快推进土地整备的工作措施》和《深圳市龙岗区土地整备利益统筹项目实施监管办法（试行）》等政策，围绕预整备工作建立各类工作规程与措施。

其次针对重点工作环节，部分辖区细化了详细的操作要求和指引，如龙华区出台了《龙华区土地整备利益统筹项目计划申报指引（试行）》，明确了计划申报的条件、流程和材料要求；龙岗区为了提前移交公共利益和重大产业项目建设用地，出台了《龙岗区“先整备后统筹”土地整备工作规程》，创设了征拆与迁改提前介入机制。

针对土地整备中的关键问题，部分辖区也结合自身需要制定了专项政策，如福田区针对历史遗留问题，出台了《福田区人民政府关于印发〈深圳市福田区农村城市化历史遗留产业类和公共配套类违法建筑处理实施细则〉及其配套文件的通知》；龙华区针对房屋补偿问题，出台了《龙华区土地整备和公共基础设施建设项目房屋补偿实施办法》；坪山区为了消化以往社区留用土地指标，出台了《坪山区土地整备社区留用土地指标管理暂行办法》，调节利益统筹中指标的核定、落地、上浮、核销等台账管理制度。

区级土地整备利益统筹的主要配套政策　　表4-3

辖区	政策名称
福田区	《福田区人民政府关于印发〈深圳市福田区农村城市化历史遗留产业类和公共配套类违法建筑处理实施细则〉及其配套文件的通知》
	《福田区房屋征收和土地整备工作实施细则》
宝安区	《关于宝安区土地整备利益统筹规划研究项目实行预选供应商管理的通知》
	《宝安区土地整备工作操作规程》
	《宝安区土地整备利益统筹操作规程》
	《宝安区土地整备领导小组议事规则》
	《宝安区土地整备地块验收移交入库操作规程》
龙岗区	《龙岗区关于加快推进土地整备的工作措施》
	《龙岗区“先整备后统筹”土地整备工作规程》
	《龙岗区土地整备利益统筹项目工作规程》
	《深圳市龙岗区土地整备利益统筹项目实施监管办法（试行）》
龙华区	《龙华区土地整备和公共基础设施建设项目房屋补偿实施办法》
	《龙华区土地整备利益统筹项目计划申报指引（试行）》
坪山区	《坪山区人民政府关于加强土地整备利益统筹工作的指导意见》
	《坪山区土地整备社区留用土地指标管理暂行办法》
盐田区	《盐田区人民政府办公室关于印发盐田区城市更新和土地储备专项经费管理办法的通知》
光明区	《光明区土地整备利益统筹项目操作规程》
	《光明区土地整备利益统筹项目实施方案编制及审批指引》
	《光明新区土地整备项目实施方案编制及审批管理办法》
南山区	《南山区土地整备资金管理暂行办法》

4.2　土地整备利益统筹政策的演变

通过对深圳市土地整备利益统筹政策改革的总结回顾可以看到，深圳市土地整备利益统筹的主要政策目标是保持延续且响应了城市发展的阶段性需求。深圳市土地整备利益统筹政策的发展演变特征可以概括为以下五个方面：其一，各个阶段都强调土地资源的盘活、重大公共利益项目和重点产业项目用地的保障以及规划的落实和城市功能结构的完善；其二，在城市治理方面，从推动特区一体化发展逐步演变到强调建立统筹协调的存量用地开发新格局；其三，在整备对象方面，不断探索扩展土地整备利益统筹的适用范围；其四，在总体思路方面，紧紧围绕利益共享的原则来制定具体条文，但后期进一步强调利益共享的公平性与可持续性，并且政策工具不断丰富、核算方法不断清晰和简明、留用地安排可操作性不断增强；其五，在政策框架和操作规程方面，强调与城市规划的衔接，不断丰富和完善相关操作指引和技术标准，使得政府、原农村集体经济组织继受单位以及市场的分工和责任边界逐渐清晰，对收益共享有了较为明确的预期。此外，准入要求、利益共享测算、留用地落实路径、操作办法等方面逐渐重视与城市更新政策相关要求与收益分配的衔接，力图逐步构建科学完善的深圳市存量用地开发政策体系。

深圳市土地整备利益统筹政策的发展阶段及特征　　**表4-4**

阶段	整村统筹试点探索阶段（2011—2014年）	利益统筹政策试行阶段（2015—2017年）	利益统筹政策的全面推进阶段（2018—2021年）	利益统筹政策的深化阶段（2022年至今）
政策目标	推进特区一体化，拓展土地利用空间，优化产业结构和布局，促进城市规划实施	加快土地整备工作，保障公共服务设施、重大产业项目土地，促进城市发展和社区转型	加快解决土地历史遗留问题，推动保障公共基础设施和重大产业项目用地，加强城市规划实施	推进城市存量空间统筹利用，推进存量低效用地盘活及国土空间提质增效，保障重大产业、公共服务设施等项目实施，加大居住用地供应
整备对象	“整村”：原农村社区范围内所有未完善征（转）地补偿手续用地	“整村”：原农村集体经济组织继受单位及其成员实际使用的成片区域；“地块”：原农村集体经济组织继受单位及其成员实际使用、未完善征（转）地补偿手续的地块	原农村集体经济组织继受单位及其成员实际掌控用地符合条件的项目周边国有未出让用地	未完善征（转）地补偿手续用地、已征未完善出让手续用地、国有已出让用地等存量低效用地
路径	整村统筹试点	利益统筹试点	土地整备利益统筹	土地整备利益统筹

从政策创新的过程来看，深圳市土地整备利益统筹的主干政策制定是循序渐进、逐渐铺开并且随着经济社会的发展和实践经验的积累而不断动态调整的，其政策框架也是逐渐构建和完善的（表4-4）。政策的演进通过先期试点项目提出理念并

积累实践经验，然后推出试点项目办法初试政策效果，再到全面推广促进利益统筹工作开展，进而根据新形势需要开展政策修订。从封闭试点先行先试到全市推广，降低了试错成本，且保证了政策的延续递进和及时完善，这样的政策创新过程和路径也值得为其他城市所借鉴。

4.2.1 整村统筹试点探索阶段（2011—2014年）

土地整备利益统筹是针对名义上已实现城市化的原农村集体经济组织继受单位实际掌控的用地所采取的一种综合发展模式，综合运用规划、土地、财税等政策手段，建立相对公平的利益分配机制，不再拘泥于各类细分产权的具体来源、类型等，将原来产权不清、空间无序的土地进行边界重划和产权关系调整，使得历史遗留用地问题得到一次性解决。一方面，通过利益统筹能够推动土地整备工作开展，进而完善城市功能，保障公共基础设施项目、重大产业项目等用地需求；另一方面，通过利益统筹将清晰的产权赋予原农村集体经济组织继受单位实际的掌控土地，使其能够进入市场流通而实现土地资源的高效配置。

深圳市于2004年实现了名义上的全面城市化后，但实际上仍有大量的未完成征转手续的用地由原农村集体经济组织继受单位所实际掌握，这些土地处于产权模糊不清的“半城市化”状态。这种状态的存量用地开发涉及利益主体协调、复杂产权关系的梳理、确权整合、拆迁谈判等问题，其实施难度远高于新增用地。深圳市于2009年出台《深圳市城市更新办法》，正式确立了“政府引导、市场运作”的城市更新原则。然而，对于上述大部分“半城市化”状态下，存在土地历史遗留问题的存量用地，市场运作的城市更新路径难以统筹解决这些问题，并逐步显现出城市更新对重大民生设施的支撑不足、重大产业项目用地保障不足、改造空间碎片化等相关问题。因此，针对大量的存量建成且存在土地历史遗留问题的用地，深化土地管理制度改革、开展土地整备政策创新，进一步优化利益协调机制撬动和盘活原农村集体经济组织土地的探索势在必行。

2010年经国务院批复同意，深圳开始推动经济特区扩容和一体化发展，刚成立的坪山新区作为深圳城市总体规划中城市发展构想的重要节点，肩负着探索原特区内外均衡化发展、落实全市产业布局、打造深圳未来新的发展增长极的重要使命。然而，包括坪山新区在内的原特区外地区在城市化发展的过程中存在配套欠缺、业态低端、土地使用效率低下和土地历史遗留问题复杂等矛盾。坪山新区在设立之初，城市建成区内农村景观和农村文化意识还比较突出[1]，面对迫切的社会经济发展需求和复杂的土地产权问题制约土地盘活和规划实施的突出矛盾，坪山区开始探索改革创新的一揽子解决方案，通过多种政策手段撬动解决土地历史遗留问题，推动社区基层建设和转型发展。2010年12月，坪山区正式提出“整村统筹”的土地整备理念。“整村统筹”既不同于以往较为零散实施的城市更新，也不同于完全政府主导的房屋征收，而是强调将原农村集体经济组织继受单位范围内的所有土地进行整体统筹和利益核算，以政府引导方向、社区主体运作、居民自愿参与为原则，一揽子解决历史遗留问题，促进规划实施，完善社区基础设施和公共服务设施，改善社区民生，优化城市空间格局。

2011年，以《若干意见》的发布为标志，深圳市正式启动以政府为主导的土地整备工作，以期达到促进城市规划实施，进一步拓展土地利用空间，优化产业结构和布局，推进特区一体化的目的。该政策提出的土地整备包含了土地整理、土地整治、土地储备等多项内容，综合运用收回土地使用权、房屋征收、土地收购、征（转）地历史遗留问题处理、填海（填江）造地等方式，但是对资金、规划等其他政策手段的整合并未有具体表述。该政策中已经开始重视“利益共享”的理念，提出通过物业经营收益的共享保障原农村集体经济组织继受单位的合法权益，但并未提及“留用地”的概念。

2012年坪山新区在南布社区和沙湖社区开始进行“整村统筹”封闭试点项目，并在试点过程中首次使用“留用地”的概念。“整村统筹”把原农村集体经济组织范围内所有未完善征（转）地补偿手续用地全部纳入土地整备实施范围，实施“整体算账，分步实施”的策略，探索出政府与原农村集体经济组织“算大账”、原农村集体经济组织与相关权益人“算细账”的实施路径，改变了以往依靠单一货币补偿的方式，创新性地综合运用留用地、规划调整、资金补偿、优惠地价等手段实现土地资源整合。在社区留用地核算方面，以合法用地为基础进行核算，未完善征（转）地补偿手续规划建设用地按比例留用，通过土地确权和规划平衡，可以更好地调节各方利益格局。就此，“留用地（确权）+规划（用地性质和容积率）+整备资金（补偿标准）”的利益统筹模式逐渐成形，实现了土地、规划和产权等政策的互动。然

1　段磊，许丛强，岳隽．深圳“整村统筹”土地整备改革：坪山实验[M]. 北京：中国社会科学出版社，2018.

而，由于此时相关政策和核算规则尚未明晰，参与各方经历了长达5年的多方协商，两个项目的实施方案才正式通过并进入项目实施阶段。

2011—2014年是利益统筹政策的试点阶段。这一阶段的特点是以“整村统筹”的方式进行个案探索，由区级政府强力推动、职能部门专业指导、市级政府个案审批。其在实施方式、补偿规则、规划编制等方面的经验，为后续土地整备的政策设计提供了样本。

4.2.2 利益统筹政策试行阶段（2015—2017年）

深圳市于2015年出台的《利益统筹试点办法》，提出试点利益统筹项目分为“片区统筹”与“整村统筹”两大类型，初步明确了土地整备资金核算方式、留用地核算和安排办法，以及包括各级政府、原农村集体经济组织在内的职责分工等内容，土地整备利益统筹模式基本稳定。试点项目由各区政府结合具体情形提出名单，报市政府批准。本阶段利益统筹基本延续整村统筹“算大账”和“算细账”的利益分配方式，综合运用规划、土地和资金的政策统筹，通过制定资金补偿、留用地补偿、留用地规划、留用地地价规则和原农村集体经济组织“算大账”，原农村集体经济组织再和村民“算细账”，通过两次“算账”，实现整备范围内土地全面确权，除留用土地外，其余土地移交政府管理。

围绕《利益统筹试点办法》，深圳市政府先后出台了包括编制审批、实施管理、技术规则等在内的一系列配套政策文件，初步构建了土地整备利益统筹的政策体系，为土地整备利益统筹从个案探索走向通则式规则初步建立了政策框架。与上一阶段整村统筹试点相比，《利益统筹试点办法》在实施范围、利益分配规则和规划方面进行了改进。

在实施范围方面，补充了片区统筹的方式，使利益统筹项目的实施范围更加灵活。《利益统筹试点办法》考虑到原农村集体经济组织继受单位意愿、整备实施成本和项目不确定性等因素，将土地整备分为整村统筹和利益统筹两种模式，在将原农村集体经济组织范围内所有未完善征（转）地补偿手续用地全部纳入土地整备实施范围这一方式的基础上，加入“片区”的试点项目尺度使得实施范围上比整村统筹试点更灵活。

在完善利益分配规则上，将有关利益共享要素的核算、兑现方式进一步清晰化，构建了一个较为清晰的各方利益协商与博弈的规则框架。《利益统筹试点办法》明确了土地整备资金的核算方法、补偿对象；在留用土地方面，明确了其用地规模核算规则、地价计收规则、入市交易程序等。进一步完善的规则有利于政策工具更好地发挥利益协调作用，既保障权益的公平分配，又有利于激励原农村集体经济组织继受单位、市场主体的积极参与，能够迅速释放土地资源。

在强化城市规划与利益统筹土地整备的互动方面，《利益统筹试点办法》首次提出了土地整备规划这一新型规划类别，并明确在涉及未制定法定图则的地区，或者需要对法定图则强制性内容进行调整的情形下，与法定规划的衔接程序，明确了规划审批的流程。至此，土地整备规划成为各方利益平衡的平台，是保障公共利益、规划实施、土地整合、实现利益共享等多重目标的重要手段。

《利益统筹试点办法》出台后，其利益统筹方式、留用土地核算等已相对稳定，在南山区桃源长源村白石岭利益统筹试点项目、龙华区观湖下围土地整备利益统筹试点项目等项目中得到了很好的应用。并且试点项目也有较快的增加，其中2016年列入年度土地整备计划的项目从2015年的2个增加到了48个，较多的试点项目经验为深圳市进一步总结经验、推广利益统筹做法打下了良好的基础。

4.2.3 利益统筹政策的全面推进阶段（2018—2021年）

2015年出台的《利益统筹试点办法》在实践层面取得了一定的成效，但也出现了一些新问题，如留用土地核算规则不完善、容积率计算规则不明确、市场主体参与路径不清晰等。在总结试点政策实践的基础上，深圳市于2018年修订出台的《管理办法》对利益统筹试点阶段中出现的问题进行了完善，并出台了一系列配套政策，在项目立项、规划编制、项目审批、项目验收和项目实施等各个环节均制定了操作章程，形成了一套较为完整的政策框架，标志着深圳市全面进入土地整备利益统筹政策的实践阶段。《管理办法》延续了试点政策的基本政策框架，在政策适用对象、利益统筹方式、留用地构成等方面与《利益统筹试点办法》保持基本一致。

在取消试点、全面推广政策的总体安排下，《管理办法》对部分内容进行了优化。一是明确了未完善征（转）地手续用地的货币补偿标准；二是优化了留用土地规模的核算方式，其中增加了合法指标调入，细化了利益共享用地核算规则，根据现状容积率分段核算利益共享用地规模；三是增加留用土地指标在项目范围外安排的路径，提出了与同一街道内城市更新项目统筹处理的方式，提高了土地整备的可操作性；四是优化了留用土地规划建筑面积的核算规则，并增加了在留用土地中安排一定比例的保障性住房，并由政府回购的规定；五是简化了地价计收规则；六是完善了项目审批和管理流程。

此阶段的利益统筹被赋予了更多活力，整备范围从同一社区到同一街道内可以跨社区，合法指标要求与城市更新接轨，且留用土地比例相较《利益统筹试点办法》又有增加，最高可不超过项目规划建设用地面积的55%，进一步提高了利益统筹项目的吸引力，且项目周边不超过一定比例的国有储备用地可纳入。在此基础上，各区可结合各自的情况，在推进方式上作调整。政策优化使《管理办法》获得了原农村集体经济组织继受单位的支持，土地整备利益统筹项目开始增多。这一阶段推进了包括龙岗区平湖鹅公岭工业区土地整备利益统筹、宝安区燕罗街道燕川片区土地整备利益统筹、龙华区福城街道福城南产业片区土地整备利益统筹、坪山区沙田土地整备利益统筹、光明区公明街道李松蓢社区连片产业地块土地整备利益统筹等在内的一批土地整备利益统筹项目，在保障重要交通干线、地铁轨道建设等公共服务设施、城市基础设施用地，以及重大产业项目实施方面发挥了重要作用，也持续促进了规划落实、完善了城市功能结构、推进了国土空间提质增效。

4.2.4　利益统筹政策的深化阶段（2022年至今）

2022年之后，深圳市利益统筹政策进入了深化发展阶段，标志性事件包括两个：一是深圳市城市更新和土地整备局于2022年3月发布《深圳市土地整备利益统筹办法（征求意见稿）》；二是深圳市规划和自然资源局于2023年8月发布了《深圳市规划和自然资源局关于发布〈深圳市土地整备利益统筹项目管理办法〉续期的通知》。

《深圳市土地整备利益统筹办法（征求意见稿）》是在历经《利益统筹试点办法》和《管理办法》实践探索的基础上，伴随深圳市土地整备实施环境的变化以及城市发展对土地整备工作的新要求，为适应新时期的发展特征而形成的管理办法。文件建立了利益统筹模式的基本规则，主要包括以下几个方面：

首先，建立了简政放权的管理架构。市规划和自然资源部门负责统筹、协调和监督利益统筹工作；市规划和自然资源部门派出机构负责办理留用土地用地出让及规划报建等相关手续；各区政府负责利益统筹项目的管理和实施；区土地整备机构负责组织编制利益统筹项目实施方案和土地整备单元规划，组织实施土地整备工作。

其次，建立以权益为基准的利益统筹规则。土地整备利益统筹项目通过土地整备资金和留用土地两部分进行补偿。项目实施范围内除留用土地外，其余土地全部移交政府。资金部分包括建（构）筑物重置价、非权益容积补偿的已征未完善出让手续用地、未完善征（转）地补偿手续用地赔偿金、青苗、附着物等赔偿金以及其他相关费用。留用土地规划容积由权益容积、配套容积和共享容积构成。其中，权益容积是对项目范围内不动产权益的补偿。留用土地可通过协议方式出让给不动产权益人、市场主体或区政府（搬迁主体为区政府时），留用土地的产权条件可选择允许分割转让、限整体转让或不得转让。留用土地按照《深圳市地价测算规则》缴交地价。

再次，建立了面向实施的实施方案和规划管理。利益统筹项目实施方案由区政府审批，包括整备资金方案、权益容积方案、留用土地方案、项目实施方式等内容。其中，留用土地方案中应明确留用土地的位置及规模、用途、规划容积等规划控制指标；项目实施方式应明确项目搬迁主体，搬迁主体包括区政府、不动产权益人或市场主体。在项目范围内或在储备土地上安排留用土地涉及法定图则不覆盖或法定图则未制定地区，以及需要对法定图则强制性内容进行调整的，必须编制土地整备单元规划，并纳入项目实施方案。

最后，强化项目搬迁政府监管力度。搬迁主体开展搬迁谈判、搬迁补偿协议签订等工作。搬迁主体可以是区政府，也可以是由区政府引入或经区政府确认的市场主体。不动产权益人自行完成搬迁的，或者通过相关方式引入的市场主体完成搬迁补偿协议签订的，区政府应当与不动产权益人或市场主体签订项目实施监管协议。项目实施监管协议应包括向政府移交土地、履行搬迁补偿协议等义务，以及实施进度安排、土地整备资金拨付安排、项目资金监管及其他监管要求、违约责任、清退机制等内容。土地整备资金按照项目实施监管协议的要求拨付给项目搬迁主体。

《管理办法》有效期为5年，于2023年8月9日到期。《深圳市土地整备利益统筹办法（征求意见稿）》从权益的概念角度，对土地整备利益统筹从公平性上做出更加深入拓展。然而，深圳市考虑到还有一批重大产业项目、重大基础设施项目、“工业上楼”项目需通过该土地整备利益统筹政策落实用地空间，为保障土地整备利益统筹工作的延续和已立项整备项目的顺利推进，对《管理办法》续期3年。《深圳市土地整备利益统筹办法（征求意见稿）》暂未如期出台实施。

4.3 土地整备政策的发展方向

4.3.1 建立政府主导、多方共治的治理机制

4.3.1.1 政府进行顶层设计、主导规划实施

土地整备项目一般位于城市边缘区域或现状开发强度较低的区域，土地经济价值潜力未充分显现，整备后的土地价值具备较高的增值。同时，增值来源以公共领域为主，即政府投入的公共服务设施、道路交通设施、市政基础设施等方面建设，以及开发建设土地用途和使用条件改变等方面的规划赋权。这些特征使得土地整备具备将土地增值转换为公共用途的可行性与必要性。因此，土地整备致力于解决大型公共基础设施及重大产业项目的落地问题，实施空间相对集中成片，项目平均规模较大，更加注重对城市公共利益的保障。在这个过程中，政府需要进行顶层设计、行政资源的统筹协调、土地整备的规划编制等方面的工作，在规划中融入更多的政府发展诉求，合理捕获公共领域增值效益以保障城市整体利益。

参与土地整备工作的政府部门，从纵向关系层面可分为“市—区—街道”三级。市级主要主管部门为市规划和自然资源局及其土地整备机构，区级主要主管部门为区政府及其土地整备机构，街道级主要主管部门为街道办事处及其土地整备机构。

（1）市级部门负责政策制定，编制规划计划，指导区级业务

市规划和自然资源局负责统筹、协调、指导和监督全市利益统筹工作，统一领导和管理市城市更新和土地整备局，并通过派出机构负责办理留用土地用地出让及规划报建等相关手续。其中，市城市更新和土地整备局主要负责强化统筹协调、制度设计、政策制定、监督检查等，优化体制，推进管理重心下移，充分调动各区积极性，发挥全市“一盘棋”的统筹指导作用。

（2）区级部门组织方案编制、决策项目实施

区政府作为重要的沟通桥梁，负责将辖区总体情况及基层利益诉求等反馈给市级主管部门，为全市统筹协调工作提供基础，也是土地整备利益统筹项目实施的责任主体。同时，为充分调动区政府的积极性，进一步释放区一级土地整备工作能动

性，有利于提升土地整备整体推进效率，区政府以及以区整备机构为核心的区级有关部门，不仅作为项目实施主体承担土地整备项目实施的主要工作，也更多地承担起了具体的审批工作，并成立了区土地整备领导小组、指挥部等，从决策机制、组织架构等方面对区一级土地整备力量进行了充实和加强。

（3）街道办事处组织协调基层工作

街道办作为直接参与协商谈判、直接面对原农村集体经济组织的基层政府组织，在区级土地整备工作中的地位不断提升。在土地整备项目的具体实施过程中，街道办作为一线的基层力量，承担了与原农村集体经济组织协商谈判、组织协调等具体工作，在区级土地整备工作格局中发挥着重要的基础作用。部分区在机构设置上，也针对性地配强配足职能力量，在街道办层面建立了专门的土地整备机构，加大编制和人员下沉街道的力度，充实土地整备的基层一线工作队伍。

4.3.1.2　调动多方共谋共治、参与规划实施

以往的存量土地开发仍然有土地财政的影子，具体表现为政府掌握着较大的开发主动权，以“征收土地—转变用途—供应土地”的模式进行开发。这种模式中政府占据垄断地位，在一定程度上忽视了原农村集体经济组织、原村民等权益人作为社区主体参与治理，存在一些问题。首先，相对于多元主体参与的实际需求，二次开发过程中的治理机制相对滞后，缺乏对明确参与者权利的有效制度保障，在一定程度上促使参与者通过非制度化的方式来维持或者争取更多利益。其次，各方参与者由于掌握的资源、具备的能力不同，拥有不同的决策权力，在缺乏合理的博弈平台下，强势群体很容易对弱势群体进行利益剥夺，不利于权利分享与协作，难以实现和谐、可持续发展的社会管理。因此，建立政府、原农村集体经济组织、相关权益人、市场主体等多方主体协调谈判的工作机制，将合作治理贯穿于土地整备实施全过程是非常重要的一环。

土地整备的权益相关方主要包括原农村集体经济组织、原权利人、市场主体。原农村集体经济组织既是土地整备地区过去的生活主体，也是今后的发展主体，他们对本社区发展有最为深刻的感受和理解，在土地整备中应当发挥主体作用，承担着与政府、居民等参与者的协调谈判和具体实施工作；市场主体掌握了更多的信

息，具有较高的执行效率，既减轻了财政压力，又为社区提供了更多开发经验，所以应当在土地整备中拥有一定话语权。明确的角色分工能够保障政府和原农村集体经济组织等相关权益人在土地整备中的充分参与权，实现共治共享，提高决策水平。

（1）原农村集体经济组织继受单位参与规划决策、协调相关权益人

作为原农村社区集体资产的代理人，原农村集体经济组织继受单位承担了“承上启下”的重要作用。对上，原农村集体经济组织继受单位与政府协商土地整备方案，重点厘清土地分配和权属界定；对下，原农村集体经济组织继受单位与相关权益人理顺土地经济关系，平衡社区内部利益。具体工作可分为以下四个方面：

一是申报项目的立项。在前期可行性研究阶段，通过初步的利益匡算和预期分析，原农村集体经济组织继受单位对整备项目的实施是否能够推动社区转型发展、能否满足安置的要求有了大体的认识。在取得多数股民意见后，以社区为代表向街道办申报项目的立项，上级部门从城市公共利益出发，判断项目实施的可行性与片区规划的实施性，初步明确实施路径。

二是协商讨论实施方案。在规划方案与实施方案编制审批阶段，主要的利益协调发生在原农村集体经济组织继受单位与规划主管部门的大账测算时期，并在规划方案中表达自身利益诉求。此时是最为反复的阶段，多方利益的博弈经过多次协商与讨论，最终形成符合双方预期的具备操作性的实施方案。在此过程中，原农村集体经济组织继受单位也会就项目实施后的利益与相关权益人进行谈判，开展细账测算。

三是组织或配合搬迁谈判、搬迁补偿协议签订。在项目具体实施阶段，根据土地整备项目实施协议书的相关要求理顺利益统筹项目范围内的经济利益关系，具体负责建（构）筑物及青苗、附着物的补偿、拆除、清理和移交工作。组织与社区居民签订包括补偿方式、补偿金额和支付期限、回迁房屋面积等内容的搬迁补偿安置协议，完成房地产权证的注销工作。原农村集体经济组织继受单位按照项目实施协议书确定的各方权利义务和时序安排，办理相关土地的征（转）补偿手续后，方可与规划国土主管部门派出机构签订留用土地使用权出让合同。

四是办理土地使用权出让手续。在留用土地开发阶段，原农村集体经济组织继受单位可选择自用留用土地（或通过集体资产交易平台）与市场主体合作开发；以作价入股的方式进行留用土地开发的，可与开发主体一起向规划国土主管部门派出机构申请办理土地使用权出让合同变更手续，签订土地使用权出让合同补充协议。

（2）市场主体提供前期专业服务、组织后期开发建设

土地整备利益统筹涵盖房屋搬迁、土地移交、房地产开发等多个环节，涉及拆迁、规划编制、报建、投融资、开发建设、产业运营等多个领域专业技术知识与经验，开发门槛较高，一般原农村集体经济组织继受单位均需要引入市场主体合作。随着工作不断深入推进，市场主体也将在土地整备项目中承担更加重要的角色。

一方面，市场主体以其自身在项目开发中的丰富经验，在前期介入时能够让原农村集体经济组织继受单位与相关权益人更加清晰地了解项目产权利益需求，提供专业的咨询服务，为项目顺利通过审批提供支持。另一方面，在整备实施过程中，原农村集体经济组织继受单位需要自行开展项目土地平整、房屋拆迁土地移交等工作。由于土地整备资金是根据方案实施进度分期拨付给原农村集体经济组织继受单位的，而其独立完成前期的拆迁安置工作较为困难，引入市场主体既能给原农村集体经济组织继受单位提供资金支持和技术支撑，又能最大限度地降低其运作风险。

4.3.1.3　搭建两个层次的协商平台

土地整备的主要对象是原农村集体经济组织继受单位与相关权益人实际控制的集体土地，具有“国家—集体”“集体—农民”二元结构的性质，涉及利益主体众多，经济关系复杂，交易实现的门槛及成本都较高。从政府角度看，政府认可这些土地属于原农村集体经济组织继受单位与相关权益人所有，保障其权益；从原农村集体经济组织继受单位与相关权益人的角度看，这一区域的开发建设活动直接或间接与原农村集体有合约或宗族关系，都是政府需要解决的对象。因此，原农村集体经济组织继受单位在其中扮演着重要的角色，对上与政府博弈，对下协调村民及外来者的利益。在土地整备增值收益分配中，利益分配冲突主要体现在：政府除了解决土地征（转）问题之外，还希望扩大土地储备规模，不但能收储公共设施用地，还能收储经营性用地以获取土地出让收益；原农村集体经济组织继受单位希望留用地的规划功能以居住、商业等高价值功能为主，实现留用地开发价值最大化；相关权益人则希望获得较高的拆迁补偿。于是发展出两个层次的利益协调平台，以最大限度地降低交易成本。

第一个层次的利益协调建立在政府与原农村集体经济组织之间。政府与原农村集体经济组织继受单位“算大账”，通过资金安排、土地确权、用地规划等手段，集约节约安排土地，保障城市建设与社区发展的空间需求。第二个层次的利益协调建立在原农村集体经济组织继受单位与相关权益人“算细账”，通过货币、股权和实物安置等手段，确保权益人相关权益，实现整备范围内全面征（转）清拆。

（1）政府和原农村集体经济组织继受单位“算大账”

第一层次利益协调平台将土地整备项目范围内分散的、权益不明晰的若干业权视为一个权利集合，由原农村集体经济组织继受单位作为利益主体，与政府进行利益协调。具体而言，由农村集体提出申请，将其控制范围内的全部或部分土地纳入土地整备实施范围，经政府审批后纳入计划；由政府主导开展编制土地整备实施方案，实施方案的核心就是确定给农村集体的利益规模，包括“资金+留用地+留用地规划”一揽子利益补偿方案。在这个大账确定过程中，资金补偿包括土地征转费用和地上建筑物补偿费用。由于土地补偿标准为征（转）地的标准，地上建筑物按照重置价进行补偿，货币补偿金额相对确定，不存在博弈空间；留用地指标按照利益统筹政策核算，也不存在博弈的空间。政府和农村集体的利益博弈点主要在于留用地的规划功能与开发强度。按照土地整备政策，给农村集体的留用地在项目范围内落实，当项目范围内的规划经营性用地面积大于留用地面积时，就需要开展留用地选址，原农村集体经济组织倾向于区位最好、开发价值最高的地块，同时希望核算的留用地指标能100%在空间上落实。政府希望通过提高留用地的开发强度来减少留用地的规模，但一般情况下不倾向于安排共享建筑面积。因此，项目范围内规划经营性用地在政府和原农村集体经济组织之间进行分配时需要在二者之间进行沟通协调，当土地预期收益的边际效益相等时，经营性用地分配会在政府和农村集体之间达成共识。

（2）原农村集体经济组织继受单位与相关权益人“算细账”

确定利益“大蛋糕”之后，原农村集体经济组织继受单位需要将“大蛋糕”在集体、个人和有合约关系的其他利益相关人之间分配。在特定时点下，利益相关方之间利益增加或减少是一种相互替代关系，一方利益增加，另一方利益就会相应减少。只有当利益分配比例都被各方利益主体接受，才会达成共识。

土地整备制度正是利用了原农村集体的自治力量，让农村集体对抗与其有利益关系的第三方，将外部成本内部化，降低交易成本，达到快速完成交易的目的。原农村集体经济组织继受单位自主决策，通过货币、实物和股权等方式对整备范围内的相关权益人进行补偿安置，理顺经济利益关系。这样操作能够通过市场手段解决不合法建筑物的拆迁补偿问题。需要说明的是，将拆迁补偿交给原农村集体经济组织继受单位解决，在实际操作过程中，不合法建筑的相关利益主体有可能获得与合法建筑等价的补偿，这可以理解为城市发展过程中公平向效率的一种妥协。

4.3.2 建立多方共享、公平公正的分配机制

4.3.2.1 通过规划引领、土地重划、增值共享确立分配的基本内容

在我国城乡土地二元管理体系中，深圳的土地产权制度具有特殊性。深圳存在的大量未完善征（转）地补偿手续用地，存在产权不清晰、后期政策不明确的问题，在使用权、处分权、收益权等方面，这些土地都存在较大的桎梏，难以合法合理地在市场上流通。在巨大市场利润诱惑下，部分村民绕开政府管控私下进行土地的市场交易，造成了管理混乱。同时，未完善征（转）地补偿手续用地与国有土地犬牙交错，加大了国有土地开发难度，最终政府难以在该部分土地上实施规划，形成了“政府难以收回、土地权益人无法使用”的困局。产权是市场机制的基础，明晰的产权是交易的重要前提，深圳的土地历史遗留问题成为城市管理者无法绕开的问题。

存量发展阶段，利益主体需求的多样性和利益关系的复杂性使得土地增值收益分配难度增大，也要求土地增值收益更大程度地在各利益相关主体之间合理共享。土地整备利益统筹的内涵是，通过规划赋权和土地整理双管齐下，在顺应市场经济发展需求的前提下，保证规划的科学性、合理性、可实施性。其总体思路是通过“规划引领+土地重划+增值共享”，保障规划统筹落实、有效达成各方利益平衡、实现城市公共利益。

（1）规划引领——划定利益共享的底线与基准线

土地整备利益统筹规划是在存量开发政策框架下，通过对法定规划的优化调整，落实当前规划意图，并使市场主体的权益诉求回归到规划的框架和规则中。

其引领作用主要表现在两个方面：一方面，对于公共利益用地，划定土地整备底线，优先保障公共服务设施、道路交通设施、市政基础设施等用地的落实，实现城市公共利益，改善人居环境。另一方面，对于公共利益用地以外的用地，划定土地整备基准线，即通过综合运用规划、土地、资金等多种政策工具的方式明确的土地分配方案，有序引导和提升片区的整体发展权益，实现政府与原权利主体等多方共赢。

（2）土地重划——奠定利益共享的基本条件

没有统一的产权条件无法进行利益共享的讨论。土地整备利益统筹提供创新土地确权路径，以合法外的未完善征（转）手续土地为主要对象，根据项目范围内的地籍边界、建设情况等分类核算为合法的留用土地，在统筹解决土地历史遗留问题的同时，进行土地重划，实现两个方面的目的：一方面是产权明晰化，即通过对现状地籍的摸查整理，明确土地重划前各类土地的权属状况，依据规划在土地重划后统一归置为产权清晰的国有土地，在产权清晰的国有土地上按照土地整备利益统筹的政策再进行土地的重新分配；另一方面是促进产权边界和规划边界的高度统一，由于现状原农村集体经济组织继受单位与相关权益人实际掌控用地的产权边界与规划地块边界严重脱节，造成现状土地使用极低效、规划难以推进落实，因此需要通过对现状产权的地籍归置、整合置换，依据规划地块划分规划产权，保证土地产权边界和规划地块边界的高度一致，推动片区土地的高效利用。

（3）增值共享——确立利益共享的基本方向

土地增值是利益的来源，而土地整备后引起的直接土地增值主要来源于公共领域的两个方面：一是公共服务设施、道路交通设施、市政基础设施等方面的公共投入；二是功能性质、开发规模、产权关系等方面的土地用途和使用条件改变。对以上土地增值收益，深圳市采取的是兼顾政府、集体和个人的“涨价公私兼顾”的分配方式。在利益统筹中主要表现为两个方面：一是公共利益的共享。原农村集体经济组织继受单位与相关权益人在分摊片区公共设施用地的同时，也将分享公共设施完善带来的土地增值效益。而通过公共利益分摊与增值利益共享的联动，又进一步保障公共利益的落实。二是土地收益的共享。土地增值最直接的收益集中于土地整备后的经营性开发建设用地。政府在收储后，对于居住或商业类的用地，可由于土地出让以获得可观的地价收入；对于工业或仓储类用地，可用于吸引产业以获得持续的税收现金流。因此，在土地整备中需要分享出去一定的价值增量，即通过政府支出土地整备资金调节价值增量的平衡。

4.3.2.2 通过土地、规划、资金、地价整体平衡利益分配

“土地+规划+资金+地价”是深圳市土地整备利益统筹的具体调节手段。2015年，深圳市规划国土委发布的《利益统筹试点办法》，首次形成了“土地+规划+资金+地价”的方法框架。2018年，《管理办法》，进一步明确了土地整备利益统筹的运作机制和实施细则。

（1）留用土地补偿原权利主体的核心权益

原权利主体的核心权益是未来的不动产资产规模。现行土地整备项目中，原农村集体经济组织继受单位对于土地补偿标准的期望不断提高，大多数原农村集体经济组织继受单位都不再愿意接受单一的货币补偿，更愿意通过留用土地方式实施整备，掌握不动产资产，以期获得未来持续的现金流收入、分享城市发展带来的长期升值收益。

留用土地规模的核算方式取决于项目的土地权属情况，包含已批合法用地、项目范围外调入合法指标以及项目核定利益共享用地三部分。一是已批合法用地是指项目范围内原农村集体经济组织继受单位及其成员已落地确权的合法用地，按等土地面积核算留用土地规模；二是项目范围外调入合法指标是指项目范围外的非农建设用地指标、征地返还用地指标、其他土地整备项目留用土地指标按照相关规定核准；三是项目核定利益共享用地是指在项目已批合法用地范围以外的未完善征（转）地补偿手续的规划建设用地，扣除项目范围外调入的非农建设用地指标和征地返还用地指标后的剩余土地，则根据项目现状容积率来确定核算比例（表4–5）。

土地整备利益统筹项目中利益共享用地核算比例　　表4–5

现状容积率	核算比例
0	≤20%
0<现状容积率≤1.5	≤20%+20%×现状容积率
现状容积率>1.5	≤50%

（2）统筹规划搭建各方利益平衡的平台

土地整备利益统筹规划是各方利益平衡的平台，是保障规划实施、实现利益共享的重要手段。土地整备单元规划以“两层次范围、三大类用地”为基本框架。“两层次范围”包括整备总体控制范围和留用土地范围，“三大类用地”包括留用土地、留用土地范围外移交政府储备的公共基础设施用地及政府发展用地。

整备总体控制范围规划主要明确留用土地和政府储备地的规模和位置；提出总体控制范围的功能定位及规划结构；落实和优化相关规划确定的城市“五线”及公共基础设施，并提出由于留用土地规划条件改变带来的公共基础设施调整和优化建议；提出政府发展用地的规划指引，包括主导功能和初步发展意向。留用土地规划主要明确留用土地的用地功能、开发强度、公共绿地及配套设施的控制要求；明确留用土地范围内的“五线”位置及控制要求、城市次干路及以上等级道路系统、轨道线的走向和宽度；提出留用土地城市设计导则；提出留用土地的规划实施保障措施，包括实施方式、实施条件、实施成效以及实施主体等。

原权益人的权益需要通过留用土地规划予以落实。留用土地是一种权属关系，不是一种规划使用功能，在实际实施过程中，留用土地功能往往难以符合法定规划。因此项目中的留用土地可能涉及的用地整合腾挪、功能调整、地块边界优化和开发强度调整，都需要结合规划同步开展。按政策核算的留用土地代表原权利主体的发展诉求，法定规划代表政府的发展诉求。双方借助规划的平台，逐步协商，达成共识。在这个过程中，存在历史遗留问题、权能不完整的农村集体土地转化为产权清晰、权能完整的国有土地，显化了土地价值。

（3）政府资金补偿保障项目启动实施

土地整备项目前期投入在整个项目总投入中所占比重较高。在实施过程中，实施主体需要理顺项目范围的经济关系，并负责建（构）筑物及青苗、附着物的赔偿、清理和拆除。另外，无论是前期管理服务、前期投资、前期运营还是后期拆迁和开发阶段，都需要庞大的资金加持，并且各个阶段的融资安排还会产生各种融资成本。

考虑到土地整备项目实施规模大，项目周期长，投资规模大，政府会给予一定的土地整备资金。土地整备资金由政府拨付给原村集体经济组织，一方面作为社区开展土地整备前期工作的启动资金，保障项目顺利运转；另一方面，社区的拆迁安置由于建设安置房的滞后性需要一定的补偿资金先行安置。

土地整备资金根据项目实施范围内原农村集体经济组织继受单位及其成员实际使用但需拆除的地上建（构）筑物、青苗及附着物等分类核算确定：建（构）筑物按重置价核算；（转）地补偿手续土地按照所在区域工业基准地价的50%核算；青苗和附着物等按照相关标准核算；项目涉及的技术支持费、不可预见费及业务费参照相关规定执行。

（4）地价计收"产权升级"对价

有别于一般国有用地出让一次性计收全部土地使用年期的土地使用费用，留用土地地价计收作为政策性地价，仅支付农村集体土地转变为国有土地、获得完整权能的"对价资金"。留用土地产权条件可选择允许分割转让、限整体转让或不得转让，使用年期按照国家土地用途最高使用年限的相关规定确定。选择不得转让时不计地价；选择分割转让或限整体转让时，则在一般新供用地测算标准的基础上，采用留用土地项目修正系数进行调节。留用土地地价测算按照《深圳市地价测算规则》执行。

4.3.2.3　制定权益公平、规范分配的操作规则

土地与容积是土地整备利益统筹规划中利益分配的主要内容。政府一方面获得项目实施范围内除留用土地以外的所有土地，另一方面获得留用土地上公共配套设施以及共享容积中属于政府的部分；原权益人则获得留用土地以及留用土地上的权益容积和共享容积中属于原权益人的部分。

土地整备范围内的土地可分为两大类：一类是具有增值潜力的居住、工业、商业等经营性用地；另一类是无法实现增值的绿地、道路、学校等公益性用地。要保障公共利益的实现，需要建立一种相容性的激励机制。在优先保障公共服务和基础设施用地落实的同时，适度增加原农村集体经济组织继受单位与相关权益人的收益，提高其参与规划实施的积极性。即在整备用地范围内，按照公开透明的规则给予原农村集体经济组织继受单位与相关权益人安排一定规模的留用地，将规划实施和土地确权相结合，赋予新的发展权，作为其参与土地收益分配的载体。经过这一过程，合法外用地通过确权纳入了合法用地管理中。虽然重划后原农村集体经济组织继受单位与相关权益人获得的土地面积有所减少，但土地的价值得到大幅度提

升，并且具备进入市场交易兑现价值的条件。

土地与建筑面积是土地整备利益统筹规划中利益分配的主要内容。政府一方面获得项目实施范围内除留用土地以外的所有土地；另一方面获得配套建筑面积以及共享建筑面积中用于人才住房、公共租赁住房或创新型产业用房的部分，原权益人则获得留用土地以及共享建筑面积中其余部分。

土地整备范围内的土地可分为两大类：一类是具有增值潜力的居住、工业、商业等经营性用地；另一类是无法实现增值的绿地、道路、学校等公益性用地。要保障公共利益的实现，需要建立一种相容性的激励机制。在优先保障公共服务和基础设施用地落实的同时，适度增加原农村集体经济组织继受单位与相关权益人的收益，提高其参与规划实施的积极性。即在整备用地范围内，按照公开透明的规则为原农村集体经济组织继受单位与相关权益人安排一定规模的留用地，将规划实施和土地确权相结合，赋予新的发展权，作为其参与土地收益分配的载体。经过这一过程，合法外用地通过确权纳入了合法用地管理中。虽然重划后原农村集体经济组织继受单位与相关权益人获得的土地面积有所减少，但土地的价值得到大幅度提升，并且具备进入市场交易兑现价值的条件。

那么确定了留用土地之后，则按照基础建筑面积、配套建筑面积、共享建筑面积核算留用土地规划建筑面积。具体而言，基础建筑面积是指留用土地按照《深圳市城市规划标准与准则》核算确定的建筑面积，按照《深圳市城市规划标准与准则》计算地块容积率，又区分为两部分，一是留用土地在项目范围内安排的，则基础建筑面积是项目内留用土地面积与地块容积率的乘积；二是留用土地落在项目范围外经济关系未理顺的已建成区域并由原农村集体经济组织继受单位拆除重建的，则基础建筑面积为拆除重建土地面积乘以地块容积率的乘积与1.5倍利益统筹项目中现状建筑面积之和。配套建筑面积则是留用土地按照相关标准、规范、上位规划要求需配套的社区级公共设施建筑面积。共享建筑面积则是为了节约集约利用土地，提高留用土地利用效率，在规划允许条件下，可在基础建筑面积的基础上增加的建筑面积，原则上不超过基础建筑面积的30%；共享建筑面积顾名思义，是由政府和原权益人共同享有的建筑面积，60%作为政府或政府指定机构回购用于人才住房、公共租赁住房或创新型产业用房等政策性用房，其余40%则成为利益共享成果归属于原农村集体经济组织继受单位。

第5章　土地整备利益统筹项目的可行性研究

5.1　可行性研究的概念界定

5.1.1　定义：土地整备利益统筹项目申报的技术论证

土地整备利益统筹项目的可行性研究是项目计划立项申报过程中的必备环节。其内容聚焦于项目实施范围判断、规划条件论证和经济测算研究三个方面，并以划定土地整备利益统筹项目的申报实施范围作为关键性结论。随着深圳市利益统筹项目的全面推进，可行性研究逐步成为判断利益统筹项目是否具备计划立项条件的重要技术论证。同时，利益统筹项目的多元参与主体（包括政府、街道办、原农村集体经济组织及开发主体）也将可行性研究视为表达各自利益诉求的沟通工具。基于此，可行性研究的工作重点也从单一的空间范围和权属意愿的判断，逐渐演变为涵盖区域发展诉求、现状建设摸查、经济关系梳理、规划条件判断与经济测算的多维度论证，其结论力求最大限度地确保利益统筹项目申报实施范围的合理性与可行性。

5.1.2　目的：以技术论证协助项目主体划定实施范围

土地整备项目与传统的城市更新项目不同，项目谋划与推进的主导权在政府相关行政主管部门，实施主体是原农村集体经济组织与开发主体。特殊的项目运作逻辑，导致在项目前期谋划阶段出现大量的多方博弈过程，基本上可分为“自上而下”的政府意图与“自下而上”的社区诉求两个层面。政府意图层面，由于多数利益统筹项目是由各级政府行政主管部门发起，通常以连片产业用地收储、城市道路或民生保障用地收储、重大公共服务设施或市政基础设施建设、连片城区综合开发等为缘由，启动利益统筹项目的前期谋划。此类情况下，政府对于利益统筹项目的定位与任务清晰，所需收储的土地范围与规模相对明确。而社区诉求层面，原农村集体经济组织会依据实际掌握的土地情况开展包括权属情况摸底、经济关系梳理、历史遗留问题研究、二次开发潜力判断等一系列工作，在充分考虑社区自身发展的基础上，提出利益统筹项目的诉求。

在利益统筹项目的前期阶段，政府意图实施范围与社区诉求实施范围往往存在分歧，而实施范围是项目实施的基础条件，科学合理的实施范围直接影响项目的时序周期、经济效益，甚至是影响项目能够顺利实施的关键。为更好地协调多方诉求，找到前期谋划阶段的平衡点，土地整备机构会组织编制可行性研究报告，对项目的实施范围进行对比研究与可行性论证，并形成申报的利益统筹实施范围。

5.1.3 工作范畴：兼顾空间传导、利益协调与技术统筹的复合性研究

（1）可行性研究承担土地整备利益统筹项目的空间范围落位研究

项目实施范围既是规划条件论证和经济测算研究的前提条件，也是可行性研究的最终结论。现阶段，深圳市土地整备工作以《深圳市城市更新和土地整备“十四五”规划》为工作纲领。《深圳市城市更新和土地整备“十四五”规划》统筹深圳市五年内各种类型土地整备（产业空间整备、综合功能整备等）的规模，确定整备任务与重点片区，以指标管控的方式分配至各区，各区结合指标要求与实际项目情况，制定土地整备年度计划，推动本区的土地整备工作开展。从国土空间总体规划到《深圳市城市更新和土地整备“十四五”规划》再到年度计划和土地整备单元规划的传导过程中，利益统筹项目的实施范围其实是一个逐步精准化与精细化的过程（图5-1）。

通常情况，《深圳市城市更新和土地整备“十四五”规划》关注重点在于全局统筹把控，其内容结合城市发展战略的要求、存量用地潜力分析以及各区的土地整备诉求，确定全市范围内的重点整备片区及相应规模。然而，《深圳市城市更新和土地整备“十四五”规划》中各类土地整备空间边界相对模糊，属于指导性的整备范围，难以达到指导项目实施的深度。可行性研究作为土地整备利益统筹项目实施的前期谋划环节，通过研究片区建设重点、区位条件优劣、地块现状情况、土地权属

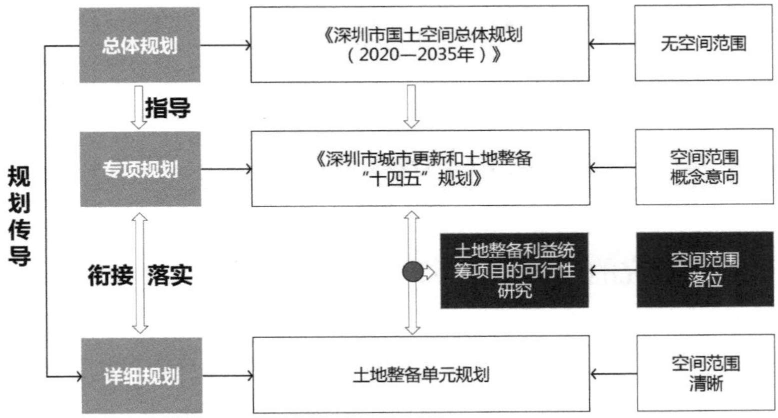

图 5-1　可行性研究的空间范围落位与国土空间规划体系的关系

状况、整备实施难易程度等因素，进一步研究并确定利益统筹项目的实施范围，推动项目实施范围的空间落位。

（2）可行性研究搭建多方主体的利益协调平台

利益统筹项目的实施涉及"市—区—街道—社区"等不同管理主体，不同层级的事权范围、实施意图以及利益诉求均有差异。越往基层，权限设置越小，但利益诉求越明晰和具体。因此在研究利益统筹实施范围过程中，往往需要经过多轮反复的协商沟通，最终达成各方均能满意的结果。

可行性研究通过提供规划判断和技术支持，搭建多方主体的沟通协调平台。围绕各方提出的诉求，以技术研究的方式平衡各主体的发展诉求，在满足项目科学性、可实施性和经济可行性的前提下，拟定申报土地整备利益统筹项目实施范围，协助原农村集体经济组织经街道办向相关行政主管部门提出利益统筹项目的立项申请，完成项目立项工作。换言之，利益统筹项目的可行性研究实质是一个协调相关主体发展诉求的过程，也是一个多方主体参与的从"利益追逐到利益平衡"的过程。

（3）可行性研究肩负存量开发的规划技术统筹

一方面，可行性研究对接市区两级专项规划，确保土地整备项目的空间落地/选址落地，通过落实专项规划的土地整备任务，调整和修正土地整备项目时序。另一方面，可行性研究开展现状整理、权属与经济关系梳理，摸底并判断相关主体意愿的情况，通过实施范围对比、规划功能调整预判、开发承载力的初步校核等技术性研究，协调多方主体的利益诉求，形成稳定的可行性研究方案，发挥存量开发的规划技术统筹的作用。

5.2 可行性研究的参与主体与职能分工

5.2.1 可行性研究的参与主体

通常来说，参与利益统筹的主体包括政府、街道办、原农村集体经济组织、开发商等四大主体，各方参与土地整备的诉求也不尽相同（图5–2）。

对于政府而言，需要实现多元的城市发展目标，要保障重点产业项目、重大基础设施和公建配套用地需求。从土地收储的角度来看，通过土地整备解决土地历史遗留问题，政府可以掌控土地资源，挖掘土地供应潜力，提高土地利用效率和利用质量。从规划实施的角度，政府可以引导重点地区建设，优化城市总体空间布局，促进公共利益和城市整体利益实现。

对于街道办而言，核心目标是为了街道整体发展。一方面，通过完成区政府下达的土地收储任务，解决街道范围内的土地历史遗留问题，保障土地整备及后续开发工作顺利实施；另一方面，通过土地整备的实施，补齐并提升公共服务设施配置，提升社区基层治理水平，为街道谋取更好的城市发展权益。

对原农村集体经济组织而言，主要诉求是保留使用更多的土地，推动经济发展方式的转型升级。通过土地整备获得社区留用地的开发建设权力，增强集体经济实

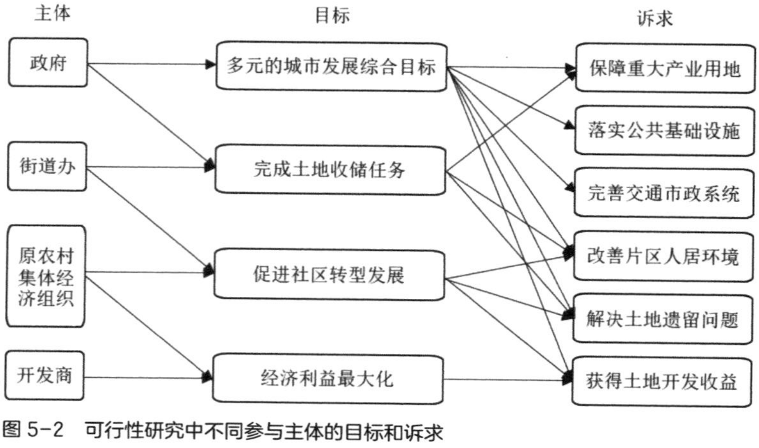

图 5–2 可行性研究中不同参与主体的目标和诉求

力，推动社区经济增长模式由低廉的租赁经济向物业运营与投资增长的发展模式转变，实现原农村集体经济组织高质量、内涵式的城市化发展。

对于开发商而言，借助土地整备路径，以合作开发的方式，成为留用土地的开发实施主体，获得高价值的土地开发权益，实现经济利润最大化。

5.2.2 参与主体的角色分工

（1）政府：引领全局的主导者

土地整备作为政府主导的土地二次开发工作，体现自上而下的政府意愿，主动调控的作用比较突出。政府对于可行性研究编制更注重连片产业空间的收储和区域规划的整体协调，为了实现连片产业用地收储，政府往往会筹备较大面积的土地整备，经过片区统筹规划研究后分期分项目落实。因此，政府在可行性研究过程中是全局主导者。

（2）街道办：承上启下的协调者

街道办作为基层治理重要力量，通常情况下能够在利益统筹项目的前期谋划、意愿摸底、立项申报、拆迁谈判及实施方案过程中发挥重要的协调统筹与上传下达作用，是可行性研究的协调保障者。

以龙华区为例，利益统筹项目的申报程序划分为原农村集体经济组织继受单位申请、街道办事处预审、区更新整备部门核查汇总筛选、征求相关单位意见、项目申报计划报审、街道办开展影像记录工作六个环节。其中，街道办事处预审的工作事项包括三个：一是对项目情况是否满足申报要求和材料真实性进行初步审核；二是组织开展项目可行性研究并形成可行性研究报告；三是将可行性研究连同其他申报材料报送区更新整备部门。总体来看，街道办在原农村集体经济组织和区政府之间起到了承上启下的桥梁作用。

（3）原农村集体经济组织：土地二次开发的受益者

原农村集体经济组织（社区股份公司）作为原村民的代言人，需要通过土地整备来争取社区二次开发的最大利益。利益统筹前后土地增值的大小及其获利的高低是衡量其是否配合参与该活动的重要标准。换言之，原农村集体经济组织是利益集合体，代表自下而上的利益诉求，对上需要与政府沟通协调，争取更多的社区利益；

对下需要协调和平衡村民及外来开发主体的利益。原农村集体经济组织是可行性研究过程中的核心权益者。

（4）开发商：项目实施的参与者

开发商围绕利益最大化的角度，参与可行性研究。一方面是帮助缺乏技术经验和相关政策知识的社区表达诉求和博弈，以及后续的工作事项；二是对开发主体来说可以在前期参与摸透项目的基本情况，有利于自身对于项目的风险评估，对于后期项目落地实施也有帮助。因此，开发主体是可行性研究过程中的利益分配参与者。

5.3 可行性研究编制的技术内容

5.3.1 可行性研究的技术要求

作为土地整备利益统筹项目申报立项的重要技术论证研究，可行性研究在方案编制阶段充分摸清街道或社区范围内土地权属信息，对接政府收储大型连片产业发展空间、规划道路交通设施、市政基础设施、公共服务设施等方面的用地意图，规划合理的社区留用地及移交政府用地，结合权利人意愿，综合考量划定利益统筹项目的实施范围线。可行性研究的技术要求由各区土地整备部门确定，但是技术要求的基本内容基本一致。总体而言，可行性研究本质上是对申报立项的项目范围开展多方面研究，技术要求包括实施范围划定合理、用地规划调整合理以及土地分配方案下社区及政府双方经济可行。以龙华区为例，明确规定可行性研究报告的内容包括7项内容（表5-1）。

龙华区利益统筹项目可行性研究报告的内容要求 表5-1

序号	内容
1	项目范围内及项目所在社区整村土地权属情况及现状建设情况
2	本项目开展的必要性、可行性进行分析评估
3	预判项目范围划定的合理性
4	对范围内现有规上企业的安置（如存在规上企业的情况）、正在实施房屋征收和土地整备项目的影响等方面进行说明
5	提出项目对完善片区城市基础设施和公共服务设施或拓展产业发展空间的作用与意义，与周边其他城市更新项目的关系及统筹建议
6	就存在的问题提出相关建议
7	其他认为必要的情况说明

备注：根据《龙华区土地整备利益统筹项目计划申报指引（试行）》整理。

5.3.2　可行性研究的编制流程与内容

土地整备利益统筹项目可行性研究的编制流程与内容包括三方面，即实施范围初划、规划调整研究及初步经济测算，结合三方面的论证研究最终形成项目申报的实施范围（图5–3）。

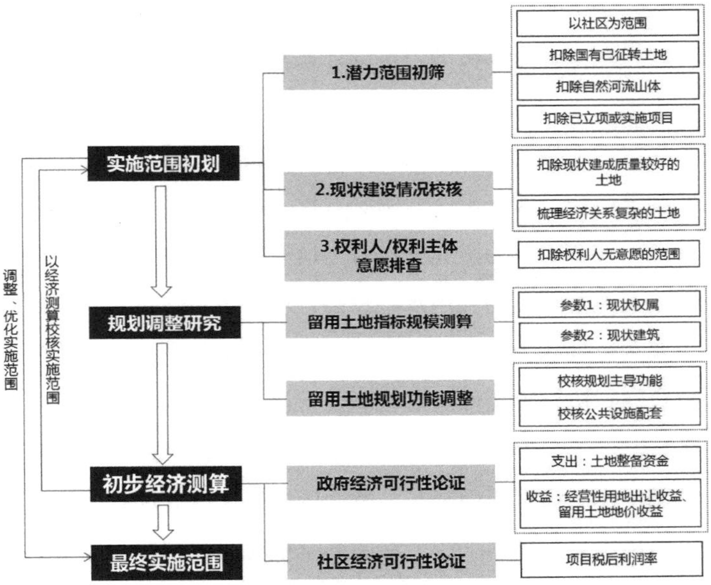

图5–3　可行性研究的编制流程与研究内容示意

（1）实施范围初划

作为政府收储土地的创新路径，土地整备利益统筹项目的主要目的就是完善社区土地征（转）手续，提高土地节约集约利用效率，释放连片产业空间，落实交通市政公共服务等民生设施。为预判项目实施范围划定的合理性，初步划定需考虑土地征（转）情况、法定图则规划情况及政府重大发展规划情况。项目可行性研究一般以社区或街道为基本研究单位，即“整村统筹”或“整街统筹”的思路，通过对整个社区或街道内土地的全面摸排，梳理符合纳入实施范围条件的土地。实施范围的初步划定围绕三个步骤展开：

一是潜力范围初筛，主要以社区范围或街道范围为基础，对符合利益统筹实施所有潜力范围进行梳理。在社区或街道范围内，梳理土地征（转）情况，区分国有已征（转）土地和原农村集体经济组织实际掌握土地。因为利益统筹项目实质是以政府的收储土地为前提，故而排除国有已征（转）土地。在原农村集体经济组织实际掌握土地内，进一步筛出已有项目的范围，比如已立项的城市更新、土地整备项目范围，剩余范围是暂无项目的原农村集体经济组织实际掌握土地。同时原农村集体经济组织并不实际掌握自然山水等地理要素的原因，对范围内的自然地理要素，包括河流、山体、湖泊等，进行识别并排除出潜力范围。通过以上技术初判，对国有已征转土地、已立项项目、自然地理要素逐一筛除，形成潜力范围。

二是现状建设调查，通过对潜力范围开展现状建设调查，进一步筛出不适合纳入实施范围的土地。潜力范围内的现状建设校核，包括现状建成情况调查及现状经济关系调查。现状建成情况调查的内容包括建造情况、建成年限、建筑质量、建成环境及城市风貌等情况，综合考虑实施必要性，避免大拆大建等资源浪费的情形，即使在未完善征（转）手续的土地上，若土地开发建设情况较好、建筑质量较好、环境风貌较好，土地节约集约利用水平较高，通常也不建议纳入实施范围。现状经济关系调查主要调查现状土地的经济运行情况，包括权利人、物业租售情况等。该调查需要通过合同、协议等文件及对当事人访谈深入了解，进而摸清土地及地上建筑的经济关系情况。经济关系调查往往会牵扯出一系列难以协调的事项，最终可能因社区对于协调工作的难度望而却步，故而倾向于不纳入项目实施范围。例如，若社区将厂房出租用于兴办民办学校，在民办学校无法找到合适场地的情况下，该厂房所涉范围往往会被剔除在项目范围之外。再比如，若社区厂房出租给一家龙头企业使用，而该企业在全国产业链条上处于核心位置，不能短时间内暂停生产，该厂房同样难以纳入实施范围。总体来说，对于现状建设情况的调查是对潜在纳入实施范围的土地实施可行性判断的依据。

三是权利主体意愿排查。在相对稳定的潜力范围内，充分征求所有权利人或权利主体的纳入意愿，根据潜力范围内的权利人意愿，筛出权利人不愿纳入范围的土地，形成具有稳定共识的初步实施范围。

（2）规划调整研究

规划调整研究是社区获取土地整备留用土地发展权益的主要途径，也是土地整备利益统筹规划政策设计的核心。可行性研究阶段的规划调整，相较于项目立项以后的规划功能研究，是基于初步的规划合理性和经济可行性原则开展的规划调整判断。规划调整研究包括利益统筹项目留用土地（简称“留用土地”）规划容积测算、留用土地规划功能调整两部分内容。

留用土地规划容积测算包括规模、位置和容积率三个要素。留用土地是指按照相关政策要求进行核算并确认给原农村集体经济组织继受单位的用地。留用土地规模的来源包括项目范围内已批合法用地、项目范围外调入合法指标以及项目核定利益共享用地。留用土地规模核算过程中涉及土地权属和建筑情况等相关信息，因而需要梳理项目范围内的土地权属和建筑情况。其中，土地权属统计需要区分社区合法用地与未完善征（转）手续土地，建筑信息统计需要区分建筑功能和是否被下发行政处罚决定书。留用土地规模按照相关政策要求核算后，需要进行留用地选址和容积率测算。留用土地规划建筑面积包括基础建筑面积、配套建筑面积和共享建筑面积三个部分，核算过程和方法按照现行政策中留用土地规划建筑面积核算规则执行。

留用土地规划功能调整是在落实法定图则规划的主导功能、在规划合理、项目可行的前提下对留用土地的位置、基础设施、公共服务配套、工业改居住等内容进行调整。留用土地规划功能调整的思路包括四个方面：一是分析上位相关规划对社区的功能定位和发展要求；二是分析梳理社区在产业、用地、基础设施和公共服务配套等方面存在的现状问题；三是在综合分析的基础上提出社区总体空间的发展构想；四是提出留用土地规划功能调整的初步方案，分析留用土地规划功能调整方案相对于已有法定图则所发生的变化，并对基础设施和公共服务设施的供需关系进行评估。

（3）初步经济测算

初步经济测算旨在论证利益统筹项目在经济方面的可行性，主要内容分为政府经济可行性测算和社区经济可行性测算两个部分。

政府经济可行性测算包括支出和收益两个部分，如果收益能够覆盖支出，判定为具备经济可行性。支出部分是项目土地整备资金，包括直接补偿资金、不可预见费、项目业务费、技术支持费。收益部分包括经营性用地的出让收益和留用土地的地价收益两个部分，可结合土地区位、面积、功能、容积率和规划设计条件等相关标准进行评估。

社区经济可行性测算包括总销售金额和总投资成本两个部分，如果成本净利润达到市场平均利润率，则判定为项目具有可行性。总销售额根据建筑面积和周边相似地块的建筑售价进行估算，由于住宅和商铺的单位面积售价存在较大差异，需要分别计算。总投资成本包括地价、土地契税、建安成本、过渡安置资金、土地建筑拆迁成本和其他成本六个部分，应分别进行估算。此外还需要考虑政府支付给社区的土地整备资金。净利润是在总销售额加土地补偿资金的基础上扣除总投资成本。

5.3.3 可行性研究的内容传导关系

实施范围初划、规划调整研究、初步经济测算作为土地整备利益统筹项目可行性研究的三大核心内容，且三者之间具有承前启后、互相影响及紧密联系的关系。

①承前启后，即可行性研究的三大核心内容具有先后顺序。首先需开展的工作是实施范围的初划，在相对稳定的实施范围下，才能进一步开展范围内的留用土地规模测算、留用土地选址和规划容积率测算。进而通过规划研究提出初步规划调整方案。初步规划调整后，才能对规划土地根据留用地规模及双方博弈进行土地分配，最终开展社区与政府双方的经济可行性初步测算。

②互相影响，即可行性研究的三大核心内容中一项研究结论的变化会导致其他内容随之改变。实施范围作为规划调整和经济测算的先决条件，其变化对其他两部分内容的影响毋庸置疑。实施范围的变化，因参与留用地指标计算的参数（土地规模和建筑规模）发生了变化，直接影响了留用土地指标和容积率的变化，从而影响了留用土地的选址与规模。项目规划也会因居住用地规模的变化而对基础设施和公共服务的配套规模进行调整。比如，留用地居住用地量增加需增配教育设施配套。因而，实施范围的调整，必然导致另外两部分内容调整的连锁反应。

规划方案对其他内容的影响主要体现在，规划用地方案的调整，会形成不同的土地分配方案，社区与政府的经济可行性就会随之改变。在规划虽然合理，但是任意一方经济可行性较差的情况下，初步划定的项目范围就不具备项目可行性。因此需要反过来调整项目范围，如调入更多的带有合法权属的土地、调入现状容积率较低的未完善征（转）土地或调出现状容积率过高的土地来提升项目的经济可行性。

经济测算的变化往往是由规划方案的变化导致的，因其计算参数一般是通过规划条件导入，如社区留用土地开发规模与功能、移交政府经营性用地开发规模与功能等计算参数。在有些情况下，如项目所在片区房价、地价的整体大幅变化，会导致经济测算结果的变化，进而需反向调整项目规划甚至项目范围。

③紧密联系，即可行性研究的三大内容，无论哪一个内容单方面可行，都无法认定项目可行。只有当项目范围划定合理、规划方案合理、政府及社区均具备经济可行性的情况下，土地整备利益统筹项目才能做出具有可行性的结论。

5.4　案例：上村社区莲塘工业园地块土地整备利益统筹项目可行性研究

5.4.1　项目历程与基本情况

上村社区位于深圳市光明区公明街道，社区范围694hm^2，是公明街道现状建成面积最大的社区。2020年5月，随着《光明科学城空间规划纲要》发布，光明科学城被区政府列为光明区重点片区之一，将打造成粤港澳大湾区国际科技创新中心的核心功能承载区和综合性国家科学中心的重要组成部分，建成世界一流科学城。上村社区涉及光明区科学城核心大装置区的部分区域，面积为16.7hm^2。光明区为加速推进该片区的土地整备工作，将其列为光明区政府2021年十大攻坚克难任务。同时，将位于核心大装置区南侧的上村社区莲塘工业园列为光明区重点收储的13个连片产业空间。2021年11月，公明街道启动上村社区莲塘工业园地块土地整备利益统筹项目可行性研究工作。2022年6月，上村社区莲塘工业园地块土地整备利益统筹可行性研究编制完成并通过相关审议。2022年11月，该项目顺利完成计划立项环节。

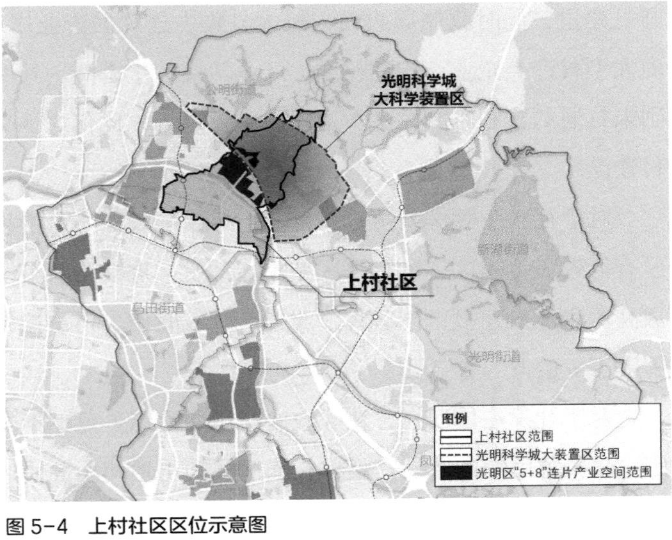

图 5-4　上村社区区位示意图

上村社区位于茅洲河沿岸，是公明街道内面积最大的、人口最多的社区，自然资源丰富、区位优势明显。规划定位是茅洲河新城市客厅和光明副中心，具有较高的规划开发价值（图5-4）。但由于城市化过程中的历史遗留问题，社区内存在较多的未完善征（转）手续土地，道路交通系统亟待完善。其中，富利路是法定图则规划的主干道，但道路仍有局部未落实，严重制约上村社区东西向交通组织。通过打通富利路等主干道路，提升片区交通服务水平，全面改善社区经济发展水平是本项目的重要目标之一。

上村社区莲塘工业园地块土地整备利益统筹项目可行性研究主要围绕实施范围划定、规划功能研究、经济可行性研究三大核心内容进行分析判断。三大核心内容既具有承前启后的特征，也具有循环往复的特性。该案例的研究步骤是：在初选实施范围的情况下，通过规划功能调整，落实社区留用地和移交政府用地，接着进行经济可行性判断，若经济可行性较差，则需调整实施范围，重新进行规划功能调整和经济可行性判断，如此循环往复，直至规划调整合理、社区及政府经济可行，其所对应的实施范围才具备实施可行性。

5.4.2 实施范围的划定

在项目可行性研究过程中，区政府、街道办、原农村集体经济组织、开发主体等各方主体的利益诉求和意向土地整备范围均有不同。区政府的首要目的是收储落实光明科学城规划大科学装置集聚区的核心地块（龙大北工业园片区），以保障其开发建设，同时收储周边面积较大且集中连片的产业用地（莲塘工业区），远期招商大型科产类企业，构建科学—产业转换的生态圈。其次借助土地整备落实法定图则未打通的富利路、民生大道两条主干道等，优化片区交通网络系统，落实民生项目建设。

对于社区（股份公司）而言，上村社区股份公司希望通过土地整备利益统筹将原有低效工业园区、私宅等区域重新开发，推动滨河沿线、地铁站点周边等区域完成高质量开发建设，同时将下属10个二级股份公司掌控的土地整合优化，最大限度解决历史遗留问题。

对于开发主体而言，在区政府产业用地储备范围不变的情况下，尽可能争取范围内高价值区域的开发建设权，通过推动土地使用性质的改变，提升项目开发的利润收益。

为协调平衡社区股份公司、开发主体、街道办、区政府的各方诉求，可行性研究过程中不断调整土地整备实施范围，对各地块的划入划出进行了多轮协商和研究，最终达成各方均能接受的结果。具体过程可分为四个阶段。

（1）第一阶段：各方诉求初步表达，认同项目开展推进

该阶段是可行性研究初期，历时4个月（2020年11月—2021年3月）。上村社区莲塘工业园地块土地整备项目涉及的相关主体首次进行诉求表达，各方明确观点，提出了土地整备项目的目的和主要利益诉求。区政府提出收储连片产业用地的迫切性，提出需要收储用于产业发展转型以及公共基础设施建设的用地，但由于对社区土地现状尚未熟悉，对具体的收储意愿范围和土地整备路径尚不明确，只是表达了对这一重点整备片区的关注和进行土地整备的意向。社区的主要工作是配合政府对社区内的用地开展梳理和研究，在整理自身掌控地块的基础上，提出将社区北面的莲塘工业区纳入土地整备范围。

从初步沟通的结果来看，区政府和社区就土地整备意图初步达成共识，相关主体经过初步研判，认为该项目能够推进实施，对相关主体都有好处。这一阶段关于项目范围的考虑主要围绕社区北面的产业用地展开。相关主体各自提出认为可行的土地整备地块，将各自目标诉求表达出来。对于项目具体范围尚不明确，对于项目关键点在哪里和如何落实等相关问题，该阶段也未形成清晰的共识。

（2）第二阶段：各方明确核心利益，政府组织协调各方利益

该阶段历时5个月（2021年3—8月），主要任务是区政府、社区和开发主体等各方主体提出项目的核心诉求，政府组织考虑如何满足各方利益。通过上一阶段的研究和沟通协调，此时区政府明确了核心收储地块，提出龙大北工业区必须在范围线内，作为土地整备项目立项的核心依据。除此之外，区政府希望能够继续收储更多大面积产业用地，因此提出收储莲塘工业区以及基本生态控制线和蓝线内的地块。社区股份公司和开发主体经过初步利益测算，认为项目的经济可行性太低，提出修改规划功能的诉求，在莲塘工业区内，将一定比例的工业用地调整为居住用地。

围绕着调整规划功能的诉求，区政府、街道和社区三方展开了长时间的沟通协调，但并没有取得有效的进展。一方面从规划实施的角度考虑，在连片工业区内安排居住用地，一定会对片区的空间结构产生影响，不利于政府对产业空间的布局落实。社区股份公司和开发主体仅从自身利益最大化的角度考虑土地整备方案，而政府考虑的是片区整体的空间结构优化，为片区谋发展，因此区政府必定要控制部分不合理的利益诉求。

另一方面从项目的经济性角度考虑，项目前期主要考虑的是社区北面地块，但范围内无论现状还是法定图则规划都主要是工业用地，对于社区和开发商来说经济利润太低，影响其推动项目实施的积极性。项目陷入困境后，政府作出了一些让步和技术路径的优化指导。政府提出了分期开发的思路，北侧龙大北工业区先移交政府，社区范围内其他潜在土地均可研究后，纳入项目实施范围。社区股份公司与开发主体结合社区实际掌握土地情况，提出将茅洲河南岸的潜在土地，进行开发捆绑，纳入实施范围总体考量可行性。

（3）第三阶段：多轮方案比选，街道办积极推进工作

第三阶段历时6个月（2021年9月—2022年3月）。社区股份公司与开发主体成为本阶段利益协调的重点，街道办在本阶段发挥了积极协调的作用，有效地推进工作顺利进行。

经过上一轮利益协调过程，各方主体意识到只考虑社区北面的地块是不可行的，于是各方主体又投入了新一轮的可行性研究中。围绕各自的诉求，形成社区股份公司意向捆绑范围与开发主体意向捆绑范围两个对选方案。通过两个方案的比选，各方认同应扩大整备范围，考虑向南面扩展，在该阶段，街道带领各方讨论和梳理哪些地块能够纳入土地整备利益统筹项目范围。对于地铁站周边权属情况复杂的地块，社区并没有把握与其进行谈判，政府和街道则协助社区与第三方进行协调，争取将高价值地块纳入土地整备范围。在这一阶段，街道起到了桥梁的作用，对上将政府的意图理解得更加清晰，对下与社区对接协调，将社区与政府诉求做了平衡，增强了各方对于项目可行性的信心。对于整备范围则增加了对社区南面地块的考虑，为实施范围的确定做了铺垫。

（4）第四阶段：区政府统筹主导，各方达成共识

该阶段历时4个月（2022年4—8月）。上一阶段街道办的工作增强了各方对土地整备可行性的信心，各方思路达成一致。政府主导统筹，在原有工作的基础上将范围线进一步优化，各方主体也积极参与，将各方诉求进一步明确落实在空间上。

在上一个阶段多方案比选后明确项目的土地整备思路，即在保证北侧工业区不变的前提下，向南面扩展高价值地块，增加项目的可行性。基于这一共识，区政府主导统筹，街道、社区和前期开发商三方共同协作，共同推进，最终形成土地整备实施范围方案。无论是从经济角度还是从规划角度，各方的诉求均能满足，不但实现了经济利益也解决了公共利益难题。

回顾实施范围划定过程，一方面，坚持纳入社区北边龙大高速以北工业区，在补偿方式达成共识后，莲塘工业区以及蓝绿线区域也一并纳入范围内，最大限度地保障政府在利益统筹项目实施过程中的政府开发意图，坚持以公共利益为主导的初衷。另一方面，社区股份公司与开发主体纳入茅洲河河岸以及轨道站点周边的高价值地块，提升项目的经济可行性，保障项目顺利推进。同时，还立足社区总体发展，一次性解决社区内土地历史遗留问题，补齐公共服务短板，将潜在土地打包纳入实施范围，真正地实现了社区的高质量转型发展（图5–5）。

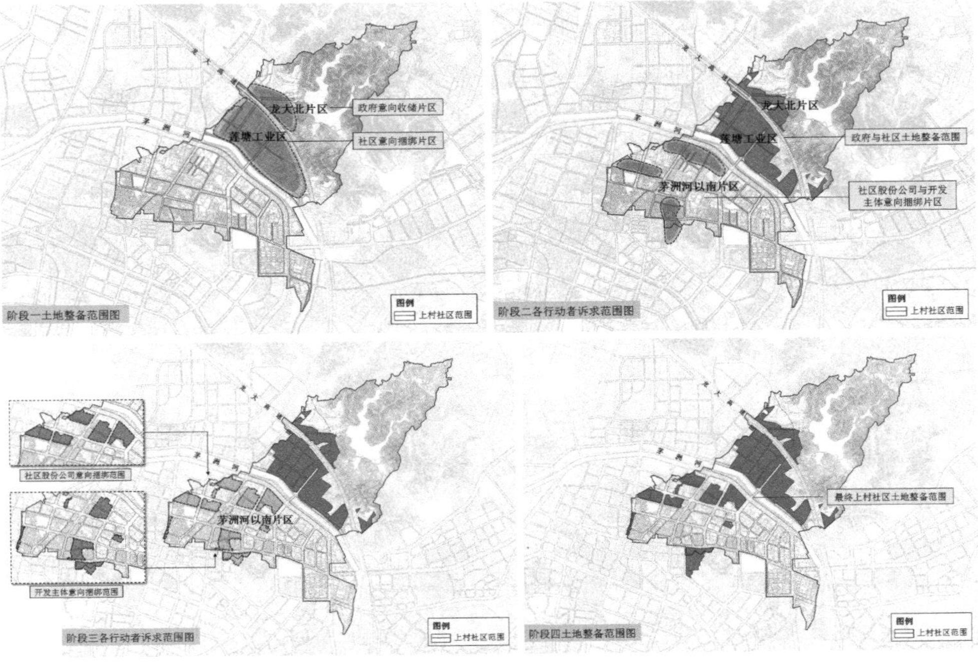

图 5–5　上村社区土地整备利益统筹实施划定过程

5.4.3 规划功能初步研究

（1）留用地指标初步核算

结合深圳市和光明区相关政策要求，不同类型用地留用地指标核算的比例不同。该项目范围内合法用地面积（社区掌握两规、非农、社区国有已出让用地）按1：1进行返还留用地指标；现状道路与规划相符用地不返还留用地指标；未完善征（转）手续土地、共同富裕遗留用地和三方征地历史遗留用地核算比例为20%+20%×现状容积率；已补偿建（构）筑物且含奖励金用地只补偿货币，不返还留用土地指标；非社区掌握的国有已出让用地不参与指标核算，建筑量按1：1叠加至留用地建筑量上。经核算，社区留用土地指标约为54hm^2，占范围内土地整备规划建设用地的比例为四成。

（2）用地功能调整方向

法定图则调整主要是为解决当前产业空间破碎化和分布零星化的问题。上村社区茅洲河北部区域及龙大高速沿线区域以科学装置与产业转化功能为主。茅洲河以南区域以提升上村社区综合服务与居住职能为主。为重点塑造茅洲河南部区域，打造茅洲河新城市客厅，将用地功能调整的思路归纳为三个方面：一是将产业用地集中连片布局于茅洲河以北，便于政府进行科学城核心大装置区的集中连片产业空间整备；二是盘活茅洲河以南高价值地块，茅洲河南岸重点布局二类居住用地并结合TOD模式进行开发；三是为满足项目范围内新增人口的教育设施需求，在项目北部各增加一所学校（72班九年一贯制），在项目南部将原法定图则学校（30班小学）规模扩大至48班小学。

（3）土地分配方案的分析

在土地分配方面，将茅洲河北侧全部保留作为工业地块，保障政府收储连片产业用地的需求，同时留用部分工业

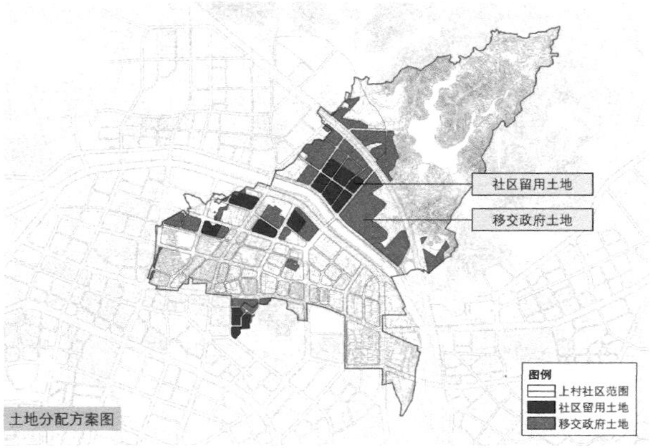

图 5-6　土地分配方案示意图

地块用于社区股份公司的未来发展。将茅洲河南侧的高价值地块调整为居住用地留用给社区，保障社区股份公司的开发诉求，解决项目的经济价值问题，保障项目具备经济可行性（图5-6）。

5.4.4　经济可行性研究

在经济可行性研究方面，区政府完成茅洲河北岸的大科学装置区与连片产业空间的收储工作，同时收储茅洲河南岸部分经营性地块，未来以土地出让的方式平衡该项目的土地整备成本，实现经济平衡。社区股份公司在茅洲河北岸留用一定规模的工业用地，保障社区具有可持续发展的能力；同时争取茅洲河沿岸、地铁站点周边的居住用地作为社区留用开发，既满足社区的拆迁安置问题，也推进茅洲河南岸的城市面貌焕然一新，社区发展全面升级。开发主体通过与社区股份公司合作开展居住地块，打造高品质居住建设项目。平衡前期项目成本后，取得一定经济收益，保障项目利润率满足基本需求。通过“成本—收益”的经济数据测算研究，各参与主体均能够平衡项目投入成本，达到预期收益，最终论证项目实现经济可行。

第6章　土地整备单元规划

6.1　土地整备单元规划的作用与探索过程

6.1.1　土地整备单元规划的作用

（1）土地整备利益调节的重要手段

土地整备利益统筹项目的利益分配主要包括货币补偿、留用土地规模和留用土地规划指标。其中，土地分配方案和货币补偿方案均依据相关规定及固定标准进行测算，利益博弈的空间不大。留用土地涉及的利益是原农村集体经济组织所获利益中最大的部分，因而相对于货币补偿，原农村集体经济组织更期望通过规划手段获得留用地二次开发的增值收益。因为留用土地的位置、功能、开发强度等指标对土地整备项目的利益具有决定性影响，留用土地规划方案成为原农村集体经济组织和政府的沟通协调的焦点。在规模和容积确定前提下，留用土地选址、边界划定、功能和容积率可能存在多种组合方式，甚至影响留用土地的分配方案。因此，留用土地规划成为土地整备工作利益调节的重要手段。

通过土地整备单元规划，形成明确的空间方案，土地整备利益统筹项目方能具备稳定的经济评估和博弈协商基础，这是土地整备的核心任务。因此，土地整备单元规划通过建立“空间单元规划+利益调节规则”，以单元规划为抓手落实城市发展目标，明晰各方权益边界，优化土地空间布局和公共基础设施安排，统筹解决土地历史遗留问题。

（2）推动存量地区规划实施

根据深圳城市规划体系和管理层次，法定图则是直接指导地块开发的法定依据。在实际管理中，法定图则编制方法和管理体制以自上而下的管控为核心，使法定图则在面对存量地区时，由于对既有产权关系、二次开发中的产权重构、成本与收益关系等方面的考虑不足，难以准确预判相关权益人的诉求而导致法定图则难以实施。土地整备单元规划以一种“打补丁”的方式，通过局部调整和完善土地整备留用地范围内的规划安排，能够推动存量地区规划实施。

（3）落实上层次规划和各类管控要求，保障城市长远发展与公共利益

土地整备工作以统筹各方利益，保障产业、公共设施等重大项目实施为核心目标。深圳市存量用地管理已经进入精细化治理阶段，并且针对存量用地提出了一系列管控要求。比如，为规范用地整理，避免国有资产和集体资产的利益损失，出台了针对现状权属用地整合、腾挪和清退的管理规定和要求；为保障工业用地和产业发展，在全市范围内划定了工业区块线，并出台工业区块线管理的相关政策；为保障城中村发展和稳定低收入群体的居住空间，通过专项规划划定了不可进行拆除重建的城中村；为加强历史文化资源的保护，将达不到历史文物级别的村庄划为历史风貌区或历史风貌线索区，等等。土地整备工作需要通过沟通协商和利益博弈，明确原农村集体经济组织与政府权益分配关系，并且通过规划手段把国土空间总体规划、各类专项规划和相关规划计划要求分解并具体落实到地块层面，形成明确的管控要求和规划要点。甚至可能考虑项目的实施性和空间的合理性，对工业红线、城中村综合整治范围线等管控线提出优化和调整要求，也需要在土地整备单元规划中同步完成。

6.1.2　土地整备单元规划的探索过程

（1）个案探索：联动实施方案开展留用地专项规划

作为《深圳市土地管理制度改革总体方案》的示范项目，2011年坪山区南布、沙湖等“整村统筹”首次引进“留用土地”的概念，通过留用土地开发让原农村分享土地增值收益。这一阶段土地整备单元规划，通过对社区发展条件和诉求的研究，结合土地整备政策要求，明确社区用地的功能、容积率和公共配套安排。

在社区土地分配和指标明确的基础上，用于指导项目的详细规划设计。留用地专项规划整合了两个方面的内容，一是城市“自上而下”的战略和管控要求，二是社区“自下而上”的发展和利益诉求。由于处在个案探索阶段，这一阶段的土地整备政策并未对留用地专项规划的审批程序进行明确规定，作为《深圳市土地管理制度改革总体方案》的示范项目，留用地专项规划以个案形式报市政府会议审批决策通过。

这一阶段的规划研究工作为土地整备单元规划工作奠定了重要基础。首先，留用地规划编制作为实施方案的重要组成部分，其编制工作必须同步开展、相互协调、同步审批通过，在专项规划和实施方案的联动过程中，政府和原农村集体经济组织通过多轮沟通就留用地规模、功能和开发强度达成共识，形成稳定的利益分配格局，从而集成规划、土地和产权政策，这是土地管理和规划管理的重大创新。其次，从规划内容上来看，考虑规划的整体性和实施的要求，规划范围内不同权益用地规划编制深度不同。第三，从规划成效来看，其规划内容作为规划管理的行政依据，是对法定图则应对存量用地开发的有益补充和有效深化。

（2）全面推进：土地整备单元规划的提出与技术规则构建和完善

2015年深圳市政府出台《利益统筹试点办法》，选取整村统筹整备和片区统筹整备两类代表性项目作为试点，封闭运行，探索土地整备政策创新。为落实《利益统筹试点办法》要求，2016年深圳市规划和国土资源委员会先后出台了土地整备留用地规划研究审查和规划编制的技术指引，对留用土地用途和容积率确定的技术要求、土地整备单元规划的内容和成果编制，以及审批要求进行了说明。经过三年政策试点工作后，2018年深圳正式出台《管理办法》。此后，市城市规划委员会陆续出台了系列相关政策和技术规范，明确土地整备单元规划的文本内容和汇报要求，土地整备单元规划的技术要求越来越规范、细致和完整，规划编制质量和审批效率也不断提高（表6–1）。

全面推进阶段土地整备单元规划涉及的主要政策　　表6–1

序号	政策
1	《土地整备利益统筹试点项目管理办法（试行）》
2	《土地整备留用地规划研究审查技术指引（试行）》

续表

序号	政策
3	《深圳市土地整备规划编制技术指引（试行）》
4	《深圳市土地整备利益统筹项目管理办法》
5	《深圳市城市规划委员会关于市城市规划委员会法定图则委员会审议土地整备规划有关事项的通知》
6	《深圳市规划国土委关于规范土地整备规划审批有关事项的通知》
7	《深圳市规划和自然资源局关于进一步规范土地整备规划编制和审查等有关事项的通知》

从编制内容来看，留用土地安排一旦涉及未制定法定图则的地区，或者涉及法定图则强制性内容调整，则需要编制土地整备单元规划。《深圳市土地整备规划编制技术指引》（试行）提出土地整备单元规划包括土地整备总体控制范围和留用土地范围“两个层次”。考虑土地整备项目实施范围不一定是相邻且连片的区域，编制指引的相关政策没有强调“单元概念”，而是以项目实施范围为规划范围，并考虑片区功能的完整性、系统性和实施性划定规划研究范围。不同范围、不同权益用地内的规划深度有所差异。

土地整备单元规划的相关研究应在落实和优化上层次结构、保障片区整体规划结构和各空间系统要求的基础上，制定土地分配方案、明确留用土地和政府储备用地的规模和位置，进而提出相应的公共基础设施调整和优化方案。在规划研究范围内，需确定留用土地的地块划分、用地功能、开发强度、公共服务设施、道路交通系统、市政工程设施、地下空间开发等控制要求，可提出建议性的建筑布局以及城市设计引导等达到详细蓝图的深度。同时，根据规划研究范围的整体性研究，也需对政府发展用地的功能、开发强度和空间管控等提出规划建议。

除上述与空间相关的研究外，作为一项实施性工作，土地整备单元规划研究还需结合实施方案编制开展经济可行性专项研究，说明项目开发主体、原农村集体经济组织和政府等各利益相关方的成本及收益情况，并明确项目实施策略，规定实施主体应履行的拆迁清理、土地移交、公共配套建设等各项义务。总体来看，土地整备单元规划研究和思考超过法定图则的深度，以保障规划精细化管控要求和实施性；但仅把其中法定图则要求的内容作为规划的强制性内容及土地整备项目实施方案的重要组成部分。

6.1.3 土地整备单元规划的特点

（1）技术规则与土地政策导向相结合

土地整备单元规划需要同时满足规划技术标准和相关土地政策对利益分配的规定和要求。一方面，通过土地二次开发实现高质量的城市建设是土地整备的重要目标，无论是原农村集体经济组织还是政府，相关诉求必须建立在用地空间安排符合上位规划发展定位和空间格局要求的基础上，并且用地功能、道路交通、基础设施和公共服务配套等规模和布局能够满足各个空间系统的技术要求。例如，规划中居住功能的增加，要有利于完善产城关系，要满足《深圳市城市规划标准与准则》对容积率的相关规定，还要校核中小学等教育设施是否有足够的承载力。如果学位不足，项目需要自行配建学校，甚至配套更大规模的学校，以解决周边地区学位不足的问题。另一方面，空间安排也要考虑是否符合相关土地政策要求。仍以居住用地为例，留用地的规模不能超过根据政策计算的标准，当实际空间供给规模不足时候，可以调整留用地中工业用地和居住用地的比例以及地块的容积，使原农村集体经济组织总收益符合政策要求。

（2）空间规划与实施方案联动

根据相关政策要求，实施方案包含空间安排，而土地整备单元规划需要基于实施方案初步确定的利益格局开展工作，空间规划与实施安排两者互为条件、相互依存。虽然在土地整备工作的管理程序中，土地整备实施方案和土地整备单元规划是两个独立审批的环节，但在实际工作中，两项工作同时开展、共同推进、联动密切，同步形成明确且稳定的空间方案和利益分配方案。

（3）以原农村集体经济组织利益为核心的多主体协商机制

存量规划方案必须通过多方协商并达成共识，才能有效保障存量开发型规划落地实施。土地整备作为与城市更新并行的一种存量开发途径，其规划编制的过程也是沟通协商、谈判和利益平衡的过程，属于典型的协商式、过程式规划。但不同于城市更新以市场主导、以开发主体为核心的协商机制，土地整备单元规划的协商机制以政府主导、以原农村集体经济组织为核心。土地整备的意愿征集、留用土地、规划和容积率确定等环节均以平等协商谈判为基础，在满足政策刚性要求的前提下，充分尊重原农村集体经济组织意愿，最大限度达成共识，且土地整备单元规划审批需要通过股东代表大会表决。因此，土地整备单元规划可充分调动居民的自主性和积极性，将土地整备利益协调方案更有针对性地落实到空间，一揽子解决村集体土地历史遗留问题。

6.2　土地整备单元规划编制要点

土地整备单元规划的编制过程涵盖三个层次的规划研判和一系列相关专项研究辅证（表6-2）。首先，基于项目所在城市片区的战略发展要求、城市结构、产业发展等维度，综合考虑项目土地整备目的确定合理的规划研究范围，整体谋划，确立土地整备项目规划编制的全局工作思路；其次，在土地整备实施范围内需明确留用土地及政府储备地范围落实的“五线”及公共设施用地，确立实施范围规划开展的总体原则，对政府储备用地和社区留用土地分类施策；最后，基于前两个层次明确的工作思路、规划原则与策略，开展社区留用土地范围内的规划研究，包括但不限于留用土地的主导用地功能、开发强度、“五线”及配套设施、道路交通系统、市政工程设施、地下空间开发等控制要求；留用土地的总建设规模以及住宅、商业、办公、产业、配套设施等各类功能对应的建设规模。土地整备单元规划的专项研究包括规划功能、公共服务设施、道路交通、市政工程、城市设计、经济可行性、产业发展、历史保护及地质灾害等，根据项目所涉及的实际情况同步开展。土地整备单元规划编制应达到法定图则的深度。为有效指导留用土地开发，留用土地规划编制深度可参照详细蓝图执行，但不作为规划的强制性内容。

土地整备单元规划的规划范围和内容　　表6-2

规划范围	涉及内容	法定效力	专项研究
项目所在城市片区	根据片区发展实际情况确定	非法定、非必须	城市设计、片区交通、公共服务设施、产业发展等
土地整备实施范围	留用地及政府储备地范围	刚性	
	落实的“五线”及公共设施用地	刚性	
留用土地范围	主导用地功能	刚性	规划功能、公共服务设施、道路交通、市政工程、城市设计、经济可行性、产业发展、历史保护及地质灾害等
	开发强度	刚性	
	“五线”及配套设施	刚性	
	次干道及以上等级道路	刚性	
	城市设计	弹性	

6.2.1 整体谋划：明晰工作思路

碎片化开发是制约存量开发土地高效利用的主要因素，碎片化存量开发带来的一些问题在既往城市更新项目与部分土地整备项目中均有暴露，比如产业集聚效应不明显、交通市政承载负荷加大、大型公共设施落地困难、保障性用房供给有限、现有法定规划指导作用弱化等。面对不同类型、不同地区、不同发展目标及整备目的的项目，在土地整备项目所在城市片区范围内开展的整体谋划工作，考虑区域发展的协同性，主动与周边城市功能、开发进度、公共设施配建情况及产业发展战略等进行对接，是避免陷入存量开发碎片化困局的有效之举，也为实施范围内项目的开展明晰了总体工作思路。

由于整备实施目的和针对问题的不同，土地整备项目的规模尺度及实施范围完整性存在着较大差异。在既往项目规划实践中，涉及产业重点发展战略的社区、街道或辖区，采用“统筹规划研究+个案单元规划”的方式避免项目所在片区碎片化开发。然而，并非每一个利益统筹项目都有片区统筹规划研究作为单元规划编制的指导。该类项目普遍利用合理扩大规划研究范围、小片区研究城市规划功能结构，从而保障一定区域内的城市发展协同。

（1）综合研判扩大规划研究范围

在相关编制技术规定的指引下，土地整备单元规划以项目实施范围为基础，以功能完整性、系统性和实施性为原则，结合功能分区、行政管理和社会管理范围，以及道路、山体、河流等自然地理边界，划定土地整备单元规划研究范围。扩大划定的规划研究范围内对于片区发展目标制定、实施开发的研判，以及对于城市系统工程的刚性校核起到了重要的作用，既可决定留用地规划功能与控制指标的合理性，也可避免出现周边开发的无序以及设施配建的“灯下黑”现象。

以某地区教育产业用地土地整备利益统筹项目为例，该项目以解决片区教育设施严重匮乏问题为首要目的，合理扩大了规划研究范围并对范围内的城市结构及规划方案作出了调整建议。项目所在片区教育设施数量极为缺乏，现状教育设施数量少、服务能力及辐射范围有限。随着城市的发展，该片区居住人口逐年增长，学位缺口问题日益突出，教育部门亟须推进规划教育设施用地实施。项目实施范围内用地包含5个地块，总面积7.2hm^2。由于项目实施范围以权属边界为基础划定，

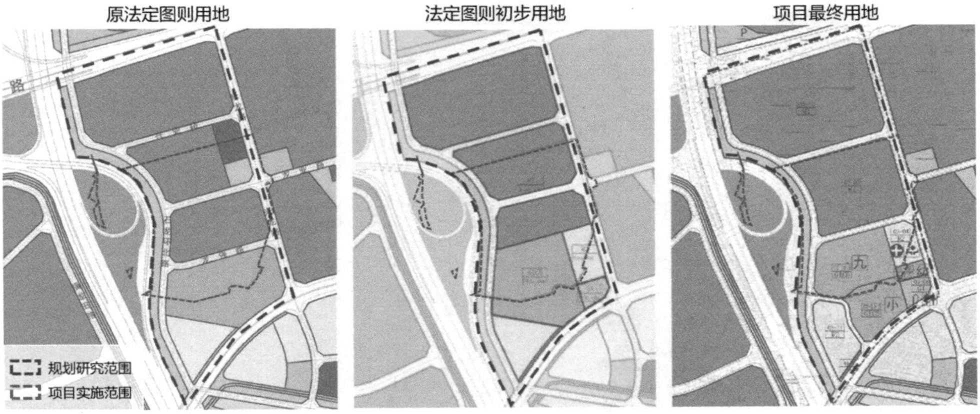

图 6-1 某项目实施范围与规划研究范围内规划调整情况

用地边界不规则，因此，按片区规划功能完整性的原则划定规划研究范围面积为18.4hm^2。该项目对因用地规划调整所涉及的邻近地块进行一并研究，并提出相应的规划调整方案（图6–1）。

（2）合理运用“统筹规划研究+个案单元规划”模式

产业发展是深圳市各辖区发展的攻坚板块，也是土地整备利益统筹项目的主要整备目的之一。部分辖区在谋划布局区域产业发展战略过程中，面临产业用地碎片化、低效能低品质、产业规模小和不集聚等共性问题。对于城市经济的可持续发展而言，连片产业用地供应是产业发展的基本空间保障。在产业发展的重大战略下，单个土地整备项目的实施与推进，局限在实施范围内的“小账核算”，难以保障规模化的产业集群。以光明、宝安等辖区为例，对产业发展战略与实施路径进行了分析，在法定图则之下编制了指导各街道社区个案项目实施的统筹规划，从而在规划实施、利益平衡和城市规划等多方面形成区域性的统筹方案，以个案项目单元规划予以校核和优化落实。

光明区马田街道某片区的土地整备项目单元规划，以“统筹规划研究+个案单元规划”的方式开展（图6–2），统筹规划明确片区的发展目标、用地布局、土地分配、配套设施、道路交通和城市设计，计划以三个利益统筹个案项目实施为基础，实现政府连片产业用地供应；单个利益统筹项目基于法定规划要求和统筹规划研究结论指导，分别编制土地整备单元规划。以项目一为例，基于统筹规划研究中“光明西北门

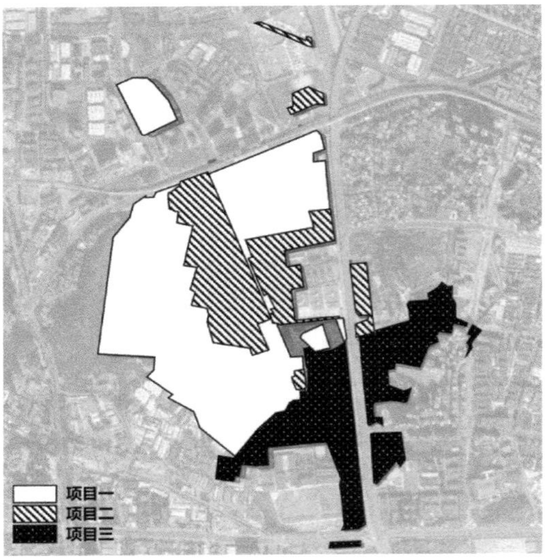

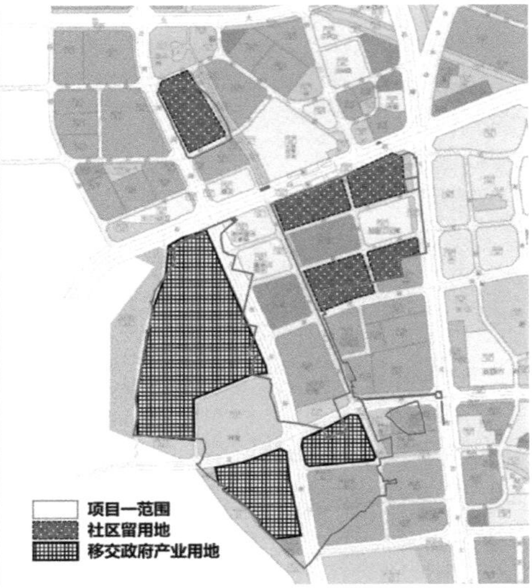

图 6-2 片区统筹研究范围与项目一个案范围内规划土地分配情况

户、三生融合新城区”的片区定位，一期的留用地规划以打造集品质居住、社区服务、产业升级于一体的生态、宜居、乐业的产城生活服务配套片区为规划目标，合理配置居住、商业及产业功能。项目的土地分配格局基于统筹规划的协调指引，在个案层面考虑留用居住功能及站城一体化开发，形成留用土地规划方案，并移交政府连片产业用地18hm^2，居住用地2.2hm^2，新增一所60班九年一贯制学校，为片区产业发展战略供应了连片土地，解决了道路征地难题，改善了片区交通微循环与社区居住环境。

6.2.2 实施范围：合理分区施策

在实施范围内，土地整备单元规划发挥了规划赋权的作用，通过规划研究、土地整理、交换分合等措施将零碎杂乱难以利用的土地，重新划分为适用于城市和产业发展、经济高效、大小规整、功能合理的土地（肖靖宇等，2020）。通过地籍归置和整合置换，依据规划地块划分规划产权，实现土地产权边界和规划地块边界高度一致，土地管理与规划管理接轨。立足于实施范围的空间统筹利用和整体更新，有利于功能优化、更加强调配套完善、更加注重品质提升。在实施范围层面，以利益增值共享的底层逻辑和片区层面明确的工作思路和发展导向为指引，明确移交政府的经营性土地、公共利益土地和社区留用土地的分区，合理施策。

（1）共享共担：公共利益的增值和成本分配的联动

土地整备单元规划依托土地政策中的土地增值权益共享，并通过规划调节将原低效土地进行高效利用，进而推动土地总价值的大幅提升，实现片区土地的整体增值。在保障原农村集体现有权益的基础上，将增值部分的土地价值由原农村集体和政府共同分享，通过共享促进共赢，激发和调动原农村集体参与土地整备利益统筹的积极性，促成原农村集体和政府共享存量开发红利（图6–3）。

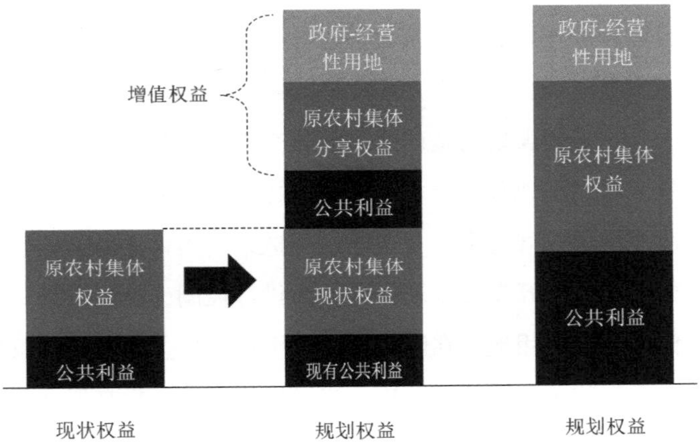

图 6–3　土地整备单元规划中的土地增值权益分配

利益共享的前提是保障和提升城市公共利益，即保障和落实城市发展所需要的公共服务设施、道路交通设施与市政基础设施等用地，这些用地需要由原农村集体和政府共同分摊，同时城市道路交通与公共基础设施的完善和提升，也必将促进片区土地价值的提升。公共利益的共享共担是土地整备利益统筹项目利益共享的一个重要表现。各个辖区通过土地整备，保障了城市重大公共基础设施的落实（深圳市光明区城市更新和土地整备局课题组, 2020），原农村集体在分摊片区公共设施用地的同时，也将分享公共设施完善带来的土地增值效益。这样通过公共利益分摊与增值利益共享的联动保障了公共利益的落实。

以某片区土地整备项目为例，社区贡献70%的土地，政府落实55%土地的公共利益功能，改善了片区综合服务中心的城市面貌、服务能力及产业结构，为区域整体提升发挥了重要作用。项目移交政府产业用地两块，保障重点引进产业用地需求；项目移交给政府居住用地、医疗卫生用地和教育设施用地各一块，增加政府住房用地供应，完善片区公共配套，提高片区公共服务能力。通过土地整备，盘活低效土地，落实公共服务用地与社区留用土地，提升土地使用效率与价值，改善片区风貌，促进社区转型。

（2）分区策略：移交用地的管控留白与留用土地的详细规划

在土地整备实施范围全局发展目标下，整体谋划遵从公共利益优先的原则，落实法定图则刚性管控要求，上位规划确定的公共服务设施、城市基础设施、城市绿地等公共利益用地总量不得减少，明确规划范围内需调整及优化的市、区级配套设施规划控制要求。留用土地规划方案的调整和优化需符合基本生态控制线、城市蓝线、城市橙线、城市黄线、城市紫线的相关管理要求。留用土地规划方案应整体谋划片区的产业发展与功能布局，服务于片区整体产业升级，结合上层次规划、区域政策和产业发展现状及相关支撑条件，提出规划范围产业发展定位和发展目标，进而明晰留用土地、移交政府储备用地的规模及选址范围。

在整体谋划的基础上，除移交的公共利益用地外，移交给政府的经营性用地与社区留用土地采用分类施策的管控方式。区别于只管控留用地建设控制指标而忽略政府用地发展要求，对于政府用地采用高弹性的留白管控方式，主要体现在路网的框架留白、开发强度留白与城市设计控制的全局引导。在项目实践中，针对政府收储连片产业用地，在明确了主次干道后，支路采用建议性道路方式进行引导，在后续引进相关产业项目后进一步做地块设计，旨在保证片区整体结构与发展方向一致的情况下，为产业引进、人才支撑及城市风貌重塑留有更大的弹性空间，为远期可持续发展谋划预留用地。

留用土地规划基于全局方案框架，切实开展管控与引导兼具的详细规划研究，包括但不限于对于留用土地地块划分、用地功能及开发强度的刚性管控，公共配套设施及道路系统的明确。在此基础上，结合政策导向、功能提升、市场需求等因素，针对产业发展方面可提供进一步发展对策建议，为后续地区开发奠定清晰的产业门类、功能配置等的谋划基础。

6.2.3 留用土地：规划详细安排

留用土地范围内的规划重心主要是留用土地规划控制指标和涉及优化调整的配套设施规划。主要根据两个方面来确定，一是必须要落实上层次规划的要求，满足上层次规划中的全部控制性指标，包括开发建设总量、公共基础设施等；二是结合社区的发展诉求，在保持总量平衡的前提下，谈判协商留用地块的用地性质、容积率、开发强度等。

（1）权益明晰化：明确现状土地权益情况、核算社区留用地指标

在摸清现状土地权益情况的基础上，土地整备是通过核算留用土地的方式解决存量用地的历史遗留问题，留用土地的本质是政府对土地权利人实施土地整备的一种财产补偿和产权确认。“尊重历史、分类处置”是核算留用土地的基本原则（林强等, 2022）。尊重历史即承认历史遗留问题用地中土地权利人的部分权益，分类处置即严格区分合法用地和历史用地并进行分类核算。在留用土地中，项目范围内的已批合法用地按照等土地面积核算留用土地规模；项目范围外调入合法指标需要根据此类指标的核定规定核准后，在拟调入的项目范围内落实；利益共享用地规模在扣除项目范围外调入非农建设用地指标和征地返还用地指标后按照现状容积率情况分类核算（图6–4）。

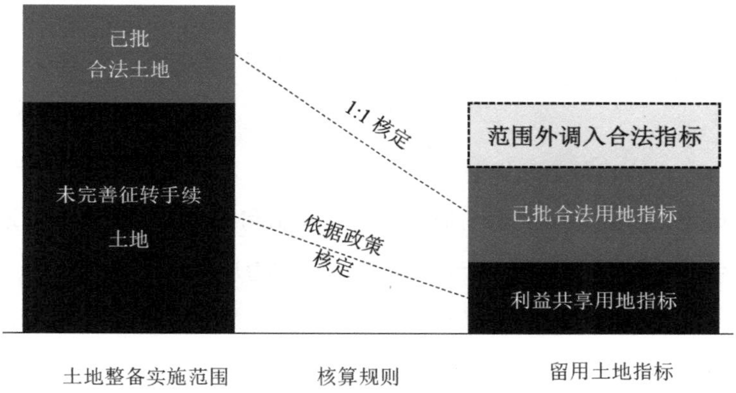

图 6–4　利益统筹项目留用土地指标构成

（2）配置合理化：明确留用地选址、核算规划控制指标

留用地选址与权益分配是土地整备单元规划引领的产权分配过程，在政府主导、社区参与的增值利益共享机制下，结合项目实际情况对留用土地进行选址研究，确定留用土地及移交政府用地的规模和范围。在城市规划框架明确，道路交通、公共设施、功能安排及城市结构基本稳定的情况下，留用地分配的利益共享核心在于公共利益以外的经济价值增量。政府与原农村集体诉求决定政府收储用地与社区留用地的分配与选址。普遍来看，在土地整备利益统筹项目中政府和社区均可获得公共利益提升带来的正外部性。针对增量经济价值，社区的重要诉求是利用共享的增量价值解决原村民或权利主体的住宅及村集体物业的安置，在保障村民居住权益基础上，进一步追求集体物业和集体经济的可持续发展。留用土地应选址在项目实施范围内的经营性用地上，土地地块完整，形状规则，便于后期开发。基于实施范围的整体用地规划研究，结合规划功能专项研究等的论证及社区发展诉求，明确留用土地功能和开发强度，以及所需配建的配套设施（图6-5）。

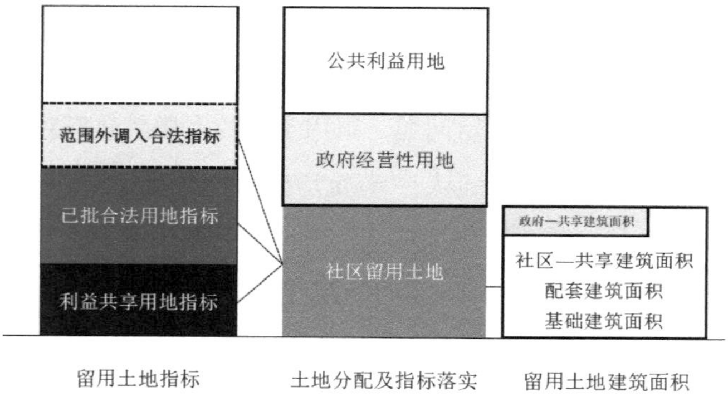

图 6-5 留用土地指标落实及建筑面积

6.2.4 专项研究：支撑规划方案

土地整备单元规划中的专项研究是规划强制性内容的技术支撑和编制基础。依据《关于进一步规范土地整备规划编制和审查等有关事项的通知》，各类土地整备单元规划均需编制五个专项研究，分别为规划功能专项研究、城市设计专项研究、公共服务设施专项研究和两个支撑性专项研究，即道路交通专项研究、市政工程设施专项研究，以支撑留用土地规划的合理性论证。在此基础上，可根据项目实际情况编制产业发展专项研究、历史保护专项研究和地质灾害专项研究。

从土地整备单元规划专项研究的规划研究范围来看，在既往规划编制过程中，如项目所在城市片区涉及重大基础设施落实、片区整体产业升级及城市功能调整的片区，往往在个案规划编制前以统筹规划或规划纲要形式开展整体规划研究。在大范围统筹研究层面（法定图则范围、行政边界辖区或街道等），对片区的产业发展、公共服务设施、规划功能布局、城市设计进行专项（专题）研究，明确片区内产业发展、城市设计、道路体系、移交用地与留用土地分区、公共服务设施布局等的总体工作思路。如光明马田街道薯田埔片区开展的统筹规划研究，研究范围统筹了两个社区三个项目，在用地布局和土地分配上进行统筹谋划，以标准单元为研究范围，对于片区工服配套设施、市政基础设施进行统筹专项研究，为下层次范围内单元规划编制奠定了片区研究基础；在道路交通上，对外交通研究与周边地区的衔接，内部交通组织明确了道路等级、交通流线和出入口；在城市设计上，明确了总体设计目标与整体空间景观体系和空间效果的示意。在此基础上，在片区范围开展了建筑物理环境专项研究、安全评价专项研究和经济可行性专项研究。后续，范围内三个土地整备单元规划的专项研究编制在上位规划与统筹规划的基础上进行落实与个案论证。

在常规单个土地整备项目编制中，即使该片区未能进行大片区统筹研究，其各个专项研究不局限于实施范围或留用土地范围，可根据项目需求，考虑城市结构的完整性、公共服务设施的服务半径、产业发展的片区协同性等多方面因素，合理地在专项研究中扩大研究范围，支撑实施范围土地规划论证，明晰发展总体目标与策略，辅助留用土地选址、空间控制要素及开发强度的明确。专项研究作为土地整备单元规划成果中技术文件的一部分，依据技术指引、上位规划等开展编制工作，支撑规划强制性内容的明确，指导留用土地范围的后续开发（表6–3）。

专项编制内容及编制情形　表6–3

专项研究	编制内容	编制情形
规划功能专项研究	以上层次规划为基础，评估周边地区发展趋势，结合土地整备项目现状条件，从政策导向、功能提升、市场需求等方面，提出土地整备项目留用土地的用地功能、开发强度和发展指引，以及各分项功能指标	均需编制
道路交通专项研究	综合考虑土地整备项目的推进情况及建筑规模确定评价年限和评价范围；评价现状交通供给条件和运行情况，说明上层次规划和专项规划相关要求和落实情况；根据留用土地开发强度预测交通需求，从道路交通、公共交通、慢行交通、停车系统等方面进行交通影响评估；进行内部道路竖向设计；明确地块出入口的位置和要求、提出留用土地与周边地块的交通组织方案，明确停车场、公交场站等设施的布局、建设规模和建设要求；根据交通评估结果对周边道路交通设施及服务提出优化措施	均需编制
市政工程设施专项研究	评价现状水、电、气、环卫等市政设施的供给能力和实际运行负荷情况，解读上层次规划和专项规划相关要求、说明设施落实情况；根据留用土地开发强度预测市政需求，开展市政设施支撑能力分析及对区域市政系统的影响评估，并提出相应的改善措施；明确留用土地规划市政设施的种类、数量、分布、建设规模等；明确研究范围内因留用土地开发需调整及落实的市政设施和管网。落实上层次规划和专项规划的相关要求，明确留用土地的海绵城市建设要求	均需编制
城市设计专项研究	土地整备项目应加强留用土地空间控制研究深度，就留用土地出入口、建筑退线、建筑覆盖率、建筑高度以及与周边地块空间关系等内容进行分析研究，明确规划管理要求。位于城市特色风貌区或城市设计重点控制地段的土地整备项目，还应依据上层次规划要求，按照详细蓝图深度深化留用土地及周边地区的控制要求，重点对留用土地及周边地区的城市空间组织、公共空间控制、慢行系统设计、建筑形态控制等内容进行研究	均需编制
产业发展专项研究	结合上层次规划、区域政策和产业发展现状及相关支撑条件，提出规划范围产业发展定位和发展目标，分析留用土地产业发展需求和潜力，提出产业门类选择、产业功能配置、产业开发强度建议。落实产业发展目标，提出产业发展的对策措施建议	涉及产业升级的土地整备项目

续表

专项研究	编制内容	编制情形
历史保护专项研究	结合《历史文化名城名镇名村保护规划编制要求（试行）》《深圳市城市紫线规划》等相关规定，梳理规划范围内历史文化要素，提出历史文化保护和利用目标，划定保护范围，明确保护范围内的建设控制要求，划定建设控制地带，提出相应的保护控制要求、保护措施及合理的利用方式	涉及历史文物、历史建筑、古树名木等相关要素的土地整备项目
地质灾害专项研究	结合《地质灾害防治条例》《广东省地质灾害危险性评估实施细则》《深圳市城市规划标准与准则》等文件规定，开展地质灾害危险性评估。土地整备规划重点对留用土地的环境地质条件、地质灾害现状进行分析，根据留用土地规划情况，预测开发建设引发、加剧地质灾害以及开发建设本身遭受地质灾害的可能性，对已有和预测的地质灾害危险性做出全面评估，提出防治措施与建议	位于地质灾害易发区的土地整备项目

6.3 土地整备单元规划的编制与审批

6.3.1 总体流程和阶段划分

土地整备单元规划根据土地整备项目实施需要，以国土空间总体规划和法定图则为规划依据进行编制，属于控制性详细规划层面。因此，土地整备单元规划的审批程序参照了法定图则个案调整的审批程序，土地整备单元规划经过审批主体即深圳市规划委员会法定图则委员会最终审议后，可在规划范围内覆盖法定图则，成为指导用地开发的管理依据。目前，依据相关政策文件可将土地整备单元规划的审批流程分为“规划成果征求意见及审查阶段（辖区审查、市规自局审议）—公示及意见处理阶段—图则委审批及规划管理阶段”三大主要阶段（图6–6）。

6.3.2 规划成果征求意见及审查阶段

由项目实施主体组织编制土地整备单元规划，依据《关于规范土地整备规划审批有关事项的通知》相关规定，由各区土地整备事务机构作为项目实施主体组织编制。土地整备单元规划的编制单位须由具备乙级及以上规划设计资质的规划编制机构或区属具备规划编制职能的事业单位承担。

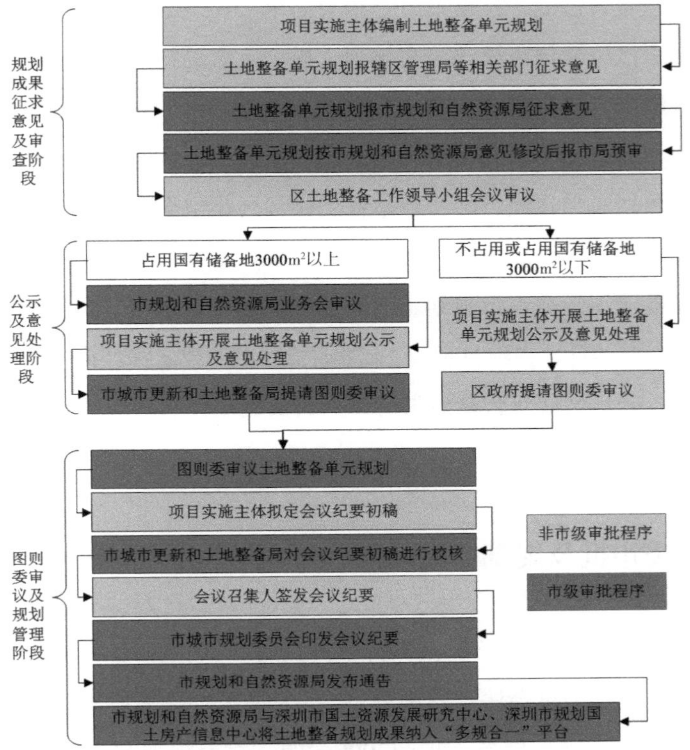

图 6-6 土地整备单元规划的审批流程及主要阶段

实施主体完成土地整备单元规划草案编制后，首先征求区相关职能部门及辖区街道办意见并修改完善。然后规划成果经区土地整备主管部门审查后报区政府办公室会议审查。审查结束后，规划成果报市规划和自然资源局预审查，重点审查成果完整性、是否符合规划刚性管控条件、规划合理性等内容。预审查结束后，规划成果由区政府会议进行审议。最后，土地整备单元规划在辖区审议阶段往往与土地整备实施方案一并上会，规划成果上区政府会议前，需征求原农村集体经济组织继受单位意见。

6.3.3 公示及意见处理阶段

土地整备单元规划在经过辖区土地整备工作领导小组会议审议后方可进入公示及意见处理阶段。在这个阶段的审批流程分为两类情况，第一类为不占用国有储备土地或占用国有储备土地总面积不超过3000m^{2}的留用土地、安置用地、返还用地及置换用地的土地整备规划，其审批流程相对简单，在规划成果报送图则委审议前无须由市规划和自然资源局审议，可在规划成果公示意见初步处理情况报区政府审议通过后，由区政府直接提请图则委员会审批土地整备单元规划。第二类为占用国有储备土地总面积超过3000m^{2}的留用土地、安置用地、征地返还用地及置换用地的土地整备规划，规划成果在经过区土地整备工作领导小组会审议后，须先经过市规划和自然资源局业务会审议后再进行公示，且公示及意见处理情况审议通过后，须由市土地整备局提请图则委审批规划。土地整备单元规划由项目实施主体组织开展，公示时间为30个自然日，在项目现场、《深圳特区报》或《深圳商报》以及区政府网站上进行公示，公示期间有公众意见的，项目实施主体负责对土地整备单元规划的公众意见进行初步处理。

6.3.4 图则委审批及规划管理阶段

土地整备单元规划对公示意见进行处理后可进入图则委审批阶段，图则委的全称是“深圳市规划委员会法定图则委员会”，是现阶段土地整备单元规划的审批主体。留用土地占用国有储备土地超3000m^{2}的，由市规划和自然资源局分管局领导作为会议召集人组织召开；留用土地不占用国有储备土地或占用不超过3000m^{2}的，由区政府主要负责人作为会议召集人组织召开。图则委审议土地整备单元规划的会议规则根据《深圳市城市规划委员会章程》及相关文件要求并结合土地整备项目工作实际制定。在图则委会议中，会议需对土地整备单元规划研究草案的合理性进行审议，审议内容包括改变已批准法定图则强制性内容的必要性和合理性，留用土地的选址范围、规划用地性质、规划布局、开发强度、配建的社区级公共设施类型和规模，规划研究范围内，因留用土地开发需调整及优化的市、区级公共设施和交通市政设施的规划控制要求，城总规占补平衡方案及公示意见的处理情况等。通过图则委会议审批后，项目可取得深圳市城市规划委员会印发的会议纪要及市规划和自然资源局发布公布通告，至此土地整备单元规划进入规划管理阶段，由市规划和自然资源局与市规划国土发展研究中心、深圳市规划国土房产信息中心将土地整备单元规划成果纳入“多规合一”平台进行管理，作为后续规划实施的法定依据。

6.4 案例：宝安区罗田社区土地整备利益统筹项目单元规划

6.4.1 项目基本情况

宝安区罗田社区土地整备利益统筹项目位于燕罗街道东部，在产业发展、公共生活、交通体系中都属于核心地区，是街道经济转型与重点产业发展的战略区。项目实施范围80.46hm^2（图6-7），北接龙大高速，东临南光高速，南至茅洲河，项目实施范围内现状以工业用地为主，涉及部分物流仓储用地、公共设施用地等。现状产业类型以电子材料、五金塑胶为主，总建筑面积约65.5万m^2。项目所在的燕罗街道是深圳市西北门户，是穗莞入深的重要通道，也是广深科技创新走廊的重要节点，是深圳市30km^{2}产业用地计划布局的重要组成部分。街道创新实施全市首个整街道利益统筹整备产业空间，确保有空间保障的产业优质发展，有优质产业支撑的城市空间建设运营，形成产城融合的城市高质量发展。该项目土地整备以支撑重大产业项目落地、完善片区交通系统、保障社区长远发展为实施目的。

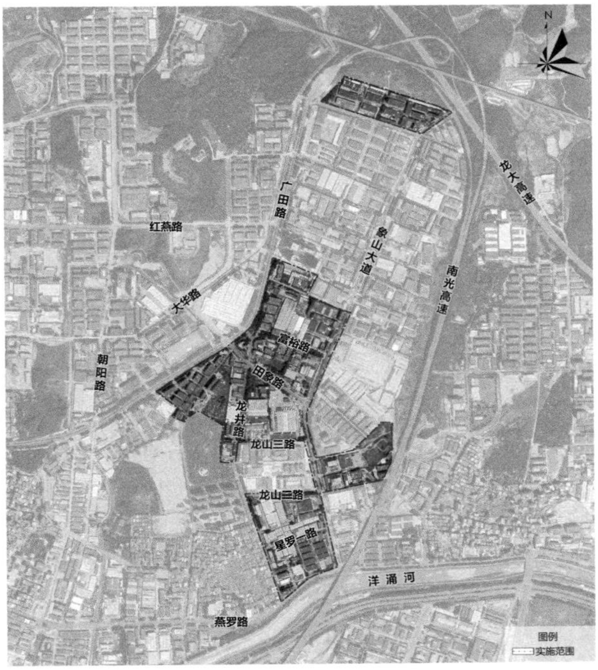

图 6-7　罗田社区土地整备实施范围图

6.4.2 土地整备单元规划

（1）整街统筹明确思路，个案规划稳定用地

项目土地整备单元规划研究基于《深圳市宝安203-12&13&14号片区（松岗燕

罗地区）法定图则》明确的主导功能与规划结构而开展。项目位于燕罗东先进制造板块，以发展高端装备制造、新材料、绿色低碳产业为主。综合考虑片区引入重大产业落地后的规划定位、未来人群及产业发展需求，在保障连片产业用地供给基础上，结合引入龙头企业后片区人口结构变化，实现高质量发展需保障片区住房及生活配套。

土地整备单元规划在个案层面，细化各类专项分析、人群需求及现状基本情况，明确地块划分与土地功能。用地方案的调整，需以基础设施和公共设施用地与法图相比不减少为前提。从规划实施层面，通过规划编制和沟通博弈的过程，实现兼顾和平衡社会利益和相关权益人要求，形成具有共识的规划方案。因未来就业人群以研发生产技术人员为主，较燕罗街道现状平均水平，人群更偏年轻化，高学历、高收入人群比重增加，对高品质住房及配套需求强烈。规划土地将原图则三块工业用地（M1）调整为二类居住用地（R2），形成完整居住组团。结合西侧现状公园绿地布局，规划调整形成总用地面积约9.4hm²的公园。扩大教育设施规模、完善市政设施供应。落实法图主次干道，优化部分支路，调整后畸形交叉口减少，路网密度增加。最终形成项目的土地利用规划，较原法定图则，调整后居住、公共利益性用地增加，支撑罗田社区打造以智能制造为核心，集生态休闲、优质服务、品质生活于一体的“产城融合社区”（图6-8）。

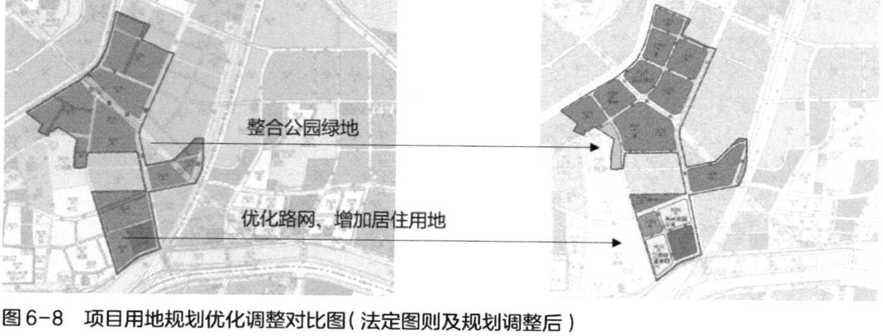

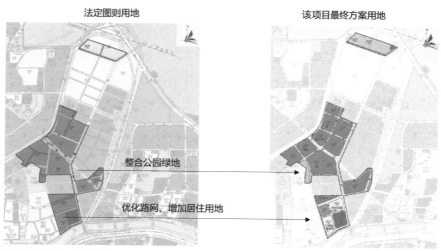

图6-8　项目用地规划优化调整对比图（法定图则及规划调整后）

（2）实施范围合理分区，留用土地利益核算

首先，需要对项目的社区留用土地规模进行测算，该项目实施范围内社区掌控合法用地27.9hm^2，未完善征转手续用地47.5hm^2，国有已出让用地1.2hm^2。依据《管理办法》及相关细则进行测算，该项目经核算留用地指标为42.76万m^2，其中合法指标27.9万m^2、利益共享指标14.8万m^2。

其次，在片区土地利用规划基本稳定的基础上，项目留用土地选址、留用土地规模、开发强度核算是在基于项目的土地整备目的、社区诉求、土地整备利益统筹政策核算及土地利用规划调整的过程中不断互相校核进而综合研判明确的。移交政府用地是以落实重大产业空间载体、应以未来引入产业需求、集中连片为选址原则，社区留用土地以完整规则、便于后期开发，促进社区经济转型发展为选址原则。根据项目土地整备目的对实施范围内移交政府经营用地与社区留用地进行划分（图6–9）。经综合研究沟通，社区留用土地共安排十宗，合计32.01hm^2，包括普通工业用地八宗，二类居住用地两宗。

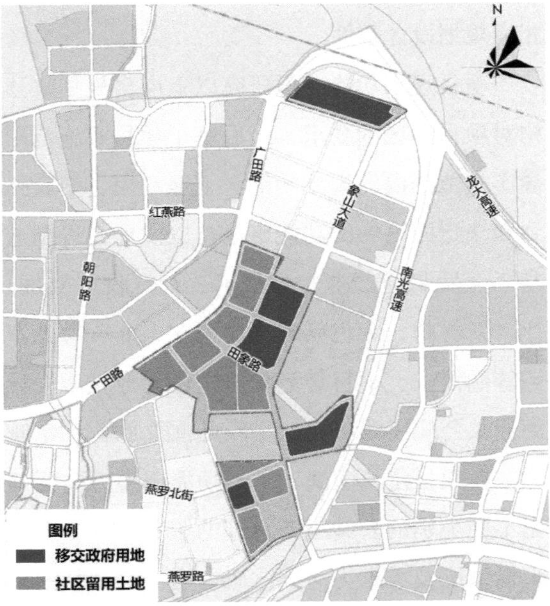

图6–9　留用土地规划土地分配布局图

最后，结合社区留用地选址，将留用地指标落实在留用土地上，明确留用土地的规划条件与开发强度。依据深圳市相关政策要求，留用地指标按照利益共享用地、项目范围内已批合法用地的顺序落实。该项目留用地指标按照用地功能等比例在各留用土地地块落实，结合地块修正容积率，得到社区留用土地政策建筑量。结合区位、环境等要素，通过城市设计将政策建筑量合理分配至各留用土地，并按照《深标》配建公共服务设施。该项目留用土地规划总容积145.5万m^2，其中移交政府的公共配套设施2.5万m^2，政府共享建筑面积2.5万m^2，最终社区留用143万m^2。

（3）专项研究情况

该项目根据项目需求共开展五个专项研究，分别为规划功能专项研究、公共服务设施专项研究、城市设计专项研究、道路交通专项研究、市政工程设施专项研究。结合专项研究相关结论，辅助项目校核论证，明确土地利用方案、开发强度及相应规划设计条件。

项目规划功能专项研究以上层次规划解读为基础，综合考虑区域层面的功能结构对项目片区的要求，最后基于项目实施范围及周边产业、人口的密切关系明确指导实施范围内的规划功能、土地利用、交通路网等的调整。燕罗街道在城市总体规划和法定图则中的功能定位是以发展先进制造业、综合服务和高新技术产业为主。基于燕罗街道产业转型战略、社区发展对罗田片区的定位，项目以高端装备制造业、新材料、绿色低碳产业为主，综合考虑罗田片区的人口对居住、配套、产业服务等的需求，项目规划功能定位为产城融合社区，以该定位优化调整工业、居住、商业及公配用地功能，改善交通微循环，增加公共绿地最终形成规划方案。

在项目定位明确、土地功能调整方向明确的基础上，公共服务设施专项研究根据不同类别的公共服务设施的服务半径，划定研究范围，以现状设施情况、规划后人口情况及需求为研究本底，明确需调整的公共设施用地、增配的公共服务设施规模与数量。该项目设定所在法定图则范围为公共服务设施研究范围，对周边现状和规划公共服务设施及居住人口进行分析。研究范围内现状居住人口约7.0万人，远期规划总人口约9.1万人。首先，结合《深标》校核片区服务的人口所需的公共服务设施，补齐附设型公共配套设施社区菜市场、环卫工人作息房，落实各规划地块配建要求。其次，结合人口需求及周边学区内幼儿园、学校等教育设施的现状情况，综合明确项目内的配建要求，满足片区学位需求并为周边提供服务，最终落实两所9班幼儿园，扩大教育设施用地，落实54班九年一贯制学校一所。

城市设计专项研究结合项目及周边现状情况、土地整备实施目的与城市设计理念和社区诉求，明确规划定位、提出规划策略、制定城市设计方案。项目围绕优化产业空间，为发展高端制造业提供保障；串联周边景观节点，打通城市慢行联系；完善生活服务功能，实现产城融合发展三大方向，明确“生态智造，品质罗田”的规划定位，旨在打造以智能制造为核心，集生态休闲、优质服务、品质生活于一体的产城融合社区，提出四大城市设计策略，一是空间定制、产业升级，聚焦打造高端装备产业社区，围绕细分领域重点布局；结合智能化设备及零部件生产空间的实际需求，打造3.0产业社区，优化工厂配置，完善园区组团共享产业服务中心。二是高效组织，畅通有序，合理组织货运路线，保障片区交通通畅同时，提高货运效率；合理布局组织各地块出入口，完善教育设施及周边交通组织。三是悠游慢网，绿脉融城。在区域廊道基础上完善慢行网络，串联滨水廊道、罗田公园等景观节点；强化居住组团与滨水空间的互动，优化建筑布局和空间形态，控制建筑高度向河道逐级递减。四是多元服务、乐享生活，统筹公共设施布局，通过慢行流线串联各片区，保障有效覆盖，提升社区服务品质。

道路交通专项研究旨在个案层面进行路网结构整合，并对优化后的组织流线、出入口设置、公共交通承载力等进行校核和影响力评价。项目为优化片区交通组织、提高客货运效率，对现状道路、法定图则规划道路进行线位调整（5条）和道路拓宽（5条），并新增支路（3条）。在规划优化路网基础上，通过现状调研、建立交通模型对项目交通量进行预测，进而对道路交通影响、路网服务水平作出评估。经测算，项目开发量带来的机动车量对路网的影响不大，道路服务水平未发生显著变化。采用定量和定性分析方法，在路网交通影响、地块出入口设置条件、公交支撑力分析、片区组织流线四个方面项目周边交通系统可以承载项目开发。

在市政工程设施专项研究方面，对项目给水、污水、雨水、电力、通信、燃气工程及海绵城市建设各个专业进行综合评估校核并给出了相应优化建议。该项目各个市政专项与周边现状系统评估，均可支撑项目开发，其中，考虑实际规划高压走廊线位已调出范围，取消原防护绿地，为保证绿地不减少，结合现状条件指导土地利用规划优化，形成了更完整公园绿地可为周边服务。经校核，为完善市政设施供应，规划在项目内增加一处110kV变电站。

第7章　土地整备项目实施方案

7.1　土地整备实施方案编制目的和内容

7.1.1　目的与作用

（1）明确实施范围内现状关系

土地整备项目实施范围内清晰、可靠的现状产权及经济关系，是政府与相关权利主体之间协商谈判的事实基础。土地整备项目大多面临土地权属混乱和布局零散等问题，难以通过现场调研或相关权利人提供的产权资料查清理顺，需要通过依法依规的行政认定和科学严谨的专业技术确定。土地整备项目实施方案中，通过向相关职能部门申请土地、违法建筑、不动产登记等信息的行政认定，以及委托测绘、评估服务机构完成专业报告，明确现状产权关系及经济关系，为政府与相关权利主体的利益分配奠定基础。

（2）明确多方认同的利益分配格局

在明确现状产权及经济关系的基础上，区政府和社区针对利益分配中的核心内容展开多轮协商谈判，实施方案也在沟通协调过程中不断深化细化，通过规划研究、公众参与等方式，最终形成“土地分配+留用地规划+资金补偿”的一揽子解决方案，明确多方认同的利益格局，实现产权关系及经济关系的重构。

（3）明确项目实施路径与责任

实施方案是土地整备项目实施的依据和具体安排。一方面，土地整备项目实施方案针对项目的整备方式、土地分配、留用土地规划、资金补偿、社会经济效益和社会稳定风险评估、土地清理与土地储备等工作的实施路径进行细化安排；另一方面，土地整备项目实施方案明确了项目实施过程中实施主体、相关职能部门以及相关权利人的工作内容与责任，保障了土地整备项目顺利实施。

7.1.2 探索过程

在深圳市土地整备“规划引导计划、计划统筹项目、项目推进实施”的管理机制下，实施方案作为“项目推进实施”环节的主要抓手，是土地整备项目实施和开展补偿安置工作的重要依据。其中，安排利益分配格局与实施工作计划是实施方案的工作重点，也是保障土地整备项目顺利实施的核心内容。在深圳市土地整备不断探索实践的过程中，土地整备实施方案的内容和相关政策也在不断调整和变化，具体而言可以划分为三个阶段：

（1）实施方案的提出与初步探索（2011—2015年）

2011年，深圳市政府出台了《若干意见》，首次明确提出了“实施方案”的概念。该政策明确了区政府是土地整备项目实施方案的编制主体，明确了土地整备项目实施方案以一个整备项目为单元进行编制，同时也明确了土地整备项目实施方案的主要内容，这是深圳市对土地整备项目实施方案的初步探索（表7-1）。

《若干意见》中实施方案的内容构成　　表7-1

序号	内容
1	土地整备的工作任务、工作流程和进度安排
2	整备地块信息，包括整备土地的范围、地块划定依据、空间位置、面积、现状用途、权属关系、规划情况、安置情况等
3	整备地块权属不清的，明确确权依据、确权主体、确权方式及工作安排
4	整备方式，包括收回土地使用权、房屋征收、土地收购及征转地历史遗留问题处理等整备方式的选择及组织实施
5	土地整备补偿方案
6	整备项目的资金预算方案、资金来源及具体用途
7	经济社会效益评估；社会稳定风险评估结果
8	整备土地的验收标准
9	奖励方式
10	其他需要明确的内容

（2）实施方案的技术指引构建

2016年，为规范土地整备利益统筹试点项目实施方案的编制工作，深圳市结合《利益统筹试点办法》等文件及相关技术规定，围绕利益统筹试点项目实施方案编制技术要求，制定《土地整备利益统筹试点项目实施方案编制技术指引（试行）》（以下简称《技术指引》），标志着土地整备项目实施方案技术标准体系的初步构建。《技术指引》包括总则、内容要求和成果要求三个方面的内容。其中，总则部分对编制目的、编制原则、适用范围、编制任务和编制依据进行了说明；内容要求将编制内容分为9个部分，并对各个部分的内容构成和要求进行了说明（表7–2）；成果要求对成果构成、排版要求、装订要求和电子数据成果要求等相关内容进行了详细的说明。总体而言，相对于《若干意见》,《技术指引》对土地整备利益统筹试点项目方案的编制内容说明和要求更为细致。

《技术指引》中实施方案的内容构成　　表7–2

序号	内容
1	项目概况：土地整备试点目的和必要性；项目实施范围；土地权属及利用现状；相关规划情况
2	土地整备方式：说明试点项目的实施方式（留用土地、收益分成、返还物业），需要综合采用多种方式实施的，应加以说明
3	土地分配方案：结合选址研究确定留用土地的规模和位置，说明项目范围内移交政府储备土地的规模和位置
4	留用土地规划方案：留用土地规划控制指标和涉及优化调整的配套设施规划
5	货币补偿方案：明确资金来源、资金安排、资金构成预算
6	效益分析与风险评估：社会经济效益分析；社会稳定风险评估
7	土地验收与移交方案：明确试点项目土地验收及移交的标准、方式、移交范围、面积、时序安排和相应承诺
8	职责分工：明确项目实施主体、相关职能部门和权利人的工作内容、工作要求、工作任务和相关责任
9	其他相关内容和附件

（3）实施方案的技术规范优化

在土地整备政策逐步构建与完善过程中，土地整备项目实施方案编制内容也在随之更迭，对利益分配格局进一步细化与优化调整，逐步增加对实施主体责任与方案批后监管的要求，在具体实施工作中发挥越来越重要的指导和控制作用。目前，深圳市土地整备主管部门正按照《关于进一步优化土地整备项目管理工作机制的若干措施》（以下简称《若干措施》）等政策文件相关要求，对土地整备项目实施方案编制技术指引进一步优化和细化相关编制要求（表7–3）。

《若干措施》中土地整备项目实施方案的内容构成　表7-3

序号	内容
1	项目概况：介绍项目基本情况、范围坐标、整备目的、规划情况等
2	项目工作内容及补偿类型：列明项目范围内总用地、已征转土地、未补偿土地、需收回土地等用地的面积，说明项目范围内补偿对象的具体类型和数量
3	整备实施方式、补偿原则、标准和项目总资金
4	采用填海（填江）造地、安置房建设方式实施整备工作的，实施方案内容根据工程项目相关管理规定编制
5	涉及留用土地安排的，应明确留用土地的选址、规模、规划功能、开发强度、配套设施等内容。其中留用土地位于法定图则未覆盖或未制定法定图则地区，以及需要对法定图则强制性内容进行调整的，实施单位必须开展土地整备规划研究，并纳入实施方案
6	明确整备项目完成后的土地验收和移交方案
7	需做社会风险评估的项目，在实施方案中应提供相关社会风险评估报告

7.1.3　编制内容

实施方案是对计划立项范围的细化，是面向项目实施制定的工作计划，也是开展补偿安置的工作依据。作为承上启下的核心环节，实施方案对明确项目实施的相关要求、落实土地整备目标和责任具有重要作用。相关政策对土地整备项目实施方案的内容要求不断调整完善，尽管不同的政策文件对土地整备项目实施方案的内容表述有所差异，但这些内容主要可以概括为项目基本情况、利益分配格局、项目实施指导三大内容板块。

（1）项目基本情况

项目基本情况是对土地整备项目实施背景和现状情况的系统性梳理，是实施方案编制的重要基础，包括项目背景、土地整备的目的与必要性、项目范围、土地权属与利用情况、相关规划情况及专题核查等内容。

项目背景主要介绍区位条件、政策环境、经济社会发展的机遇和挑战、土地整备年度计划等与项目实施方案编制的相关内容，重点阐述土地整备项目实施方案编制的意义。

土地整备的目的与必要性从解决征地历史遗留问题、完善城市基础设施、加快社区转型发展、提高土地集约节约利用水平、保障重大产业项目及相关权利人的意愿等方面论述项目可以达到的目的以及推进项目实施的必要性。比如，项目在城市空间结构和产业发展中的功能分工，项目实施能够释放的用地空间对产业和城市发展的支撑性作用；项目实施对道路交通、地下空间开发、基础设施建设、公共配套完善等方面的价值或作用。

项目范围需要详细说明土地整备项目的区位条件、实施范围与用地面积，阐述项目范围的划定依据。该部分与项目背景部分均涉及区位条件，但该部分的区位条件一般是微观区位条件，重点在于介绍项目的实施范围；项目背景中的区位条件更倾向于中观或宏观层面的区位特征，旨在说明项目实施的意义。项目实施范围根据年度计划确定，但是为确保项目范围与周边其他项目不重叠，不涉及其他社区土地，且不留下边角地，一般需要对项目实施范围进行调整，该部分内容需要介绍项目实施范围调出或调入地块的面积和原因。

土地权属与利用现状是依据法律法规及市规划和自然资源局辖区管理局的权属核实资料对项目范围内土地和建筑信息的系统梳理。该部分内容首先需要明确项目范围需腾挪的合法用地、需在项目范围内落实的非农建设用地和征地返还用地指标、未完善征（转）地补偿手续土地等各类用地的用途和面积。其次，需要结合项目范围内土地权属及利用现状，依据项目测绘报告提供的测绘信息，说明整备范围内土地建成情况。土地建成情况的内容包括三个部分：一是现状建构（筑）物、附着物、青苗等数量、权属调查及确认情况，包括建构筑物的建设数量和用途等现状信息；二是下发违法建筑处理决定的建筑物情况；三是已补偿建筑物情况。土地权属及利用现状往往需要以图表的方式呈现，主要内容如表7–4所示。

土地权属及利用现状的主要图表构成 　　表7–4

类别	图表名称	备注
图	项目土地利用现状	标注实施范围线和用地现状
	各地块现状图片	各地块现状拍摄照片
	项目实施范围现状建筑物分布	区分建筑类型，已做行政处罚建筑单独标注
	项目实施范围与已有征收项目红线重叠示意图	标注征收项目范围、已补偿建筑物、三方征地范围
	项目实施范围土地权属分布	区分权属类型
表	项目实施范围现状建筑物汇总表（建筑用途）	按照建筑用途进行细分
	项目实施范围现状建筑物汇总表（用地权属）	按照建筑所在的用地权属进行细分
	项目实施范围下发违法建筑处理决定建筑物汇总表	案件号、决定书建筑面积、实测建筑面积和备注
	已补偿建筑物地块统计一览表	涉及征收项目、建筑物补偿标准、土地补偿情况、重叠土地面积、重叠建筑面积、处置方式
	项目实施范围土地权属汇总表	土地权属、面积、所占比例

相关规划情况需要对项目范围内已有规划进行梳理，明确土地整备项目所在片区的功能定位及与周边片区的关系。主要内容包括三个方面：一是明确土地整备项目实施范围内建设用地的范围、面积等相关规划情况；二是明确基本生态控制线、基本农田和城市“五线”等情况；三是明确法定图则的覆盖范围、内容、规划控制要素。

专题核查是针对项目范围是否涉及更新整备中较关注问题做出专门说明。主要内容包括四个方面：一是大拆大建情况；二是是否涉及历史文化保护线索、古树名木等情况；三是是否涉及相关地方志和地名志等情况；四是其他需要关注的问题。

（2）利益分配格局

利益分配格局包括整备方式选择、土地分配方案、留用土地规划方案、货币补偿方案。

整备方式是根据项目前期核查、测绘及评估等实际情况和法律法规等政策依据，选择恰当的方式可实现各相关权利人多方共赢。土地整备包括留用土地、收益分成、返还物业等方式，需综合采用收回土地使用权、房屋征收、土地收购、征转地历史遗留问题处理、填海（填江）造地等方式实施的，应加以说明。

土地分配方案是在土地信息核查及现状容积率核算的基础上，计算留用土地指标，结合选址研究确定留用土地的规模和位置，并明确项目范围内移交政府储备土地的规模和位置。

项目留用土地规划方案主要包括留用土地规划控制指标和涉及优化调整的配套设施规划。

货币补偿方案需要说明资金来源、资金安排、资金构成和资金核算四项内容。土地整备项目实施的资金测算，包括直接补偿费、技术支持费、不可预见费和业务费。其中，直接补偿费一般由建筑物、构筑物、附着物、青苗及土地补偿费五项费用组成，根据相关标准要求和测绘结果计算；技术支持费是项目实施所需的技术费用支出，一般有测绘服务及测绘监理费用、评估服务及评估督导费用、规划设计费用、招标费用等；不可预见费是土地整备项目实施中无法预见但确需支付的费用。

（3）项目实施推进

项目实施推进是土地整备项目实施的重要保障，包括效益分析与风险评估、土地验收与移交方案、职责分工及其他内容与附件等。

实施方案的效益分析和风险评估包括社会经济效益分析和社会稳定风险评估两个部分。社会经济效益分析研究项目实施过程中产生的社区经济转型、土地集约利用、城市规划实施、公共基础设施及市政配套设施建设、社会民生改善等效益。社会稳定风险评估对项目实施时机及社会影响进行预测分析和论证研究，分析项目的合理性、合法性、可行性和可控性等；对项目实施过程中可能引发的异议或损失等社会矛盾进行评估预测，并制定风险防范措施。

土地验收与移交方案明确土地整备项目中土地验收与移交范围和时序安排、标准、程序和相应承诺等具体工作内容。其中，土地验收与移交范围重点说明土地验收与移交用地的总面积、移交时序和范围；土地验收与移交标准和程序参照《深圳市储备土地管理和监管工作指引（试行）》。

7.2 土地整备实施方案审批流程和要点

7.2.1 审批流程及要点

土地整备项目实施方案的审批需经过方案申报、方案初审、征求意见、方案审查、专题会议研究、区领导小组会议审批、实施方案公告共七大环节。为充分体现公众参与、保障社区发展权益，区领导小组会议审批前由社区股东（代表）大会对实施方案进行表决。

实施方案由区政府指定实施单位组织编制，项目实施单位一般为项目所在地街道办事处。土地整备项目实施方案与土地整备规划研究同步编制、同步受理、同步审批，实施方案编制完成后，实施单位负责审查并报送辖区土地整备机构。

辖区土地整备机构组织具备城市规划与土地整备技术服务职责的单位，就项目实施方案成果材料是否达到相关技术要求进行审核，并对符合技术要求的实施方案进行研判，对整备方式、土地分配、资金预算、土地验收移交（含分期）等进行技术咨询，提出初审意见。

实施方案初审通过并修改完善后，辖区土地整备机构依职能，以书面方式将其分送至市规划和自然资源局辖区管理局及相关部门征求意见，相关职能部门对项目涉及产业空间规划、产业定位、企业安置情况、道路、学校、医院等公共基础设施建设计划和配套标准、移交政府或政府回购的人才住房、公共租赁住房、创新型产业用房等相关内容进行审查，并在规定时限内出具书面意见，反馈至辖区土地整备机构。涉及留用土地安排的，市规划和自然资源局辖区管理局应就留用土地进行审查并出具书面意见；涉及产业用地的项目，区工业和信息化局就产业发展规划研究报告进行审查并出具书面意见。

辖区土地整备机构在各部门书面意见的基础上，组织召开业务会审查项目实施方案，汇总形成实施方案审查意见。经辖区土地整备机构业务会审查通过后，土地整备项目实施方案提请局长办公会审议或专题研究会议研究。

实施方案经审查通过后，由社区股份合作公司股东（代表）大会进行表决，形成书面意见上报街道办事处，街道办备案并抄送辖区土地整备机构。涉及留用土地安排的，如在后续报审中，审批部门对原经过股东（代表）大会表决的实施方案和规划研究由变更或调整，按照区集体资产处置相关规定开展后续工作。

土地整备项目实施方案完成成果修改和意见处理后，由辖区土地整备机构提请区领导小组会议审批。涉及留用土地安排的，如规划研究在报请市城市规划委员会法定图则委员会审议过程中，对规划内容修改调整，实施方案也需同步调整，并再次递交辖区土地整备局申报审批。

土地整备项目实施方案通过审批后，由辖区土地整备机构组织实施方案公告。实施方案应在项目现场以及辖区政府网站上进行公告，公告内容包括项目名称、实施范围以及补偿总金额，土地信息及现状容积率等相关内容与实施方案一并公告。项目涉及留用土地的，公告上还应当载明留用土地选址位置等相关内容（图7–1）。

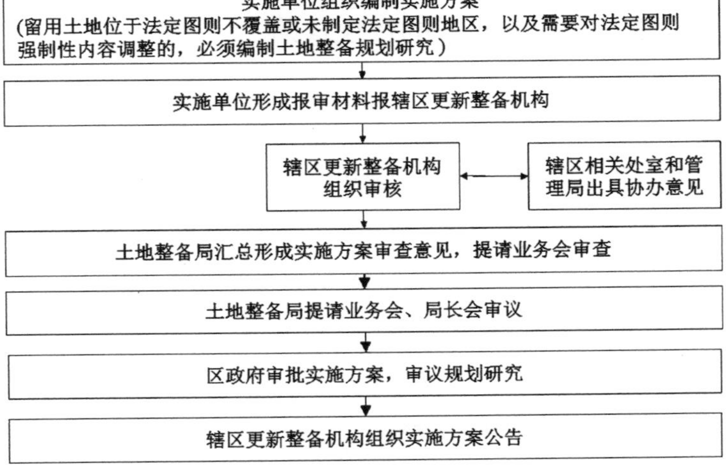

图 7–1　土地整备实施方案审批流程

7.2.2 并联审批路径

从审批流程来看，强区放权后，各区按照各自情况制定申报标准和审批程序（表7-5）。例如龙岗区、宝安区要求实施方案与规划研究需由两家专业技术机构分别编制。在深圳市各辖区中，宝安和龙岗两区城市更新实施方案审批的受理部门是区土地整备事务中心，其他各区的受理部门是辖区土地整备局。

辖区层面实施方案审批操作流程的相关政策　　表7-5

行政区	受理部门	操作指引
福田区	区城市更新和土地整备局	《福田区房屋征收和土地整备实施细则》
宝安区	区土地整备事务中心	《宝安区土地整备工作操作规程（试行）》
龙岗区	区土地整备事务中心	《龙岗区土地整备利益统筹项目工作规程（修订）》
光明区	区城市更新和土地整备局	《光明新区土地整备项目实施方案编制及审批管理办法（征求意见稿）》

土地整备项目大多涉及多个行政部门，审批周期较长。为提升行政效率，加快项目前期工作，推动城市公共利益用地和重大产业项目落地，土地整备项目通过实施方案审批环节，一揽子解决土地分配方案、留用地规划方案、资金补偿方案等内容的审批，项目审批采用并联审批模式。

7.3 土地整备实施方案核心环节

7.3.1 相关职能部门出具正式的行政意见

（1）项目实施范围确定

根据项目现状条件、进一步落实产业用地与公共利益用地需求、协商谈判等实际情况，原农村集体经济组织可对计划立项的项目实施范围进行调整。社区向街道办事处提交项目实施范围调整申请及调整后的实施范围图，再经街道办转交辖区土地整备机构完成项目实施范围调整落实。

（2）土地信息核查及现状容积率核查

土地信息核查及现状容积率核查直接影响土地整备项目留用土地规模，需要经规范程序申请行政认定，获取有法律效力的核查信息。街道办向各相关职能部门申请土地和建筑物信息核查，相关职能部门按照《深圳市规划国土委关于规范土地整备土地信息核查及现状容积率核算工作的通知》的规定，配合完成土地整备土地信息核查工作。

市规划和自然资源局辖区管理局核查土地整备项目范围内已取得产权证用地、国有已出让用地、非农建设用地、征地返还地、旧屋村范围认定批复等各类用地情况，核算项目范围内的土地整备规划建设用地面积，提供相应的土地权属分布图及规划建设用地分布图，并在20个工作日内出具项目土地信息确认复函。涉及旧屋村的项目，原农村集体经济组织须先向市规划和自然资源局辖区管理局申请土地整备项目旧屋村认定。

区规划土地监察局应提供土地整备项目实施范围内建筑物行政处罚记录及执行情况，同时提供项目范围内涉及历史遗留违法私房、历史遗留生产经营性违法建筑和农村城市化历史遗留违法建筑的处理证明书、用地面积、处理时间清单，并提供相应建筑物分布图。

不动产登记部门协助核查土地整备项目范围内的不动产登记信息，明确宗地权利人、土地所有权来源、不动产栋数及建筑总面积等情况，并出具不动产资料电脑查询结果。

（3）专题情况核查

历史保护、古树名木保护、大拆大建、文化资源保护等话题越来越受到社会各界的关注，相关职能部门针对上述情况展开核查，如果土地整备项目涉及相关问题，需进行专题研究并提供解决方案；如果不涉及相关问题，也需要在实施方案中进行不涉及相关情况的说明。

市规划和自然资源局辖区管理局核查土地整备项目范围内涉及历史文化保护线索及古树名木的相关情况，根据街道办事处提供的项目核查范围研究是否涉及城市紫线（历史建筑及历史风貌区）、历史风貌区和历史建筑线索、古树名木等相关内容。

辖区文化广电旅游体育局协助核查土地整备项目范围内涉及历史文化资源和古树名木等相关情况，根据辖区土地整备机构提请的核查函，研究是否涉及各级文物保护单位、不可移动文物等，并依据《中华人民共和国文物保护法》，提出文物建筑建设工作及保护利用要求。

街道办事处内部相关机构结合原农村集体经济组织反馈情况，对土地整备项目范围内涉及大拆大建、地方志、地名志等情况进行核查，为辖区相关机构自上而下的行政认定，补充自下而上核查验证。街道办城市建设办公室核查大拆大建情况，由街道办土地整备机构提请核查大拆大建、涉及历史建筑线索和历史风貌区线索等内容；街道党政综合办公室核查地方志、地名志等情况，由街道办城市建设办公室提请核查。

7.3.2 政府委托专业技术服务机构出具报告

土地整备项目实施方案具有复杂性、综合性和落地性的特点，需要规划、经济、法律等各领域专业化服务团队支撑。专业技术服务单位持有专业技术资源，且具有一定的独立性与自主性，一方面可以确保报告的专业性与权威性，提高项目质量与技术水平，进而提升土地整备项目的运作效率；另一方面也可以不受经济价值和政治权力的驱动，避免行政单位既当运动员又当裁判员的弊端，为各相关权利人的利益平衡提供信息共享、沟通交流的缓冲平台。

（1）项目建筑物及附属物测绘报告

街道办事处委托测绘服务机构，对土地整备项目实施范围涉及地块内的建（构）筑物、附着物进行测绘和校核，针对土地及建筑物产权状况、历史遗留问题进行调查统计，形成项目测绘报告，报告中的核心内容应纳入土地整备项目实施方案。测绘报告有助于统一统计口径，为土地整备项目实施方案提供各方认可的基础数据。在实施方案编制阶段，首先需要由满足资质要求的测绘机构承担测绘测量业务，完成测绘报告。测绘工作开展的过程需要经过政府部门的严格监督，经审批后的测绘结果具有法律效力，作为权威文件受到各相关权利人统一认可，成为利益分配的基础。

开展测绘的单位必须持有测绘行政主管部门颁发的测绘资质证书，资质专业子项一般需要包括工程测量和不动产测绘，不允许无资质或超越资质等级进行测绘测量工作。测绘活动应按照测绘作业规程进行，依据国家出台的一系列测绘相关规范性文件等。目前，深圳的土地整备项目主要采用实地量距和无人机倾斜摄影测量两种方式，测绘内容包括建筑面积、投影面积、长度和高度、坐标位置等。在开展测绘业务时，各职能部门应当为测绘服务单位提供基础数据等信息，同时依职责加强对测绘活动的监督管理。测绘报告与实施方案同步报批。

（2）项目建筑物及附属物测绘监理报告

街道办事处或辖区土地整备机构委托测绘监理机构，对土地整备项目测绘工作进行全程监管，保障测绘工作按既定的质量、进度和费用目标完成，做好测绘工程安全生产管理和测绘成果信息检查，协调好测绘服务委托方与测绘服务机构间的工作。测绘成果是实施土地整备项目的重要基础，引入第三方监理机构可以在最大程度上保证测绘过程数据和成果数据的正确性、客观性与可靠性，保障权益人的合法利益，协助政府部门审核建筑物及附属物测绘报告成果，有效降低风险隐患。

开展测绘监理服务的单位必须持有测绘行政主管部门颁发的测绘资质证书，资质专业子项一般需要包括工程测量和不动产测绘，测绘监理服务机构与测绘服务单位不能为同一单位法定代表人或存在直接控股、管理关系。测绘监理机构按照国家测绘法律法规的作业标准和测绘监理合同的作业要求进行。测绘监理工作的核心是测绘质量检查，包括文字资料检查、房屋测绘检查、建（构）筑物及地上附属物/青苗清点检查等，一般通过材料审核、现场旁站检视、随机抽样检查、实地调查比照等方式，实时掌控调查成果质量状况，严格把关成果质量。

（3）项目评估报告

街道办事处委托房地产估价机构，对土地整备项目实施范围涉及地块内的土地、建筑物、临时建筑物、构筑（附属）物、果树及苗木进行评估，报告的核心内容应纳入土地整备项目实施方案中。评估报告是实施方案编制过程中整备资金测算的数据支撑。土地整备项目所涉及的土地、建筑物等方面的补偿价值需要原农村集体经济组织及村民的认可方能实施推进，同时政府部门也需要合法合理确定评估对象价值，提高财政资金的使用效率。推进评估工作能够为各相关权利人利益分配提供统一的价值参考，直接影响实施方案中直接补偿费的确定。

开展评估的单位一般须持有建设行政主管部门颁发的房地产估价资质证书。评估的具体工作内容包括完成项目内土地、建筑物、构筑（附属）物、青苗花木果树补偿价值的评估，出具正式评估报告并通过评估督导审核，解释评估报告、协助谈判、研究评估疑难问题并提供咨询意见等。其中，土地、建筑物、构筑（附属）物、青苗花木果树的评估补偿标准是评估工作的核心，应符合国家、市、区现行规范、规程、标准的规定。土地流转情况、建筑物建成年代、权利人的不同身份等基础信息会直接影响到补偿价值，因此在开展评估业务时，各职能部门应当为评估服务机构提供相关信息，包括房产证、土地证、确权资料、测绘成果、补偿协议等。评估报告与实施方案同步报批。

（4）项目评估督导报告

街道办事处或辖区土地整备机构委托房地产估价机构，对土地整备项目评估工作进行全过程的技术指导与监督管理，梳理统一评估流程和方法，监控评估过程及质量，协调评估服务委托方与评估服务机构间的工作。评估成果是土地整备资金测算的重要支撑，评估督导服务机构的介入，可以保证评估服务工作行为和结果符合相关要求，协助政府部门审核评估成果，保障各相关权利人的利益。

开展评估督导的单位一般需持有建设行政主管部门颁发的房地产估价资质证书，评估督导服务机构与评估服务单位不能为同一单位法定代表人或存在直接控股、管理关系。评估督导工作重点关注工作程序、补偿标准、项目技术成果及档案资料的审查。工作程序审查督导主要包括专业服务机构选定程序及资质范围，是否按照政策规定开展了评估结果等公示，是否存在工作倒置、违反审批规则程序等。补偿标准审查督导主要包括补偿项目及工程量是否真实、准确，补偿标准的确定与执行是否依据充分，评估机构给出的补偿单价是否客观、公正，如果参照过往案例，是否存在补偿标准超出以往案例的情况发生等。项目技术成果及档案资料审查督导主要包括资料成果格式及叙述的规范性，选取的技术路线、评估方法及相关参数是否合理，评估报告附件是否齐全等。

7.3.3 利益分配格局的细化优化

基于依法依规确定的现状产权情况和测绘、评估等专业报告，细化优化土地分配、留用地规划、货币补偿方案，形成最终的利益分配格局。利益分配的核心是明确政府收储用地的范围、规模，以及需要补偿给原权利人的留用土地和货币，完成政府与原农村集体经济组织“算大账”的一揽子方案。在土地整备项目实施方案编制过程中，街道办事处、辖区土地整备机构与原农村集体经济组织充分沟通，针对利益分配的核心内容进行多轮协商谈判，最终达成共识。

（1）土地分配方案

土地分配方案的核心是基于依法依规确定的现状产权情况和测绘、评估等专业报告结果，明确核算留用土地规模，并以此为基础分配政府收储用地和社区留用土地的用地范围和规模。

根据辖区管理局《关于土地整备项目土地信息确认的复函》和街道办事处提供征地补偿协议的数据，统计项目实施范围内的规划建设用地面积与非规划建设用地，其中规划建设用地分为合法用地与未完善征转手续用地，分类统计生态线内、规划绿地范围内、规划道路建成区范围内、规划道路空地范围内、现状与规划保持一致用地、已补偿建构筑物用地范围内等未完善征转手续用地（含三规简易处理用地、提前移交用地等），以及各类合法用地。

根据《项目建筑物及附属物测绘报告》中测绘的面积数据，扣除《光明区区规划土地监察局关于土地整备项目涉及违法建筑相关意见的复函》确定的已做出行政处罚决定但尚未执行的建筑、《深圳市临时用地和临时建筑管理规定》批准的建筑、《项目建筑物及附属物测绘报告》中确定的构筑物面积，统计各类规划建设用地内所有的合法建筑面积及容积率。

统计不同类型的规划建设用地的面积、建筑面积和现状容积率。规划建设用地进一步细分，具体分类标准与各辖区留用土地规划核算规则中的用地分类标准相统一（表7-6）。《管理办法》给出了不同类型用地的留用土地规模核算比例，在此基础上，部分辖区结合辖区实际情况对留用土地规模核算比例进行了适当优化调整。

规划建设用地核查过程中的用地分类　　　　表7-6

未完善征转手续用地	生态线内、规划绿地范围内
	规划道路建成区范围内
	规划道路空地范围内
	现状与规划保持一致用地
	已补偿建构筑物用地范围内
	其他未完善征转手续用地范围内
三方征地	已补偿建构筑物用地范围内
	其他三方征地范围内

备注：本表用地分类参照光明区某项目。

后续通过留用土地规划研究，结合留用土地规划条件，以及辖区土地整备机构、市规划和自然资源局辖区管理局、街道办事处与原农村集体经济组织多次讨论达成共识，最终确定政府收储用地和社区留用土地的规模、位置。

（2）留用地规划方案

实施方案涉及留用土地安排的，应制定留用土地规划方案，由街道办委托专业规划设计服务机构完成。其核心是根据土地整备及规划相关政策文件及技术规定，明确留用土地的选址、规模、规划功能、开发强度、配套设施等规划条件。如果留用土地选址位于法定图则未覆盖或未制定法定图则的地区，以及留用土地规划涉及对法定图则强制性内容进行调整的，实施单位必须开展土地整备规划研究，经审批通过的土地整备规划研究的核心内容应一并纳入实施方案。实施方案也应与规划研究做好衔接，同步研究相应的土地分配与资金补偿方案。

（3）资金补偿方案

资金补偿方案主要是确定政府对土地整备项目提供的资金支持，属于原农村集体经济组织与政府"算大账"的环节，方案依据依法确认的土地和建筑等基础信息，由街道办委托专业评估机构完成。项目整备资金包括对土地及地上建（构）筑物的直接补偿费以及项目运行中的技术支持费、不可预见费、业务费等。

直接补偿费是需支付给补偿对象的土地整备补偿费用。直接补偿费概算根据《项目评估报告》中的评估结果确定，涉及特殊情况的，根据前期签订的协议合同、决议的会议纪要等信息判断。

技术支持费是由第三方提供技术支持服务而产生的专业服务费用，包括前期核查服务费、测绘服务费、测绘监理费、评估费、评估督导费、评估技术复核费、规划设计服务费、法律服务费用、实施方案编制费、地质灾害危险性评估服务费、土地检测评估费、审计费、水资源论证编制费、社会风险评估费、拆除和清理清运服务费等。技术支持费概算中各单项服务费用根据招标合同价格确定，未签订合同的可先行预估费用，最终技术支持费的支出以实际结算金额为准。

不可预见费是指在土地整备项目实施过程中，因实施、技术等不可控因素导致的，无法在土地整备项目实施方案中预见，但在土地整备项目实施过程中确需支付的费用。该费用只可用于支付补偿利益相关方，依各辖区政府审核意见按实结算。在项目总资金中可按一定比例预留不可预见费。根据《若干措施》等文件精神，不可预见费用按不超过项目直接补偿费用的20%计提，填海（填江）造地、安置房建设等方式原则上不预留不可预见费。

土地整备业务费包括开展土地整备工作所需支付的管理费用、用于土地整备工作的固定资产费用、土地整备工作人员经费、对开展土地整备工作成绩突出的单位和个人予以奖励的费用、安置房管理等其他与土地整备工作相关的费用性支出。根据《若干措施》等文件精神，业务费用按直接补偿费用的2%计提，填海（填江）造地等土地整备项目业务费按实际支付金额的0.5%计提。业务费纳入日常经费管理，从部门财政预算中支付，与土地整备资金分账核算，严格按照财务管理制度执行。

7.3.4 指导项目的实施推进

实施方案作为土地整备项目实施的重要依据，确保土地整备工作按照规定的程序和标准进行。首先，土地整备实施方案根据“谁主管、谁负责”的行政审批要求，明确各主体责任分工；其次，相关实施主体根据已审批实施方案中的计划安排，推进下阶段具体工作；再次，土地整备实施方案针对项目实施中可能出现的社会风险进行评估并制订应急预案，确保项目落地实施。

（1）各主体明确责任分工

土地整备项目是在市政府和市级职能部门的统筹监管下，经由辖区政府和区级职能部门的审批决策、项目所在街道的组织协调和原农村集体经济组织具体实施的综合性工作。为了明确各主体的管理责任和分工情况，更快更好地推动项目实施，土地整备项目实施方案重点明确项目实施主体、相关职能部门以及相关权利人的工作内容、工作要求和相关责任。

辖区政府及区级职能部门负责土地整备项目的审批决策工作。“强区放权”改革后，部分土地整备事权通过转移、调整、下放、合并等多种方式，由市级层面下放到区级层面。其中，辖区政府制定土地整备工作要求与目标，审定土地整备项目实施方案，负有领导责任；辖区土地整备机构负责土地整备项目全部推进工作，包括组织、协调、监督、检查、审核等；市规划和自然资源局辖区管理局参与审核土地整备项目实施方案，签订实施协议书，依据批准的实施方案和核发的用地批复文件，办理留用土地相关规划用地手续；辖区发改、审计、执法等相关职能部门依据各区相关规定，对工作中遇到的具体问题提出相应的意见和解决方案，按照区政府下达的工作要求完成相关任务。

项目所在地街道办事处是项目实施主体，作为基层政府组织，负责实施过程的组织协调工作。项目所在地街道办事处的主要职能分工包括四个方面：一是组织项目权属核查与确认、房屋测绘、评估等工作，协调进场事宜，并在此基础上编制实施方案；二是做好利益统筹政策宣传工作，与原农村集体经济组织进行补偿谈判，做好谈判记录，草拟、审核并协助签订补偿安置协议；三是进行项目成果质量、工作进度控制及成本管理，对土地整备过程中涉及的法律问题进行风险控制；四是对补偿等疑难问题进行研究，提出处理意见，报主管部门决策，并根据上级部门审批的处理意见进行落实。

原农村集体经济组织是原村集体的继受单位，也是项目的申报主体，负责具体实施工作。原农村集体经济组织在辖区各部门指导和协助下完成项目权属调查、权利人确认、社区留用地开发建设、房屋拆迁补偿安置、土地清理和移交等相关工作，组织召开股东（代表）大会对行政管理意见进行表决，理顺土地经济关系、平衡社区内部利益、实现土地拆迁整理。

（2）安排下阶段具体工作

土地整备项目实施方案对项目进入实施开发阶段的工作进行详细计划与安排，直接影响项目实施协议书、供地方案、土地验收与移交、资金拨付协议书的签订及集体资产的评估等工作。

辖区土地整备机构依据经批准的实施方案和规划研究，组织市规划和自然资源局辖区管理局、街道办事处、原农村集体经济组织共同签订利益统筹土地整备项目实施协议书。实施方案对项目实施时序、土地整备资金、移交政府土地范围、留用土地安排方案和留用土地指标规模等相关内容的要求，将纳入项目实施协议书内。

市规划和自然资源局辖区管理局接收辖区土地整备机构申请的供地方案报批后，依据审批后的实施方案和规划研究，拟定供地方案。供地方案是用地批复的基本依据。

市土地储备中心依据经批准的实施方案及项目实施协议书，对整备后的土地进行验收。实施方案中约定项目留用土地验收移交时序、土地验收与移交标准、具体土地移交程序和土地移交相关责任及承诺，根据以上要求，对已完成经济关系理顺、权属明确、征（转）地手续完善、土地清理后的整备土地，移交市土地储备中心统一入库管理。

原农村集体经济组织依据审批通过的实施方案、项目实施协议书及经批准的规划研究开展集体资产评估工作。根据实施方案中确定的土地及建筑权属情况、补偿标准、移交政府土地范围、留用土地安排方案和留用土地指标规模等信息，审核集体资产权属情况，对集体资产交易进行经济测算与全程顾问咨询。

辖区土地整备机构依据经批准实施方案中的货币补偿方案，与市规划和自然资源局辖区管理局签订土地整备资金拨付协议书，并根据项目需要向市城市更新和土地整备局申请资金，同步协助市城市更新和土地整备局建立资金拨付台账。

（3）风险评估与应急预案

土地整备项目与社会民生紧密相关，常常成为社会纠纷或群体性事件的诱因。《中华人民共和国土地管理法》规定“开展土地征收（含房屋征收），需开展相应的社会稳定风险评估工作”。《重大行政决策程序暂行条例》规定“风险评估结果应当作为重大行政决策的重要依据”，开展社会稳定风险评估，可以提高土地整备项目的合理程度与科学程度，防范和化解可能引发的社会稳定风险。社会稳定风险评估作为项目决策与风险防范的参考依据，从源头上预防和化解社会冲突，在土地整备项目实施中占据越来越重要的地位。例如，光明区政府已明确要求在土地整备项目实施方案中，须委托专门的风险评估机构完成专题报告。

社会稳定风险评估由辖区土地整备机构委托编制，要求风险评估服务机构具有社会稳定风险评估经验且组建相应的服务团队，编制完成的风险评估报告须通过辖区社会稳定风险评估主管部门备案。风险评估的内容包括对项目相关权利人的背景信息进行调查；对该项目进行实地调研，开展问卷调查和访谈，进行数据整理和分析；进行政策研究、相关案例和文献研究；组织有关部门、专家学者开展项目风险分析和评价；编制风险报告以及提供相关建议和风险防范措施。

内容翔实准确是评估报告的基本要求，可行的应急预案是报告的必备要素和最终落脚点。为了保证报告结论的可靠性与客观性，报告首先要包含所有相关评估事项和评估过程的内容，在此基础上汇总土地整备实施过程中可能引起风险的事项以及引发风险的可能程度，对其进行详细明确的描述与分析，进而提供具有可行性的应急预案和具有说服力的对策建议，从而真正发挥社会稳定风险评估的作用。

7.4 案例：薯田埔社区土地整备利益统筹项目

薯田埔社区土地整备利益统筹项目位于深圳市光明区门户地区，被纳入《深圳市2020年度城市更新和土地整备计划》（图7–2）。项目以完成连片产业用地收储、落实公共基础设施建设为契机，一揽子解决社区土地历史遗留问题，提高居民生活品质。

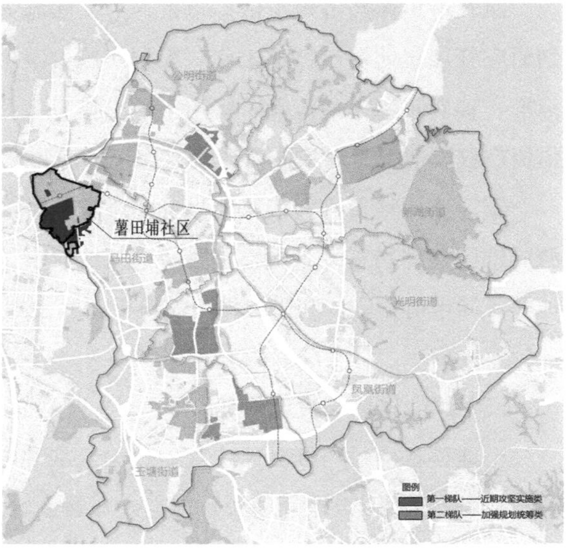

图 7–2 薯田埔社区区位图

7.4.1 现状关系梳理认定

在列入计划的实施范围基础上，按照项目不涉及其他社区土地、与周边其他项目用地不重叠、不留下边角地的原则进行调整，调整后的实施范围总面积70hm^2。

在审定的实施范围内，核查项目土地信息及现状容积率，认定现状产权关系和经济关系。根据项目测绘报告梳理现状建（构）筑物、附着物、青苗等的数量情况，结合市规划和自然资源局辖区管理局核查项目有关地块土地权属、规划情况及有关意见，统计各类权属土地面积及其上的建（构）筑物面积。其中，建筑物需扣除依据区规划土地监察局核查项目涉及违法建筑情况、不给予货币补偿的违法建筑，以及依据各征地补偿协议、已补偿的建筑物，最终明确项目实施范围内现状权属及经济关系。

7.4.2 利益分配格局确立

实施方案经区政府与社区反复协商沟通、不断细化深化，确立“土地分配+留用地规划+资金补偿”的利益分配格局。纳入项目利益统筹范围内的土地，采用安排留用土地和货币补偿的方式处理（图7–3）。

根据政策规定、已实施案例和已认定现状权属等条件测算留用土地规模，在明确项目实施范围内可认定为整备规划建设用地面积及现状容积率的基础上，核算项目社区留用土地指标不超过18万m^2。留用土地按照利益共享用地、项目范围内已批合法用地、项目范围外调入合法指标的顺序落实，选址体现社区意愿，有利于规划实施，最终分配社区留用土地面积约13万m^2，移交政府用地约57万m^2。留用土地通过协议方式出让给社区，解决社区土地历史遗留问题，提高土地利用效率。

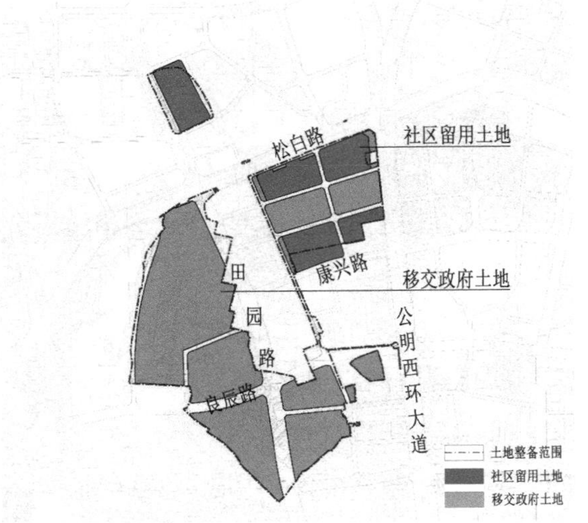

图 7-3　项目土地分配方案图

结合政策规定、法定图则等上位规划要求及社区诉求，经过反复研究沟通，确定留用土地用途和开发强度，完成土地整备规划研究方案。将审批通过的土地整备规划研究核心内容纳入实施方案。

该项目已列入《深圳市2020年度城市更新和土地整备计划》，货币补偿所需资金由市土地整备机构拨付。依据政策规定、项目测绘报告及各征地补偿协议等，对项目范围内的土地、建筑物、临时建筑物、构筑（附属）物、果树及苗木进行评估核算，确定直接补偿费；项目涉及的技术支持费、不可预见费及业务费参照相关补偿标准评估，项目总计货币补偿费用包含直接补偿费、技术支持费、业务费及不可预见费，共约18亿元。

7.4.3　保障项目有序实施

实施方案规定各主体职责分工、分析效益和评估风险、制定土地验收与移交方案等内容，对下阶段具体工作进行安排，保障连片产业用地和公共基础设施用地，保障项目有序实施。

经评估，该项目经济效益及社会效益较强，社会稳定风险较低。项目实施为政府贡献13hm²连片重大产业用地、2.2hm²居住用地，解决城市基础设施和公共服务设施建设，为社区提供一定留用土地和货币补偿，经济及社会效益良好。从项目合法性与合理性、可能引发的社会矛盾、政策法律等方面，分析项目实施后相关利益群体可能引发的异议、遭遇的损失，针对性地采取风险防范措施，如加强宣传、多次征求意见、召开股东（代表）大会等措施，保障股份公司可持续发展，推进项目开展实施。

结合拆迁谈判难度和股份公司意愿，项目分两期实现土地验收与移交，同时优先考虑政府迫切需要解决的建设用地，将移交政府用地全部在第一期验收移交。项目第一期验收移交用地面积约66hm²，第二期验收移交用地面积约4hm²，明确各期土地范围、责任主体、验收与移交标准及验收程序、土地移交相应承诺等事项。移交政府用地未完成验收移交手续前，不得办理社区留用土地出让等相关手续（图7-4）。

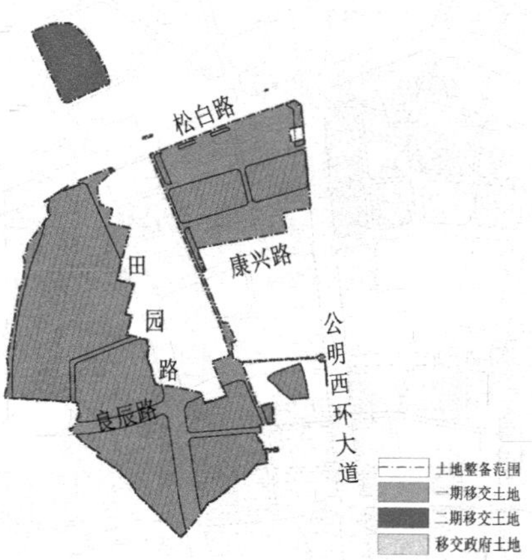

图 7-4　项目分期验收移交范围图

责任分工明确各实施机构的工作内容、工作要求和相关责任。光明区城市更新和土地整备局负责项目全面推进工作，并按照光明区政府工作要求完成土地整备工作的组织、协调、监督、检查、审核等工作；光明区马田街道办事处负责政策宣传、编制实施方案、组织专业技术服务机构开展工作，组织补偿谈判并签订补偿安置协议，把控项目成果质量、工作进度、成本管理及涉及风险；深圳市规划和自然资源局光明管理局负责参与审核实施方案、签订实施协议书，办理留用土地相关规划用地手续；深圳市马田薯田埔股份合作公司是项目的实施主体，负责相关工作的具体落实；光明区其他相关职能部门负责对项目实施中的具体问题提出相应意见和解决方案。

第8章　土地整备项目实施管理

8.1　土地整备项目实施管理体制的发展演变

8.1.1　以“市区两级管理架构”为特征的框架初建阶段

第一个阶段（2011—2015年）是土地整备管理体制的初步建立阶段，深圳市政府应对存量发展的需要，初步形成了市区两级土地整备管理架构。为加强对全市土地整备工作的组织管理和统筹领导，2011年深圳市机构编制委员会颁布了《关于完善我市土地整备管理体制问题的通知》，将深圳市拆迁办公室更名为深圳市土地整备局，机构规格由正处级升格为副局级，隶属于深圳市规划和国土资源委员会。2012年深圳市土地整备局正式挂牌成立，同时各区也相应成立区土地整备主管部门。深圳市土地整备局作为全国第一家土地整备局，是深圳市政府破解土地资源紧缺难题，促使土地供应有效地服务于现代化城市发展的重要部门。市区两级管理的框架之下，市土地整备局主要侧重制订规划计划、政策规则、项目立项和审核以及统筹协调等，区政府主要承担辖区内的土地整备具体实施工作。

8.1.2　以“市统筹区决策”为特征的探索完善阶段

第二个阶段（2016—2018年）是土地整备管理架构的探索完善阶段，在强区放权改革的背景下，深圳市完善了市统筹区决策的土地整备管理机制，市场力量逐步凸显。2016年，按照国家关于加快转变政府职能、深化行政体制改革的精神要求，深圳市进行了“强区放权”改革，市政府相继出台了《深圳市人民政府关于印发全面深化规划国土体制机制改革方案的通知》及《深圳市人民政府关于深化规划国土体制机制改革的决定》，启动了全市规划国土体制机制改革。在此背景下，包括实施方案审批、规划报审权限等在内的部分土地整备项目审批权由市土地整备局调整下放至各区，各区决策和审批权逐步强化。市土地整备局的工作重点逐步从审批转变为统筹监管，工作重心更多地放在规划计划编制、政策制定、标准规范研究、监督检查等方面，更加注重发挥全市"一盘棋"的统筹指导作用。

8.1.3 "市—区—街道"三级管理架构体系的正式形成

2019年至今，深圳市土地整备管理转向全面统筹、协调和服务的管理模式。通过试点探索和政策完善，深圳的土地整备管理机制不断优化，形成了政府协同多元主体共同推进的局面。2019年，深圳市组建市规划和自然资源局，下设二级局，即深圳市城市更新和土地整备局，整合原城市更新局和原土地整备局的职能。这标志着深圳市存量土地开发工作进一步统筹融合，土地整备与城市更新并驾齐驱，成为存量开发的两大重要手段。从职能来看，深圳市城市更新和土地整备局更多发挥统筹协调、编制规划、政策制定、监督检查等职能。区城市更新和土地整备局作为土地整备项目的实施主体和沟通桥梁，负责土地整备项目审批和立项，为全市统筹协调工作提供坚实的基础；根据市级相关政策精神向下指导街道办开展具体项目实施工作，落实各项工作任务。街道办作为在土地整备实施过程中的基层政府机构，承担了与原农村集体经济组织协商谈判、组织协调等具体工作。部分区在积极探索和总结经验的基础上，在街道办有针对性地设置了专门的土地整备机构，基层工作流程与机制逐步完善，夯实了土地整备基层工作基础。至此深圳市土地整备形成了"市—区—街道"三级管理架构，垂直统筹，重心下移，政府与原农村集体经济组织算大账，原农村集体经济组织和市场主体与小业主算小账的管理体制正式形成，推动了土地整备工作高质量发展（图8-1）。

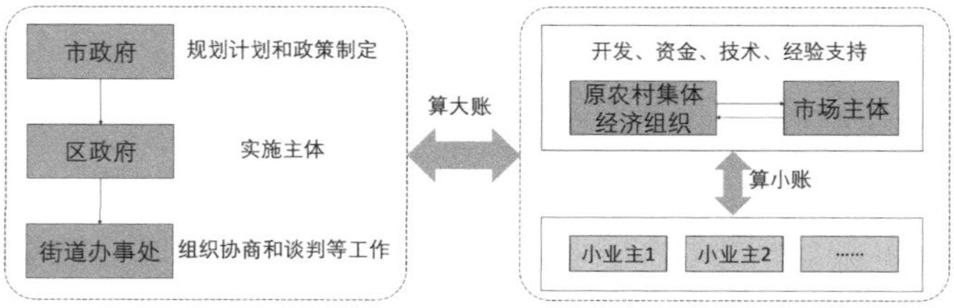

图8-1 深圳市土地整备工作机制示意图

8.2　多元参与的互动协同机制

8.2.1　互动协同的模式分析

随着土地整备工作的持续推进，不同主体的多元化利益诉求逐步显化，各方主体参与程度显著提高，逐步形成“政府主体—原农村集体经济组织—市场主体”等多元主体协同博弈机制，并贯穿到不同阶段（图8-2）。在这样的合作下，土地整备形式更多样、更灵活，可以结合项目的实际情况，以及政府、原农村集体经济组织及市场的需求，选择不同的土地整备方式，真正地平衡并保障多方利益诉求，良性互动，实现经济社会发展。

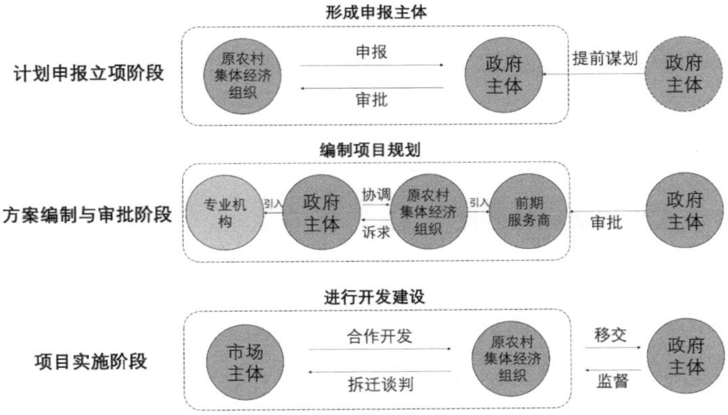

图 8-2　深圳市土地整备多元主体互通协同的模式

8.2.2　相关主体在互动协同中的职能分工

（1）政府主体

市政府参与土地整备的主要职能包括制定政策规则、主导实施或引导社会力量参与，直接推动的土地整备项目实施的工具包括财政资金和政策优惠等。区政府在市政府制定的政策框架内编制搬迁补偿方案、搬迁补偿标准、开展搬迁谈判、制定搬迁补偿协议签订等各项工作。

（2）原农村集体经济组织

原农村集体经济组织主要由社区股份公司和社区居民（股民）及外来人员组成。原农村集体经济组织承担了“承上启下”的作用，对外与政府“算大账”，协商土地整备方案，厘清土地分配关系，对不同类型的用地和建筑进行权属界定；对内与社区居民相关权益人等“算细账”，承担理顺土地经济关系、平衡社区内部利益等方面的主体作用，实现整备范围内土地的拆迁整理。

（3）市场主体

由于土地整备利益分配复杂，特别是留用土地开发需通过集体资产交易平台引入市场主体参与。一方面，作为前期服务商，市场主体以其在项目开发方面的丰富经验提前介入，能够让原农村集体经济组织更加清晰地了解项目权利关系和利益需求，提供专业的咨询服务，为项目顺利通过审批提供支持。另一方面，在土地整备实施过程中，原农村集体经济组织需要自行开展项目的土地平整、房屋拆迁，土地移交等工作，由于土地整备资金是根据方案实施进度分期拨付，原农村集体经济组织独立完成前期的拆迁安置工作较为困难，引入市场主体技能给社区提供资金和技术支持，也能最大限度地降低运作风险。

随着土地整备工作的深入推进，市场主体在土地整备项目中承担着更加重要的角色分工，因而需要政府主体加大统筹和监管力度。在交易方式上，市场主体的最终确认需要通过公开招标投标、竞争性谈判等公开方式进行，各区也相应出台了系列政策文件对市场主体进行约束。通过对市场主体的资质设定准入门槛，全面保障集体资产的安全处置。

8.2.3 互动协同的过程和阶段划分

土地整备工作总体上可以划分为规划计划、项目管理和项目实施三个阶段（图8-3）。在不同的阶段，土地整备不同主体相互协同的内容和方式具有不同的特征。

（1）规划计划阶段

计划立项阶段，不同主体之间的互通协同主要围绕计划申报和审批工作展开

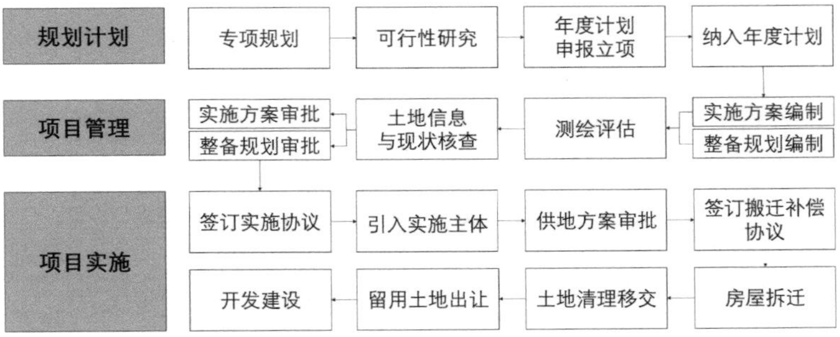

图 8-3　土地整备流程和阶段划分

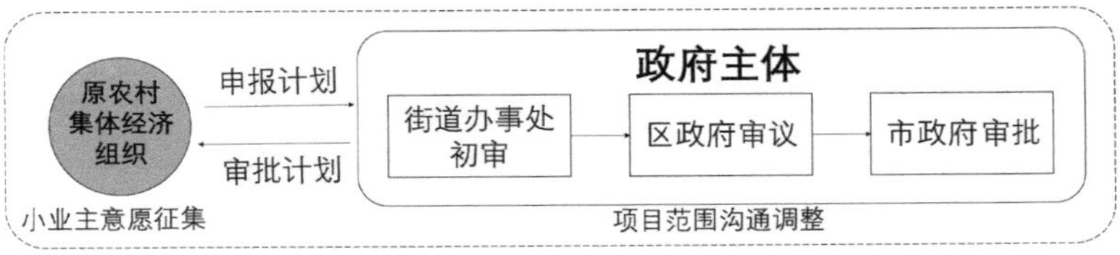

图 8-4　规划计划阶段不同主体之间的互动协同机制

（图8-4）。利益统筹项目计划申报由原农村集体经济组织继受单位申报，由政府依申请进行审批。若涉及多个继受单位的，可以委托同一个继受单位申报。为了进一步规范土地整备利益统筹项目计划申报工作，部分辖区出台了地方性的申报指引，比如龙华区出台了《龙华区土地整备利益统筹等项目计划申报指引（试行）》，进一步明确了申报流程及所需申报材料，保障了原农村集体经济组织继受单位的合法权益。但在实际操作中，为保障城市公共利益和高效发展，也存在政府主体提前谋划项目实施的可行性和实施路径，与原农村集体经济组织达成共识后由原农村集体经济组织继受单位申报，纳入年度土地整备计划。

在此过程中，政府主体主要发挥宏观把控和引导协调作用。政府主体通过土地整备专项规划、年度计划等进行自上而下的统筹引导。政府对计划申报主体提交的材料进行审查，重点关注土地整备项目的范围和面积划定是否合理、项目的现状建设情况及片区社会经济发展情况是否符合、项目开展是否具有必要性和可行性等相关内容。

（2）项目管理阶段

在利益统筹项目管理阶段，政府主体、权利主体（原农村集体经济组织）、市场主体（前期服务商）之间的利益平衡是核心难点，多方协同关系在此阶段得到了充分体现。原农村集体经济组织通过“算大账”和“算细账”起到了“承上启下”的作用（图8–5）。理论上，在土地整备利益统筹留用地取得用地批复后才能通过集体资产交易平台选择引入开发合作主体；但在实际操作中，由于历史遗留问题多、经济发展困难多、未确权的土地物业多等原因，原农村集体经济组织缺乏开发经验，绝大部分利益统筹项目需要引入专业的前期服务商协助开展土地整备利益统筹的前期工作。前期服务商相当于前期服务机构，与原农村集体经济组织之间属于服务合同关系，协助股份合作公司开展整备范围内权利人确认、资金测算、清租、搬迁补偿、实施方案确认等工作。

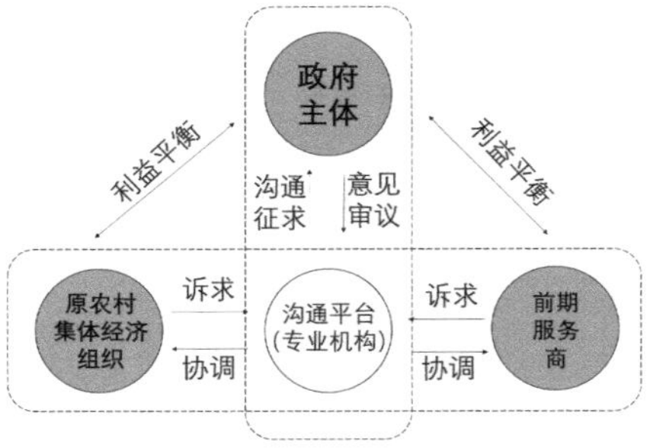

图 8–5 项目管理阶段不同之间的互动协同机制

政府主体在尊重市场和原农村集体经济组织的基础上，制定一系列政策规则将利益协调制度化，通过制衡与规则约束，保障利益的均衡分配，实现公共利益。政府通过制度政策建立利益共享机制，统筹安排规划、土地、资金、产权等政策，采用资金安排、土地确权、用地规划等手段，建立了多方共享的土地增值收益分配机制，保障城市公共利益及社区发展权益，实现政府主体、原农村集体经济组织及市场主体等多方共赢。

该阶段多方利益博弈经过多次协商与讨论，最终形成符合预期、具备可操作性的实施方案和规划研究。土地整备规划作为多元主体利益协调的平台，在促进多方利益平衡的合作博弈过程中发挥着重要作用。专业规划机构一方面通过技术统筹提出科学合理的利益统筹方案和规划；另一方面作为协调者，平衡政府主体、原农村集体经济组织、市场主体的利益诉求，推动项目落地实施。

（3）项目实施阶段

该环节重点在于厘清原农村集体经济组织与其成员之间的经济利益关系，开展项目土地平整、房屋拆迁、土地移交等工作，主要依靠原农村集体经济组织与市场主体共同推动（图8–6）。由于在土地整备项目实施过程中，土地整备资金是根据项目实施进度分期拨给社区，社区独立完成前期的拆迁安置工作较为困难，因此需要引入市场主体向社区提供资金支持和技术支撑，最大限度地降低了原农村集体经济组织的运作风险。

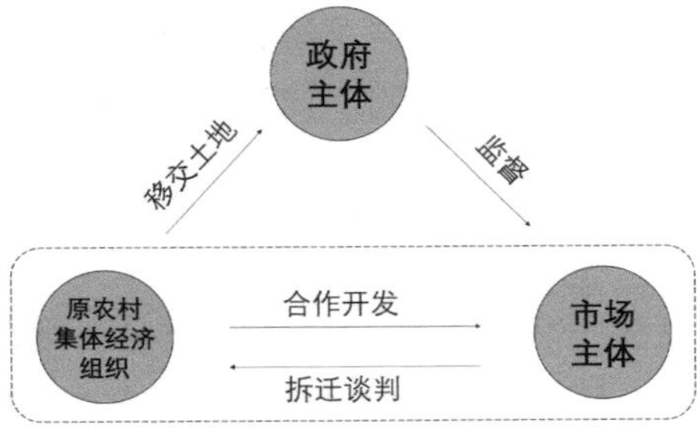

图 8-6　项目实施阶段不同之间的互动协同机制

在项目合法留用地批复后，原农村集体经济组织可选择自用留用土地，或通过集体资产交易平台引入市场主体，与市场主体合作开发或者以作价入股的方式进行留用土地开发。后者需由原农村集体经济组织与开发主体一起向规划国土主管部门派出机构申请办理土地使用权出让合同变更手续，签订土地使用权出让合同补充协议。该阶段，政府仍需发挥监管协调作用，一是通过收回移交政府土地保障公共权益，二是通过行政许可的审批权对开发商行为进行规范化监管。

8.3　全流程管理的土地整备实施机制

8.3.1　规划计划

全流程管理的土地整备实施机制的首要特征是“规划引导计划”，具体内容指通过土地整备专项规划安排规划期内的土地整备总体规模、空间布局、实施时序和各区土地整备任务，指导年度土地整备计划的编制。在资金和土地清理周期的限制下，不是所有的土地都适合或应当纳入土地整备的范围，应通过加强规划超前引导，使得土地整备在规划引导下，有目的性和计划性地展开。国土空间总体规划和其他相关规划计划为土地整备的方向和规模提供基础性的依据。在此基础上市区两级的土地整备专项规划提出了各层级的规划任务，全市开展了重大产业项目用地保障专项行动，通过产业整备潜力用地专项规划研究释放各区大型、连片产业用地。各层级土地整备专项规划和产业专项规划完善了土地整备工作在远期、中期和近期不同时序的安排，构建了宏观、中观和微观不同空间尺度的实施序列，使指标分解落地。

在落实土地整备专项规划成果基础上，结合城市发展年度用地需求及各区土地整备项目申报情况，编制土地整备年度计划。土地整备年度计划以“用地”为核心，坚持规划引导，合理安排土地整备任务、项目和资金安排。土地整备项目主要源于两个途径：一是自上而下，通过梳理规划和城市发展诉求提出需要在本年度提前开展的土地整备项目；二是自下而上，由各实施主体通过申报系统提出具体项目。在此基础上，计划编制部门需要结合国土空间总体规划、法定图则和其他相关规划，以及上年度的计划实施情况等分析项目的可实施性，并与各实施主体对接项目计划进度及安排，按照项目成熟程度、工作优先程度等原则筛选项目，并纳入计划。计划批准后，向发改部门一次性申请年度土地整备项目立项。

土地整备专项规划虽然确定了近期土地整备空间，但难以一次性开展工作，尤其存量用地还涉及众多业主的意愿，需要通过土地整备项目去推进实施，并且在项目正式确定前需要开展前期可行性研究。首先，前期可行性研究要在专项规划的指导下论证项目开展对完善片区城市基础设施和公共服务设施或拓展产业发展空间等方面的必要性；其次，通过分析上层次规划和管控要求，论证项目规划实施可行性；再次，在分析现状用地权属和建设情况基础上，论证项目实施的政策可行性和经济可行性。政府从城市公共利益的角度出发，原农村集体经济组织从社区转型发展与利益补偿的角度出发，市场从项目的经济利润角度出发，三者共同判断项目的实施可行和经济可行。只有符合规划实施需要，具备政策、经济等可行性的方案才能列入计划正式实施。在政府和社区达成实施意愿和实施范围的共识，社区在征得范围内相关权益人意愿后，向政府提出申请，最终经市政府审批同意后列入计划。按照市土地整备计划项目申报指引要求，项目开展的可行性研究是新建项目申报和立项的必备材料。

8.3.2 项目管理

全流程管理的土地整备实施机制的第二个特征是“计划统筹项目”，具体内容是根据城市建设需要和年度土地整备任务，确定年度土地整备的项目和工作重点。土地整备项目列入计划后，由区政府主管机构或街道办启动土地整备实施方案的编制。若留用土地位于法定规划未覆盖区域或涉及法定规划强制性内容调整的，需同步开展土地整备单元规划，土地整备单元规划是土地整备实施方案的组成部分。

土地整备实施方案是土地整备项目实施及开展补偿安置工作的依据。所有列入土地整备年度计划的土地整备项目在实施之前，都必须编制土地整备项目实施方案。土地整备项目实施方案应明确土地整备实施全流程中各项核心内容，如项目概况、整备方式、土地分配方案、留用土地规划、资金预算方案、社会经济效益和社会稳定风险评估、整备土地验收移交方案、批后实施监管等。土地整备实施方案编制应体现政府主导、利益共享、多方共赢的理念，综合运用土地、规划、资金、地价等政策手段，突出重点保障公共服务设施和城市基础设施用地、促进城市规划实施的目的。

土地整备项目实施方案由区政府指定实施单位组织编制，其中留用土地位于法定图则不覆盖或未制定法定图则地区的情形，以及需要对法定图则强制性内容调整的，实施单位必须组织开展土地整备规划研究。经法定程序批准的土地整备规划研究具有法律效力，可作为留用土地规划许可的依据。

土地整备规划研究编制的技术要点与法定图则在编制技术要点、成果形式与内容等方面上有相似之处。但是土地整备规划研究也有自身的特点，一方面，以土地整备项目实施范围为基础，除明确留用土地规划控制指标外，还应提出项目土地分配方案，并提出公共配套设施优化调整建议的内容；另一方面，土地整备规划研究作为平衡土地整备项目各方利益格局的重要手段，在编制过程中，更加强调多方参与、协商性和可实施性。如何通过优化用地布局、开发强度等，协调好各方利益、保障土地整备项目的实施，是土地整备规划研究中需要重点考虑的内容。

8.3.3　项目实施

全流程管理的土地整备实施机制的第三特征是“项目推进实施”，具体内容是以土地整备项目为抓手，推进范围内房屋拆除和土地清理工作，实现存量用地盘活，保障规划实施。土地整备项目实施方案和规划研究通过审批后，项目进入后期实施开发阶段。该阶段具体可细分为土地整备项目实施协议签订、留用土地用地方案审批及批复下达、项目开发主体确认、搬迁补偿协议签订及备案、房屋拆除与土地清理、地块验收与移交入库、土地合同签订与房地产证书注销以及开发建设与房地产登记等环节。

规划和自然资源管理部门、土地整备部门、街道办与原农村集体经济组织四方签订实施协议书，明确项目实施时序、土地整备资金、移交政府土地范围、留用土地安排方式和留用土地指标规模等相关内容。留用土地审批主体审批并核发留用土地批复后，原农村集体经济组织继受单位可以依据留用土地批复，按照集体资产处置相关规定，通过合作开发或作价入股等方式引入留用土地的实施主体。就大多数情况而言，市场主体介入与继受单位合作开发，厘清与相关权益人的经济利益关系，随后由街道办与原农村集体经济组织签订补偿协议书，明确补偿方式、补偿金额和支付期限、回迁房屋面积等内容。按照项目实施进度安排，分阶段对完成补偿、拆除、清理的土地进行移交，纳入国有储备土地范畴。在完成补偿安置协议备案及项目监管后，可办理留用土地使用权出让手续，进入传统房地产开发建设阶段。

8.4 案例研究：坂田街道岗头社区金园片区土地整备利益统筹项目

8.4.1 基本情况

金园片区土地整备利益统筹项目位于龙岗西核心的坂雪岗科技城片区范围内，东临岗头水库、华为人才公寓和深圳外国语湾区学校，南侧紧邻地铁10号线，被坂李大道、五和大道与机荷高速围合。该项目作为市政府重点项目，目标是落实《深圳市城市更新和土地整备“十四五”规划》工业区土地整备区的工业部署，加快打造“两个百平方公里级”高品质连片产业空间，保障重大产业项目落地。此外，同步解决深圳市重点交通工程——机荷高速改扩建工程坂田段涉及用地，助力深圳市重点交通路网提速工程加快推进。项目实施范围共20.74hm^2，包括机荷高速片区、金园片区和禾坪岗中兴工业园片区三个片区（图8–7）。

图 8–7　金园片区土地整备利益统筹项目实施范围

8.4.2　计划申报立项阶段

为改善岗头社区的居住环境，提高居民生活质量，深圳市岗头股份合作公司作为申报主体，申请将金园片区、禾坪岗中兴工业园及周边道路等地块纳入土地整备利益统筹项目。2020年7月，社区股份合作公司董事会全票通过该项决议，进行相关公示后向龙岗区坂田街道办事处提交了立项申请。坂田街道办事处于2020年10月向深圳市龙岗区土地整备事务中心提交项目立项申请。2021年8月，该项目通过龙岗区土地整备领导小组会议审议，立项范围面积为20.47hm^2。2021年11月，坂田街道岗头社区金园片区土地整备利益统筹项目正式列入《深圳市2021年度城市更新和土地整备计划》。

8.4.3　方案编制与审批阶段

（1）土地权属与地上物现状核查

坂田街道办事处去函深圳市规划和自然资源局龙岗管理局核查用地权属，委托测绘机构开展项目实施范围内的测绘评估工作，开展权属信息核实。依据“应纳尽纳、连片开发”的原则，将原立项计划范围内机荷高速改扩建工程项目的已征（转）用地、在库储备土地及宝岗派出所行政划拨用地调出范围，将项目周边部分零星未完善征（转）地补偿手续用地等调入整备范围。经与原农村集体经济组织确认后，该项目整备范围由立项计划阶段20.47hm^{2}调整为20.74hm^2，整备范围扩大0.27hm^2，面积调整比例未超过20%。

土地权属核查：根据深圳市规划和自然资源局龙岗管理局有关项目土地权属核查等相关资料，并结合其他相关部门权属核查信息，该项目范围内的土地权属以未完善征（转）补偿手续用地为主，其余为非农建设用地、国有已出让用地和已取得房地产证用地。

地上物现状核查：根据项目前期核查结果、测绘公司提供的《建筑物及附属物测绘报告》结果，统计项目范围内的永久建筑物、临时建筑物和青苗。永久建筑物用途以工业厂房为主，临时建筑物用途以工业及其配套、住宅、办公为主；青苗涉及果树和花木两部分。

（2）实施方案编制

在土地权属信息核查和现状核查的基础上，街道办事处委托专业机构开展项目实施方案的编制工作，主要包括留用土地规模核算和货币补偿方案。

留用土地规模核算：依据多规合一平台查询结果，统计该项目范围内整备规划建设用地面积，包括合法用地面积和未完善征（转）手续用地面积。通过分类细化测算，获得利益共享用地指标。在此基础上根据《龙岗区土地整备利益统筹工作规则优化研究》《深圳市地价测算规则》《深标》，对留用土地指标作进一步修正，确定最终留用土地规模指标。

货币补偿方案：针对土地补偿，禾坪岗中兴工业园片区内现状为规划道路用地的未完善征（转）地补偿手续土地根据《关于印发〈确定土地所有权和使用权的若干规定〉的通知》按照“零征转”方式进行处理；其他未完善征（转）地补偿手续土地根据相关规定，按照所在区域工业基准地价的50%核算。针对建（构）筑物补偿，按照重置价给予货币补偿。针对青苗补偿，结合现有政策，可搬迁苗圃、古树、风景树等只补偿搬迁费，按照市场价格评估；剩余无法搬迁的苗木部分，按市场价值给予补偿。

（3）土地整备规划研究

龙岗区更新整备局委托开展专业机构开展土地整备规划编制工作。基于原农村集体经济组织诉求以及整备范围内用地规划情况，依据《深标》（2018年修订版）中容积率确定落地留用土地规划功能（图8-8）。安排落实在坂田北地区法定图则DY01

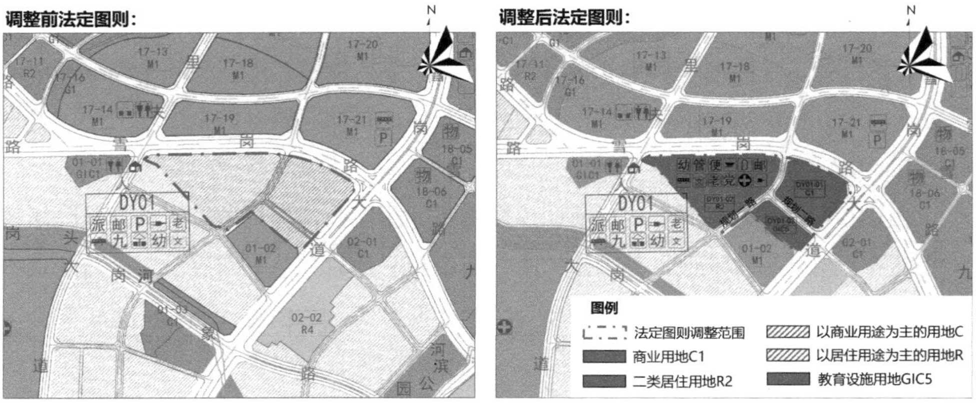

图 8-8　留用土地法定图则调整前后示意图

控制单元范围内，用地性质以居住及商业用地为主。该规划研究进一步明确DY01-02地块功能为二类居住用地（R2），将面积适当向上调，落实法定图则要求配建的公共服务设施，补充公共服务缺口；明确DY01-01地块功能为商业用地（C1），将面积缩减三分之一。为应对片区新增人口学位要求，缓解片区学位压力，新增一处24班小学，将原有规划以商业用途为主的剩余地块用作教育设施用地（GIC5）。

（4）会议审议及征求意见

2022年6月，坂田街道办事处召开会议审议通过该项目实施方案和土地整备规划，同月通过龙岗区土地整备工作领导小组办公室工作会议审议；8月，项目实施方案和土地整备规划通过市更新整备局预审会，采纳预审会意见并进行修改；9月，项目先后通过社区股东（代表）大会和龙岗区土地整备工作领导小组会议；10月，土地整备规划公示；2023年2月，法定图则委员会2023年第一次会议审批通过并予以公布。

8.4.4　项目实施阶段

（1）分期移交

该项目范围内的土地分两期移交入库。具体时序如下：第一期于2022年7月31日前，按移交验收标准将机荷高速片区和金园片区土地移交入库。第二期根据项目实际进展情况，将禾坪岗中兴工业园土地移交入库。待移交入库工作完成后，由原农村集体经济组织按程序向深圳市规划和自然资源局龙岗管理局申请办理留用土地规划许可、土地使用权出让及地价计收等手续；股份公司申请时应出具承诺书，同意深圳市规划和自然资源局龙岗管理局在出让留用土地的同时，将移交土地上非农用地指标予以核销。

（2）现有进展

2022年9月底，金园片区已全部完成谈判工作并签订搬迁补偿协议，并按节奏开展谈判、拆除、注销和方案审批工作，以及办理土地入库手续。深圳市岗头股份合作公司作为该项目的实施主体，根据社区留用土地规模、补偿资金情况、拆迁安置要求等，于2023年12月在深圳公共资源交易中心发布招商公告，通过引入合作开发主体深圳市特发佳泰投资发展有限公司，完成项目的拆迁及安置等工作，为加快打造连片高品质产业空间提供有力保障。

下篇：土地整备展望

第9章　从项目式整备走向片区统筹整备

9.1　项目式整备推进的困境

项目式整备在开发模式方面以“单打独斗”的项目为基础，存在着规模小和利益统筹协调难度大的问题，而在管理模式方面也存在产业招商、城市更新、土地整备、生态整治等不同工作缺乏有机衔接的现实问题。为实现大规模成片产业空间的供给目标，继而带动城区配套、特色塑造、生态修复等多维目标的逐步实现，亟待探索更大空间尺度和更高层次的统筹谋划。本章将以燕罗街道片区统筹项目为例，分析项目式土地整备推进的困境，进而分析片区统筹的技术方法、工作特征和核心要素。

燕罗街道辖区面积36.5km^2，地处两市三区交界，是深圳的西北门户以及穗莞入深的重要通道，可实现30分钟快速联通会展新城、松山湖、滨海湾新区等城市重要区域，位居宝安区“422133”工作主框架中“四”大制造业基地首位，是粤港澳大湾区科技创新走廊上的“产业钻石之心”。燕罗现状产业连片、规模较大、生态基底优质、发展潜力大产值集聚高，但是土地利用效率低、合法权属用地少。燕罗街道于2018年和2019年相继启动了燕川片区土地整备利益统筹项目和罗田片区土地整备利益统筹项目，但在规划和实施的过程中逐渐暴露出项目式推进的弊端。在此背景下燕罗开始尝试由项目式土地整备转向片区统筹土地整备。

9.1.1　空间资源破碎，难以保障土地连片供应及城市结构完整

（1）难以实现产业空间连片供应

目前常态化的城市更新和土地整备等二次开发手段主要以单元或社区为单位推

进，仅能完成局部空间重塑，受范围限制造成政府收储及社区留用地犬牙交错，新增产业空间破碎化且不连片，导致“拿回来的地不好用”。燕罗街道在开展片区统筹之前，其范围内共开展土地类项目13项，占地面积183.5hm^2，各自为政。在燕川一期与罗田一期项目中，政府收储的产业用地分散问题尤其突出，难以有效支撑打造先进制造业产业园区、培育战略性新兴产业集群的空间需求。已启动项目中部分运转良好、产出较高的企业面临空间转移过渡期问题，迫切需要从更大范围调配企业安置空间，并在实施时序上给予合理的安排，避免造成优质企业跨区、跨市甚至跨境流失，破坏产业生态。

（2）难以保证大型设施落地和城市结构完整

单个项目实施导致片区公共配套分布零散，且规模小，部分大型基础设施的建设和落实也难以依靠单个项目的开展进行布局。燕罗街道内少量更新项目开发、公共设施建设项目等的建成落实缺乏清晰的服务定位，街道公共服务设施仍有较大缺口，尤其是大型医疗、文体设施及教育设施缺口较大。

此外，由于历史原因，大量厂房和园区建立在生态控制线范围内，使得城市生态环境的结构被割裂。而单个项目实施往往难以实现大规模的清退目标，主要原因是实施土地整备需耗费公共财政，且以土地效益为考核标准，大多数利益统筹项目不愿将生态控制线纳入实施范围。燕罗街道现状燕岭生态绿廊和白沙坑水景观带的重要廊道节点有约0.9km^2被城市建设占用，但已启动的土地整备项目实施范围选址未涉及生态控制线清退用地。

9.1.2 利益分配不均，短期利益与长远利益矛盾突出

（1）社区短期利益与政府长期战略的博弈

社区作为“收租房东”更关注短期的租金收益，参与产业空间统筹与改造的意愿不高。原农村集体经济发展以出租经济为主，其自身对产权配置的效能仅仅关注租金收益。一旦陷入出租经济思维，产业生命力就成为企业个体利益，难以形成城市发展的公共利益。政府对社区掌握的产业空间缺少统筹谋划、发展指引和产业资源导入的支持，社区仍然以地产开发逻辑进行产业空间的开发，由于房地产市场开发主体易出现债务违约风险，对项目推进及社区的可持续发展造成了不良影响。

（2）社区之间的利益不均

项目式土地整备模式仅着眼于单个社区或项目范围内的小账分配，因而单个土地整备项目往往在街道范围内会出现各个项目基础条件差异大、利益分配不均等问题，致使部分利益较低的土地整备项目无法启动，对上位规划的城市结构、重大产业战略推进落实造成一定阻力。燕川社区项目与后期启动的山门社区项目实施范围内基础条件差异大，前期启动的燕川项目所在区位条件较好，实施范围内承担的公共利益责任不多，拆建比较高，经济利益较好。而后期启动的山门项目，实施范围比燕川项目大，山门项目除了为重大产业发展提供用地外，还承担了清退生态线用地责任，大量留用地指标无法在实施范围内落实，且拆建比仅为燕川项目的一半，与燕川项目经济利益差异较大。

9.1.3 规划引导不足，行动实施协调困难

（1）缺乏规划有效引导，规划传导难落实

在燕罗项目中，现有规划不能完全适应现状发展客观需求。一方面，既成的法定图则编制年代久远，在存量发展背景下没有充分考虑城市发展带来的人口增长和开发强度提升，以及城市整体结构的转变，因而难以有效地指导片区的空间资源开发和建设。燕罗街道的法定图则普遍于2012—2013年编制，功能定位是以现代制造业及配套服务为主的综合性园区，基本反映现状功能，与燕罗未来发展国际智能制造生态城的定位不符，对片区发展的指引力度有限。另一方面，深圳市国土空间规划已编制完成，目前宝安区国土空间规划标准单元边界划定已完成初步方案，全区共163个标准单元，燕罗街道共涉及12个标准单元，国土空间规划提出标准单元的管控边界与片区实施存在矛盾，指标和设施落地没有充分考虑行政边界、产权情况及多元主体利益等客观实施要求，导致“有规划，难实施”。

（2）行动实施协调困难，工作机制有待完善

2020年颁布的《深圳经济特区城市更新条例》第六条指出“街道办事处应当配合区城市更新部门做好城市更新相关工作，维护城市更新活动正常秩序”，第六条指出“旧住宅区更新单元计划由辖区街道办事处负责申报”。可见，街道在推进城市更新项目中地位与责任重大。事实上，深圳市土地整备也在探索过程中形成了“市—

区—街道”三级管理架构，街道在项目推进实施过程中的地位与责任同样非常重要。街道责任和任务增加，涉及多专业领域、多社会层级、多职能部门的协调。然而，由于街道技术人才队伍不足，相关配套机制有待完善，当项目涉及重大市政基础设施、交通设施、生态控制线调整等问题时，仅靠街道推进项目实施的难度很大。

9.2 片区统筹的技术方法

9.2.1 规划编制：自上而下与自下而上结合实现片区统筹

为了更好地统筹整合空间资源，形成从目标到实施的传导机制，既需要战略层面的高位引领，梳理全域空间结构，破解碎片化发展难题，也需要行动计划充分考虑实施可行性与利益平衡，破解产权锁定、项目式开发等难题。同时，为了避免“先有总体规划，后有实施规划”的规划工作方式导致的实施与目标偏离，有必要探索更加合理的规划工作方法。

燕罗项目的规划工作开创性地提出战略层面的发展纲要编制与实施层面的行动方案编制同步开展、紧密衔接、互相校核。最终形成了以《宝安区燕罗国际智能制造生态城规划发展纲要》（以下简称《规划纲要》）为战略引领，以《宝安区燕罗街道整街统筹土地整备方案》（以下简称《土地整备方案》）为总体行动安排和实施统筹，整合产业发展、城市总体设计、市政专项、交通专项等各项专业领域规划研究，形成整合方案。在编制的过程中，《规划纲要》与《土地整备方案》编制团队在领导小组的牵头协调下，同步开展规划编制，并且全程保持高频率沟通与研讨，发展蓝图与实施可行性互相校核，最终形成高度一致的用地方案。这样的规划统筹模式是“蓝图指引兼顾实施，实施方案落实蓝图”的例证。

《规划纲要》由区政府先行启动，注重战略谋划。提出将燕罗街道建设为“面向世界、引领未来、全国示范的国际智能制造生态城”的定位，明确“十字山水、一心三片”空间布局及北产南城功能格局，其中工业为主要用地功能；并且提出全域重要山水廊道布局，打造“通山连水进社区”的慢行系统，形成“一半山水一半城的生态特色”。

《土地整备方案》由燕罗街道牵头组织，从需求和实施角度进行考虑，基于规划合理性及产业优先保障的目标，制定全面覆盖、可持续发展的土地整备实施方案，对产城功能板块布局、市政交通基础设施落实以及公共服务配套落位进行了细化和优化。

通过战略层面与实施层面的规划引领，燕罗整街统筹不仅实现了功能布局完善、配套体系优化以及生态绿廊串联，也支撑了战略目标的落地。最终，规划范围内明确将形成12.2km^2成规模产业空间。其中，政府收储产业净地超3km^2，实现0.9km^2生态清退。

9.2.2 功能协调：产业与居住的综合性发展

以产业升级发展为导向的片区统筹规划，需要重点关注产业和空间的匹配关系。以产业空间供给为抓手，从核心产业资源引进到长期运营管理进行整体谋划。因地制宜结合产业发展需求，提供定制化产业空间与生活服务配套。

一是定制化产业空间供给。根据战略性新兴产业龙头企业对产业用地的诉求，以及对大规模连片、低强度、高标准产业用房的需求，提供定制化产业空间。例如，燕川及山门社区分别为落实鹏鼎控股的产业升级和华润微电子的项目落地，通过跨社区、跨街道统筹返还指标，最终实现提前供应连片产业用地及高标准产业用房。

二是全域产业空间与实施时序的统筹，进一步筑巢引凤。根据不同类型、不同成长阶段企业的诉求，合理调配产业空间资源。其中政府掌握的产业保障房可以满足战略性新兴企业对大规模、低强度、高标准产业用房的需求，主要用于布局新招引的先进制造业产业集群，并根据企业需要定制化建设厂房。例如，根据智能汽车终端行业特点和空间要素配置要求，启动建设137万m^2高标准产业保障房。另外，产业保障房也可以通过时序安排较早建成，用于安置在后续项目实施范围内需要过渡厂房的优质企业。而针对社区掌握的产业空间，主要用于安排适应较高建设强度的标准厂房的灵活、高效能中小微企业。政府主动指引，统一招商，灵活布局中小企业，提出代建、代运营、统租统管等多种国资平台参与运营路径，保障街道内产业空间在统一的产业发展目标下整合使用。

三是职住平衡与服务保障方面，燕罗街道“整街统筹”土地整备项目中的职住平衡与公共服务并不是在街道范围内实现，而是在合理尺度下跨街道协同考虑职住平衡和公共服务，通过与周边地区规划功能相互衔接来实现，即利用松岗街道和东莞部分片区的居住和服务功能实现职住平衡，最终实现深圳与东莞边界、宝安与光明边界用地协调、产业互补、设施整合、服务共享。以15分钟步行范围为指引构建产业服务生态圈。燕罗谋划了1个生产性服务业中心和5个产业服务单元，有机整合制造业空间、研发检测空间、共享会议室、共享服务空间等，促进产业发展。另外，燕罗通过高品质的产业宿舍配建、城中村综合整治提升、城市更新配套完善等，为企业和产业人才提供完善的生活服务配套服务。

9.2.3 改造模式："留改拆"政策的综合运用

存量空间政策有各自适用对象和要求。土地整备由政府主导，对象是公共设施项目，补偿方式以货币补偿和留用地补偿为主，权益人接受程度较低；城市更新只适合建成区，但准入门槛较高，无法实现空间全覆盖，而利益统筹目前只适用原农村集体组织掌控用地。仅靠单个政策，无法解决片区整体开发在实施中遇到的所有问题。因此，在开展片区统筹开发时，要在规划条件和现状情况基础上，为每一个改造地块找到合适的存量空间政策，形成多种政策相互联动的组合拳。

首先，在现状调研的基础上，结合片区规划发展要求，将片区范围分为现状保留用地、政府掌控新增用地和存量改造用地三大类。其次，针对存量改造用地，在统筹考虑规划发展目标、权益人改造意愿、现状开发强度、用地权属和利益测算的基础上，结合存量空间政策划定存量改造单元，如城市更新规划单元、土地整备规划单元。针对现状合法用地比例低、开发强度较低、工业功能主导的区域或生态线内需清退的用地，由政府主导推进土地整备利益统筹，以利于政府获得连片产业用地或收回生态绿地。针对已纳入全市城市更新拆除重建范围内，满足合法用地比例和年限要求且主体更新意愿强烈的区域，则由市场主导推进拆除重建类城市更新，充分调动市场力量弥补开发成本短板，补足生产配套功能。将古村落、城中村综合整治范围内区域、产业发展较好的连片工业区及现状容积率较高、产业发展符合发展需求的用地，以及严格保留历史风貌的区域划入综合整治区，通过城中村和旧厂房改造，为产业工人提供低成本居住配套服务。

燕罗片区统筹通过组合拳的综合运用，实现了空间治理全覆盖。合理划分留改拆范围，谋划多个土地整备项目与城市更新项目有序推进。通过多个土地整备项目分期实施，政府收储约700hm^2工业用地及公共利益用地，用于加速打造高端现代化产业集群及“十字生态廊道”的独特生态格局；通过更新项目的陆续开展有效解决教育、医疗等公共配套不足的问题，将快速提升城市空间品质及公共服务配套水平。

9.2.4 利益协调：促进多元主体共赢，协调短期利益与长远发展利益

片区统筹开发范围内既有可以立即供应的土地，也有大量存在历史遗留问题的土地；既有规划经营性用地，也有规划公共基础设施用地。要实现片区统筹开发就需要“肉和骨头”搭配进行，协同区政府、街道、社区等多元利益主体。燕罗街道片区统筹通过跨社区、跨街道资源调配、加强政府引导与建设运营统筹力度、短期发展责任与长远期发展责任合理分担等方式，保障政府及社区的多方共赢，近期极大提高实施效率，确保新增产业空间规模化、连片化，远期有利于政府实现产业以及城区发展的长期目标。

（1）短期发展责任与长远期发展责任合理分担

为了实现燕罗“生态、生活、生产”融合的高质量示范城区的长远发展目标，保障“十字山水”生态格局的落实，燕罗街道片区统筹将关键廊道、关键区位的生态清退用地纳入整街实施范围。通过“责任共担、合理分配”的方式，将生态线清退的安置需求通过规划布局合理分配到多个社区，实现了项目单独实施模式下不可能完成的巨量清退安置任务，彻底打通南北生态廊道。

（2）跨社区、跨街道资源调配实现经济利益平衡

政府打破社区和项目边界，在更大范围内实现短期经济平衡。通过跨街、跨社区飞地调剂探索，联动街道范围外部空间更多的空间资源进行土地权益分配。例如山门社区华润微电子项目一期，单独项目内难以消化的社区留用地指标，通过全区跨街道、跨社区平衡，其中部分安置于相邻的松岗街道，部分安置于同街道燕川社区，确保了政府收储30hm^2净产业用地。此外，部分的居住功能由政府收储，通过土地功能协调技术手段给予部分产业过多居住不足的社区进行飞地留用，进而实现街道功能结构稳固、社区利益均衡的目标。

（3）加强政府引导与建设运营统筹力度

转变社区“搬迁对象”和“收租房东”角色，政府主动与社区算整体账、长远

账、综合账，鼓励社区参与城市长期发展收益的分配。政府对社区留用地范围内的产业用地和政府收储产业用地进行了统筹部署，一方面加强对社区掌握的产业空间的产业发展引导，鼓励社区配合由政府主导统一进行招商，并获得长远的物业经营收益分成，且对有意愿的社区积极促成留用地上由国企平台实施高标准产业空间代建、招商及运营。另一方面在产业落位上将具有发展潜力、产出效率较高、生产灵活的优质中小企业主要布局在社区留用地产业空间内。

9.3　片区统筹的工作特征

9.3.1　多层级、多专业的技术统筹

2020年燕罗街道组织开展了整街利益统筹前期研究，受到市区两级政府高度重视，明确将整个街道的全部土地都纳入规划研究，提出以产业空间为核心统筹全局并制定可行实施计划。随后由区政府组织开展《规划纲要》编制，意图是对燕罗未来发展进行谋划，同时衔接国土空间规划，落实国土空间规划管控要求，并推动规划实施。但在《规划纲要》编制过程中，因缺乏对产权边界、利益主体诉求等实施层面信息的了解，导致规划存在“难落地”问题。因此，由街道组织编制了《土地整备方案》，《土地整备方案》在《规划纲要》的基础上，通过社区走访调研、开展街道工作坊、方案对接研讨会、部门沟通协调等方式的活动，摸清了社区边界、产权情况、多元主体利益诉求等信息，基本划定整街统筹实施范围与制定项目分期实施计划。其次，《土地整备方案》横向协同交通、市政等多个专项规划，对城际轨道、重要干道规划并提出优化措施，使得燕罗城市基础设施更加完善与强大，支撑国际智能生态城发展建设。《土地整备方案》在五大社区内策划了11个土地整备项目，除了已批的2个项目外，其余项目均同步开展了前期可行性研究和计划立项工作。开展各个社区土地整备项目前期研究实则是对片区土地整备方案的进一步深化研究，两方相互校核，快速推动燕罗的规划建设。经过两年多时间，燕罗街道已完成一半以上的土地整备项目可研及计划立项工作（图9–1）。

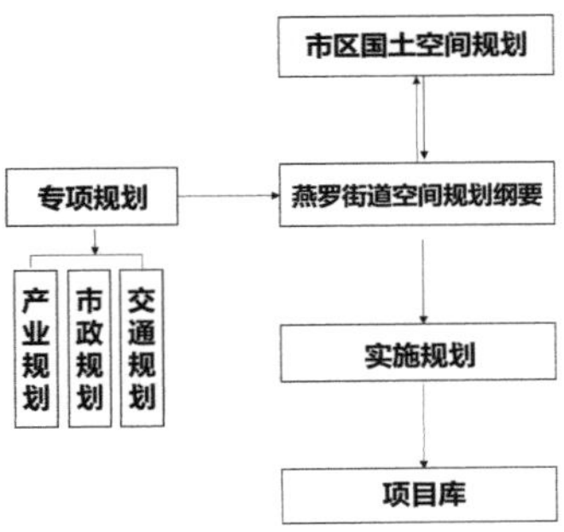

图9–1　燕罗街道统筹规划协同关系图

9.3.2 高位统筹和高效协同的组织机制

为保障燕罗整街统筹工作的顺利实施，政府意识到大规模空间范围内的工作应当建立具备相应统筹能力、适应工作强度的工作组织机制，对统筹工作进行全面部署和战略安排。

由区委书记、区长挂帅成立整街统筹指挥部，即区领导小组，一名区领导驻点现场指挥部，领导小组主要负责整街统筹的工作组织协调及与市政府相关部门的沟通。指挥部下设办公室，成员由副区长、街道主任及街道副书记组成，是燕罗整街统筹项目推进的主要部门，其主要职责是区域发展规划统筹、组织实施土地整备、组织实施开发建设、组织实施产业招商、协调推进建设审批工作以及完成区委区政府交办的其他事项。此外，由相关职能部门和属地街道共同组建了7个工作专组，包括综合协调组、规划研究组、土地整备组、开发建设组、项目管理组、产业发展组、并联审批组。每个专职小组有明确的工作任务和人员构成，通过互相配合共同推进燕罗整街统筹工作。在人员技术能力上，从全区抽调处科级干部组建5个土地整备攻坚小组，提升基层组织领导能力（图9–2）。

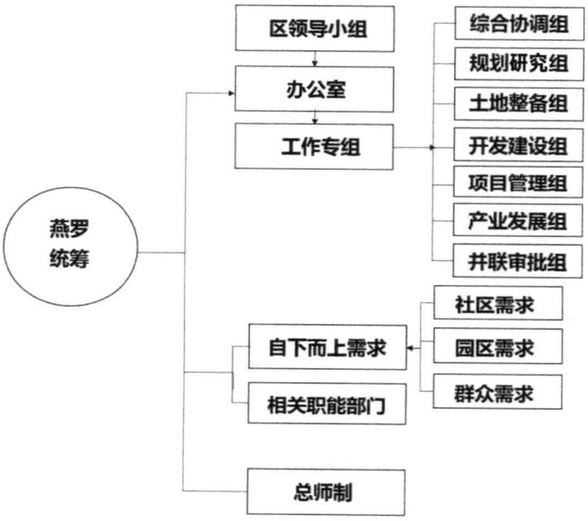

图 9–2 燕罗街道统筹组织机制关系图

将项目提级管理，搭建强有力的工作组织架构，明确工作职责和规划工作框架，这使得燕罗整街统筹工作能高效推进。领导小组通过协调统筹多次召开多部门联合办公会议，商议关键事项、推进关键节点工作，累计推动解决城镇开发边界优化、高压线迁改、城际轨道线位调整等重大问题32个。在一年时间内，项目累计完成土地整备172万m^2，有效破解高密度城区土地无序开发、布局零散等问题，优质产业项目相继进驻，一批民生、生态、文化、交通建设项目迅速落地。

9.3.3 多措并举推动项目落地

燕罗整街统筹实践遵循三大实施行动原则。首先，优先保障重大产业项目落地实施，供给产业发展所需的规模化产业空间，推动城市更新项目与土地整备联动开发。其次，优先保障城市安全和改善民生，确保重要基础设施、重要公共服务设施、城市主次干道配套建设完善，为产城融合发展夯实设施基础。最后，按照试点启动、有序开展、分期规划推动项目实施，有效化解由于统筹规模大、实施层面难点多带来的问题。此外，燕罗街道与规划编制研究团队等共同商讨谋划，落实燕罗街道整街统筹的实施项目清单。其中，项目实施类型包含基础设施类、公共服务配套及道路工程类等项目。

9.4 片区统筹的核心要素

以政府主导、社区发力为特征的土地整备成为盘活成片产业用地的主要政策路径。但目前项目式土地整备利益统筹模式由于空间规模限制，在单个社区内进行腾挪布局，难以实现符合先进制造业用地规模需求的连片产业用地整备目标，存在大型基础设施落地困难、配套设施“小而散”、更大范围城市空间格局的不完整、利益分配不均、现有法定规划指导作用弱化等系列问题。因此，需要探索如何在更大空间范围内进行空间资源分配、利益平衡以及协调各单元规划的实施。

片区统筹是以片区为单位，通过多个存量开发的政策联动，实现片区开发全覆盖治理，改变单个项目的点状规划实施，有助于更好实现规划目标。片区统筹开发与城市更新、土地整备的存量空间政策是集合与个体的关系，一个片区范围可以根据城市发展和开发建设的需要，划分为若干个城市更新子单元和土地整备子单元等。规划、政策、利益和实施是影响存量用地开发的4个核心因素，所以，片区统筹开发要处理好这几个核心因素。

（1）规划统筹：制定目标引领与实施支撑协同的规划统筹方案

重视战略目标与实施方案的上下衔接与互相校核，避免目标与实施“两层皮”。采用蓝图式战略谋划与实施层面的行动方案同步编制、紧密协同、充分沟通的方式，以“战略+实施”的模式形成全盘规划统筹。纵向上应通过蓝图式的规划纲要实现顶层谋划，通过土地整备方案实现全域实施安排，促进战略谋划与实施安排的高效衔接。横向上同步开展和整合多专业技术的专项研究，最终形成整体性、系统性、全局性的规划引领方案。

（2）政策统筹：运用政策联动、多路径叠加的政策工具箱

用好用足政策工具箱，综合利用“土地整备+城市更新+综合整治”政策工具箱实现实施统筹，安排工作时序，保障成片连片产业空间、绿色生态骨架、特色资源等要素充分整合和快速实施，科学配置各类公共服务配套、避免资源浪费。通过路径统筹形成政企协、发挥二次开发方式最佳效应的开发实施引导。

（3）利益统筹：建立利益平衡、多方共赢的利益统筹格局

充分平衡短期和长期利益、局部和整体利益，考虑跨社区、跨街道的平衡机制，充分运用产业保障房和产业过渡房，引导社区参与分享城市长期高质量发展的红利，政府、企业与社区共同努力，形成政府主导、多方共赢的格局。

（4）实施统筹：建立高位统筹、高效协同的工作统筹机制

片区统筹应建立高位统筹机制，保障高效率的决策执行以及对多要素、跨范围的资源调配；还应形成有关部门高效协同、多方动员的完整组织架构，保障各方面工作的协调推进。

第10章　政府主导的存量土地盘活多元路径

10.1　深圳：利益统筹支撑下的原农村土地实施土地整备

10.1.1　利益共享：优化土地增值收益分配，调动各方改造积极性

利益共享是深圳市土地整备的关键动力，主要对策可以概括为三个方面：一是创新利益共享方式，通过“留用地”保障原权利人的发展权益，提高了原权利主体的积极性；二是优化利益分配格局，确保政府获得规模化城市发展用地，保障了城市整体利益和公共利益的实现，提高了政府部门的积极性；三是预留增值收益空间，引导市场主体介入并提供专业化服务，提高了市场主体的积极性。

（1）创新利益共享方式，通过“留用地”保障原权利人发展权益

在我国政府主导的存量土地再开发模式中，对原权利人的补偿方式主要为货币补偿和产权置换，难以有效满足原权利人发展诉求，使其改造积极性不足。货币补偿方式即按照地方标准一次性给予原权利人现金补偿，该方式无法满足原权利人分享城市发展红利、获取持续现金流的需求，且一次性补偿金额巨大，对政府前期资金投入要求较高。产权置换方式则是基于原权利人物业类型和价值，按照一定比率置换成新的物业，但由于传统征收模式中，安置房源以住房及商铺为主，选择面较窄、位置较偏，且存在难以分割出租、管理费用增加、房屋质量缺乏保障等问题，同样无法充分满足原权利人的发展诉求。

深圳土地整备创新性地引入“留用地”制度，通过返还土地来保障原农村集体经济组织的发展诉求。在深圳土地整备利益统筹项目中，原村集体最高可以获

得55%的留用地，其功能以居住及商业为主，根据村集体实际需求设置具体功能配比。虽然村集体获得的用地规模有所减少，但实际持有的物业面积基本一致，且能够获得权能完整合法产权，除共有产权房外，均可作为商品房进行入市交易、转让流通、抵押融资等，物业价值大幅提升。正是在留用地的增值收益驱动下，原权利人（特别是合法外用地占比偏高的村集体）开始主动谋划和推进土地整备工作，使存量开发中的交易成本大幅降低，政府也降低了负担。

此外，为缓解土地整备的前期资金压力，政府先行拨付土地整备资金，进一步提高了原权利人的改造动力。土地整备项目前期涉及管理服务、前期投资、前期运营等众多事务，需要庞大的前期资金投入，在项目总投资额中占有很大比重。为了充分调动原权利人的积极性，深圳土地整备利益统筹项目由政府提前拨付一定的土地整备资金给原村集体，作为其开展土地整备前期工作的启动资金和村民临时安置的补偿资金，以降低原权利人的前期资金压力和融资成本，保障土地整备项目顺利启动和推进实施。

（2）优化利益分配格局，确保政府获得规模化城市发展用地

对于政府而言，土地整备可以通过较低的成本获取成片土地资源，为大型产业项目和设施配套提供了空间保障。改革开放以来，深圳经过几十年的高速扩张，陆域开发强度很快达到50%，面临突出的土地资源瓶颈，倒逼其依靠存量土地再开发来满足城市的发展需求。在早期探索中，深圳通过市场化运作的城市更新，实现了大批存量地区的空间重塑，然而政府获取的土地规模普遍偏小、分布零散，难以满足重大产业项目、大型公共服务设施和城市基础设施等的用地需求，因此同步开展了土地整备开发模式的探索。在土地整备项目中，政府通过出台相关政策，明确留用地的返还规则，使政府获得除留用地以外的规模化连片土地，为城市重大产业项目、城市基础设施和公共服务设施等提供有力的空间保障，确保了城市发展意图的有效落实。同时，由于深圳的土地整备主要由原权利人负责推进实施，政府只需在前期提供部分启动资金，无须在拆迁补偿安置过程中耗费大量的资金和行政成本，并可通过原权利人补缴的土地出让金平衡前期投入，有效降低了政府获取存量土地资源的财政压力和行政风险。

在“市—区—社区”的工作传导中适当预留了弹性操作空间，从而更好契合各方发展诉求，并调动各级政府的主观能动性，促进土地整备工作的逐级落实。在

“强区放权”导向下，市级政府制定全市土地整备工作的总体方向和目标，并将具体的审查审批权下放至各区，只有当项目涉及法定图则未覆盖或强制性内容调整时，由深圳市城市规划委员会审批。各区依据自身实际发展情况，制定五年规划和年度计划，统筹协调土地整备项目和资源配置，对自身需落实的重大产业项目、重大民生项目有了更强的主动谋划动力。原村集体则通过与区政府“算大账”明确总体利益格局，进而发挥其自治力量，理顺内部产权经济关系，主导村集体内部以及与市场主体和其他相关权益人间的利益划分，从而使其具备更大的自主决策空间，拥有更强动力开展土地整备工作。

（3）预留增值收益空间，引导市场主体介入并提供专业化服务

在深圳土地整备利益统筹项目中，还通过适当预留土地增值收益空间，吸引市场主体介入，实现了土地整备的市场化运作。土地整备工作通常涉及规划、土地、拆迁、开发等多个专业领域，对项目投融资、项目开发和运作经验等均有较高的要求，大部分原权利人不具备上述条件，通常需要引入市场主体协助合作开展土地整备工作。在深圳土地整备实践中，通过土地增值收益分配机制的合理设计，为原权利人预留相对较高的收益空间，同时允许留用地通过协议出让，为市场主体介入提供了有利条件。市场主体通常为房地产开发商，其本身拥有丰富的项目开发经验和庞大的资金链，可以为原权利人提供强有力的技术和资金支持，并通过前期介入掌握土地整备工作的第一手信息，为后期进行留用地二级开发奠定基础，再通过土地二级开发获取增值收益，从而实现政府、原农村集体经济组织和市场的共赢。

10.1.2　规划引领：构建自上而下协同推进机制，保障宏观战略落实

规划计划引领是土地整备项目实施的特征，深圳市土地整备在规划引领方面的内容可以概括为三个方面：一是开展五年专项规划，对土地整备与中长期的规划和城市发展要素进行统筹衔接，形成土地整备的工作纲领；二是制定年度计划，协调专项规划和项目诉求，强化流量管理，提高土地整备的有序性和可操作性；三是集中资源投放，引导重点项目优先整备实施，确保政府战略意图的落实。

（1）开展五年专项规划，加强规划衔接和要素统筹，形成工作纲领

深圳土地整备首先通过五年专项规划充分对接相关部门的规划计划，明确各类用地需求，统筹要素配置，保障重大项目和设施部署的向下传导。土地整备的核心任务是实现土地的有效供给，这就需要以土地整备专项规划作为“供给侧”空间谋划的重要抓手，一方面与总体规划、近期建设规划、国民经济和社会发展五年规划、产业发展规划等做好充分衔接，明确不同口径的用地需求，特别是落实近期重大项目和设施的部署要求；另一方面盘点全域存量土地资源和整备潜力，判断各类用地需求的实施可行性与可能路径，从而实现存量土地供给与需求的有效匹配。为强化存量土地不同供给路径的统筹衔接，深圳在新一版五年专项规划中，将土地整备和城市更新充分融合，使其能够综合运用存量开发的多元手段，充分响应城市发展的不同空间需求，进一步促进土地要素的优化配置。

在统筹要素配置的基础上，还需通过五年专项规划，明确整备任务，形成“工作纲领”，指导土地整备工作的有序推进。深圳土地整备专项规划通过重点把控和层层分解整备规模、重点区域和重大设施等核心要素，保障全市整备任务的向下传导落实，有效适配城市阶段性发展需求，并使基层政府明确一定时期内的土地整备的工作重心。与此同时，为保障整备任务符合地方实际，深圳在专项规划探索中，逐渐形成了市区联动的编制机制，以充分协调和落实各区差异化的发展诉求，制定更具针对性和适应性的分区任务，并预留一定弹性空间，以保障规划目标的有效落实。

（2）制定年度计划，协调专项规划和项目诉求，强化流量管理

在专项规划自上而下的指导下，各区通过协调自下而上的土地整备项目诉求，形成年度计划，引导重点项目优先推进，有效适配城市发展需求。在存量土地再开发中，往往面临诸多不确定性，专项规划难以充分预测未来情形，常会出现一些地区未能按照规划设想完成改造，而另一些地区则超出规划预期顺利开展整备工作的情况。为了有效应对这一问题，深圳进一步建立了“土地整备年度计划管理”的机制，由各区基于专项规划任务要求、自身发展需求及上年度计划实施情况等，对辖区内上报的土地整备项目申请进行汇总和筛选，从而制定年度计划，使涉及重点地区、重大设施的项目优先立项推进，确保上位规划的落实。同时，通过年度计划项目的总量把控，保障居住用地、商业用地等的供给与城市发展需求相匹配，避免土地市场受到过度冲击。

年度计划在统筹土地整备项目的同时，还需妥善安排配套资金，保障计划内项目的顺利启动，并维持整备资金的有效周转。正如前文所述，土地整备项目需要政府提供一定规模的前期资金，以覆盖拆迁补偿、调查勘测和规划设计等前期费用，促进整备项目的启动实施。这就需要在年度计划中，合理预测和制定土地整备资金计划，使财政部门能够提前预留相应资金，有效满足计划内项目的需求。此外，土地整备资金计划还需避免过度波动，以防增加资金管理的不确定性，引发财政赤字压力。

（3）集中资源投放，引导重点项目优先整备实施，落实政府战略意图

在土地整备项目的具体推进过程中，深圳还通过政策、资金、行政等多种资源的优先投放，推动重点地区和重点项目加快实施。在政策方面，通过定向提供审批优化、地价优惠和税费减免等政策，可以引导重点项目类型的加速推进，例如深圳为鼓励“工业上楼”项目，实现高品质低成本产业空间的充分供给，特地出台政策实行“三审一签”制度，允许该类项目的规划和土地方案同步编制、并联审批，极大压缩了土地整备的审批流程，提高了项目推进速度。在资金方面，则可以通过优先安排和保障重点项目的土地整备资金，激发原权利主体的改造积极性，从而加快项目的推进速度。在行政方面，则主要通过设置现场指挥部等，由主要领导挂帅，靠前指挥和协调该地区的土地整备工作，及时解决项目推进中遇到的各类问题，集中投放行政资源以加快项目的审批和实施。

10.1.3 连片统筹：以单元为平台协调多元诉求，提升片区整体效益

连片统筹是深圳市土地整备的特色和创新。首先，土地整备单元规划搭建了多方协商的平台，奠定了资源统筹配置和“算大账”的基础；其次，通过项目实施方案落实各方诉求，确定了利益分配格局，直接指导项目的推进实施；再次，土地整备单元规划与项目实施方案纳入法定文件，稳定了各方预期，保障了实施方案的有效落实。

（1）基于土地整备单元规划搭建多方协商平台，统筹资源配置

深圳土地整备项目在编制土地整备单元规划的过程中，形成了一个不同利益主

体共同参与的协商平台，有效保障了各方诉求的协调和落实。不同于传统自上而下编制的规划，深圳的土地整备单元规划属于典型的“协商型规划”，在编制过程中，需要政府部门、编制技术单位、原权利人及市场主体等共同参与并进行多轮反复协商谈判，逐步形成有一定共识的方案，并有针对性地落实到空间。在此过程中，土地整备单元规划事实上提供了一个多方博弈的平台，各方在利益统筹规则与规划技术规范的既有政策框架下，针对利益划分和空间安排提出各自的诉求，通过不断协商谈判逐步找到利益平衡点，其核心是留用地的规模及规划控制指标。

在协调各方诉求的基础上，土地整备单元规划还需统筹优化资源配置，实现单元空间品质的整体优化提升。深圳的利益统筹项目中，土地整备单元一般与项目实施范围保持一致，多以整个农村社区或产业园区为单位，以此在更大尺度上实现经营性用地和公益性用地的统筹规划，保障拆赔标准的统一和增值收益的合理分配。同时，作为控制性详细规划层面的空间规划，土地整备单元规划需要有效落实国土空间总体规划、相关专项规划等上位规划的管控要求，在既有法定图则的基础上，结合各方诉求与留用地指标，优化空间格局和设施配套，理顺产权关系，明确留用地的选址范围、土地用途和容积率等规划控制指标，保障配套公共设施满足未来人口及产业的需求，并通过城市设计塑造高品质的空间形象，以此促进整备单元综合效益的有效提升。

（2）通过项目实施方案落实各方诉求，确定利益分配格局

项目实施方案则通过落实留用地、整备资金和实施方式，明确政府和原权利人的利益边界，保障土地整备项目的有序实施。在深圳土地整备实践中，一般同步编制土地整备单元规划和项目实施方案，保障空间方案与实施方案相互衔接，并充分落实各利益主体的诉求。项目实施方案作为区级政府进行土地整备项目管理的重要工具和实施主体开展后续工作的依据，一方面提取土地整备单元规划中有关留用地的核心内容，形成权益容积方案和留用地方案，明确政府和原权利人的利益分配格局，指导后续的土地移交和留用地开发等工作；另一方面基于相关政策规定和现状情况，核算项目货币补偿费用，明确土地整备资金需求，以便政府安排相应资金，保障项目的顺利启动。此外，项目实施方案还会明确项目实施方式、进度计划、各方责任与分工等，以进一步指导土地整备项目的实施。

（3）土地整备单元规划与项目实施方案纳入法定文件，稳定各方预期

为了稳定各方预期，有效指导项目实施，深圳通过差异化路径将土地整备单元规划和项目实施方案纳入法定文件，提高了协商成果的法定效力。存量土地再开发过程中，规划方案常受到政府、原权利人、市场等不同主体的干预而逐渐走样，使各方难以形成明确的预期，不同主体为保障自身的利益而抬高报价，从而进一步加大了博弈成本。针对这类挑战，深圳通过协商前置，保障规划和实施方案能够凝聚各方共识，同时通过成果法定化，增加规划调整的制度成本，以此稳定不同利益主体的收益预期。在具体操作中，则采取不同方式实现规划成果的法定化，以匹配不同政府主体的管理事权。其中，土地整备单元规划的报批纳入控制性详细规划调整的法定程序，经部门审查、公示和图则委审批后纳入法定图则，作为自然资源主管部门进行规划行政许可的法定依据；项目实施方案将核心内容纳入项目实施监管协议，约定土地移交、进度安排、资金监管等实施责任和监管要求，形成具有法定效力的民事合同，保障实施方案的有效落实。

10.1.4　多方共治：引导多方主体全过程参与，推动项目顺利实施

（1）项目申报阶段：原权利人主动申报，政府进行核查筛选和计划立项

与传统的土地征收不同，深圳土地整备利益统筹项目主要由原权利人负责项目立项申请，市场主体可以提前介入协助原权利人开展项目申报立项工作。在以往的土地征收项目中，主要由政府主导进行项目谋划和立项，原权利人处于相对被动的地位。而深圳土地整备实践中，在土地增值收益的驱动下，原权利人有更强的动力主动开展土地整备工作，因此在项目前期立项阶段，主要由原权利人进行自主申报。以整村统筹项目为例，原农村社区通过初步的利益核算和预算分析，对整备项目的实施是否能够推动社区转型发展、能否满足安置的要求有了基本认识，再召开村民股东大会进行表决，经同意后，由社区代表向街道办提出项目立项申请。土地整备工作涉及规划、土地、拆迁、开发、资金等专业知识，对项目投融资要求较高，大部分原农村社区难以独立完成，因此往往引入市场主体提供协助，共同完成前期申报工作。

各级政府则主要负责对原权利人土地整备项目申请进行核查筛选，结合相关规划计划和城市发展需要进行计划立项。其中，街道办负责对土地整备项目申请进行

预审，并编写项目可行性研究报告；区级政府负责对立项申请进行核查筛选，结合土地整备专项规划及重大建设项目计划、土地供应计划、国土基金使用计划等，制定土地整备年度计划；市级政府则对各区年度计划进行审批备案，并及时汇总、分析和评估各区计划，进而不断优化计划管理。

（2）方案制定阶段：原权利人与政府“算大账”，明确利益划分总体格局

原农村社区按需与市场主体进行合作，结合自身利益诉求，不断与政府就规划方案和实施方案等进行测算磋商。政府则以公共利益为底线原则，与原农村社区或市场主体组成的实施主体进行磋商，最后达成共识。在方案制定阶段，社区在上级部门的指导下进行大账的测算，并在规划方案中表达自身利益诉求，最终形成符合双方预期的具备操作性的实施方案。市场主体可以凭借自身在项目开发中的丰富经验，在前期介入帮助原农村社区更加了解自身的利益诉求，提供专业的服务支撑，促进项目顺利通过审批。政府则主导开展编制土地整备实施方案，核心就是由资金、留用地和留用地规划构成的利益补偿方案。

（3）拆迁安置阶段：原权利人内部“算细账”，开展具体拆迁补偿安置工作

政府负责与原农村集体经济组织签订实施协议，做好供地方案、地块验收等工作。政府主体依据实施方案和土地整备规划，由区土地整备事务机构、街道办事处、规划和自然资源主管部门派出机构与原农村集体经济组织签订土地整备利益统筹项目实施协议书，制定供地方案、农转用实施方案，做好地块验收和移交入库等工作。

原农村集体经济组织则根据协议书负责建（构）筑物及青苗、附着物的补偿、拆除、清理和移交工作。与原农村集体经济组织的居民“算细账”，签订搬迁补偿安置协议，完成房地产产权证的注销工作。按照项目实施协议书办理相关土地的征（转）补偿手续后，社区与自然资源主管部门签订留用土地使用权出让合同。在这期间，可以引入市场主体，为社区完成前期的拆迁安置工作、资金提供支持，降低社区独立运作的风险。

（4）土地开发阶段：基于原权利人诉求，多种模式进行留用地开发建设

原农村社区依据实施协议可以通过合作、入股等方式对留用土地进行开发，可以引入市场主体参与开发。政府做好留用土地开发的支持与监督，通过出让和划拨等方式对留用土地以外的土地进行开发。社区可以选择自用留用土地，也可选择通过集体资产交易平台与市场主体合作开发或者以作价入股的方式进行留用土地开发。市场主体可作为合作对象参与。

10.1.5　成效和问题

总体而言，深圳通过利益共享、规划引领、连片统筹、多方共治等手段，使政府主导下的土地整备工作取得了不俗的成绩，有效促进了国土空间规划的落实，为重大项目和公共设施建设提供了有力的土地支撑。需要强调的是，深圳土地整备的制度体系建设并非一蹴而就，而是在遇到问题、解决问题的探索过程中进行不断试错与完善的动态过程。时至今日，这项制度仍难称得上尽善尽美，依旧留存许多问题有待进一步探索和完善。例如，土地整备与城市更新政策尚未有效衔接，由于深圳城市更新主要由市场主导，通过自由协商确定拆迁补偿安置方案，客观上形成了项目攀比和政策挤兑的现象（林强等, 2020）。再者，土地整备对基层治理能力建设的考虑不足，存量土地再开发既是空间重塑和利益再分配的过程，也是基层治理格局优化的过程。深圳土地整备的制度设计中缺乏对基层治理能力提升路径的充分考虑，同时又高度依赖原农村集体经济组织推进项目实施和开展内部利益分配，在滞后的基层治理架构和有限的监管下，存在项目推进迟滞、内部分配不均、基层矛盾突出等潜在问题（郭源园, 2021）。此外，土地整备对外来租户的权益缺乏有效保障，土地增值收益主要在政府、原权利人及市场主体间进行分配。与村民有租赁关系的外来者面临居住和通勤成本上升、工作场所丧失等负担，进一步扩大了社会贫富差距，并将随着外来人群生活成本的提高而抬升整个城市的综合成本，为城市的长远发展埋下隐患（许亚萍等, 2020）。

10.2　上海：空间格局重塑下的城乡低效用地再开发

10.2.1　案例概述

在经历了多年的快速发展后，上海已建设成为高密度超大型城市，建设用地不断逼近国土空间规划的规模上限，土地后备资源严重短缺。与此同时，建设用地快速扩张严重挤压了生态空间，导致上海生态游憩空间严重匮乏，2015年全市森林覆盖率约为15%，低于全国22%的平均水平，人均公园绿地面积7.6m^2，与国家标准存在较大差异。上海在用地增量空间十分有限的同时，存在部分建设用地节约集约利用水平不高的问题，在旧工业区和郊野地区尤为明显。在经济转型的关键时期，土地资源瓶颈、旧工业区和郊区土地利用粗放、城市生态空间结构不合理等问题成为阻碍上海高质量发展的瓶颈。

为保障城市健康可持续发展，实现建设卓越全球城市的目标，上海规划建设实践从增量扩张转变为存量用地再开发，探索建立了土地储备制度和“以减定增”为核心的政策体系，推进重大战略地区再开发和现状低效建设用地减量化，加强土地集约利用，促进资源优化配置。在城市总体发展格局上，“上海2035”延续了原有的空间布局导向，深化构建网络化、多中心的空间体系，提升主城区的功能能级，突出新城综合性节点的城市功能，严控外围地区增量建设，全面提升城市生态水平，以更加开放协调的空间格局支撑城市转型发展。面对土地资源约束，上海压缩增量指标，提出至2035年建设用地规模不超过3200km^2，探索通过建设用地“零增长”倒逼城市实现内涵式发展，并在规划集中建设区外识别出198km^{2}需腾退的工业用地，以成片收储和郊野单元改造为核心抓手，通过存量建设用地盘活改造和减量化发展，优化发展空间布局，推动土地节约集约利用和新型城镇化。

至2021年，经过两轮三年行动计划，上海低效用地再开发取得了明显成效。不仅守住了建设用地规模底线，实现了土地利用方式的根本性转变，同时缓解了耕地保护压力，促进城乡空间布局优化，为城市高质量发展提供了强有力的空间保障。

10.2.2 城镇开发边界内：创新成片收储机制，推动重大战略地区再开发

经过多年发展，上海土地储备逐渐从市场主导型转变为“政府主导、市场运作、市区两级政府合作”的土地储备模式，推动了重大工程和重点地段建设和黄浦江两岸开发建设，成为实施国土空间规划的重要政策手段（顾秀莉, 2010; 施玉麒, 2012; 宋德凤, 2016; 王玲慧, 2020）。

（1）自上而下谋划重大战略地区，高标准开展规划设计

为指导土地储备工作有序开展，上海结合城市总体空间发展需求，有序安排城市空间发展重点，通过三年滚动计划对空间规划实施进行有效引导，实现空间分级管控。宏观层面依托总体规划和近期建设规划对重点发展空间进行价值研判，明确土地储备导向，谋划中央活力区、四大主城片区、五大新城等重要战略空间，确保土地指标和资金要素向重点区域倾斜，引导落实“多中心、网络化”的空间格局。中观层面进一步识别“一江一河”、虹桥商务区、张江科学城等土地储备重点区，通过多专业协同、高标准开展战略地区统筹规划，细化引导土地资源利用的时序安排和空间分布。微观层面通过国际竞赛、总师把控、广泛公众参与等方式，开展重要项目规划设计和开发建设，促进土地储备项目高标准实施。

（2）高规格成立领导小组，多部门协同推进低效用地再开发

土地储备需统筹安排规划、计划、资金等多种要素，涉及多部门多区域，需构建强有力的统筹协调机制以确保土地储备实施。以黄浦江两岸开发为例，为更好调动政府各职能部门，提高工作效率，从一开始便搭建起了跨部门整合与集中协调的组织架构，包括领导小组、领导小组办公室、开发公司三级平台，有效保障了开发工作顺利推进。其中，领导小组由市长牵头，分管副市长和各部门及沿江各区主要负责人出任小组成员，通过定期召开联席会议，把控开发进度，解决重大问题，协调各部门及各区支持开发工作；领导小组办公室（即“市浦江办”）是市政府授权协调、引导黄浦江两岸开发的派出机构，作为实施主体，既服务于领导小组的决策，又承担了管理、调控、协调和监督四大职责，在整个开发过程中支撑了三级架构的运行；开发公司由市政府组建，与市浦江办采取“两块牌子，一套班子”的运行机制，作为实务性工作的操作主体，在浦江两岸综合开发建设中的主导作用。

（3）合理协调原权利人诉求，多手段推进土地收储和产业转移

上海作为最早开埠的城市之一，浦江两岸吸引了众多外资企业和民营企业进驻，也聚集了上海水泥厂、江南造船厂等大型国企央企。为推进浦江两岸公共空间开放，市政府决议通过土地储备平台腾退工业企业，在此过程中涉及大量企业和住户需要搬迁的问题，从而牵涉多方利益。其中，央企行政级别较高，议价能力远超其他企业，双方博弈下搬迁容易陷入僵局。

为减少潜在冲突，加快项目推进，上海探索了多种土地收储方式和利益共享机制。为保障企业未来发展，杨浦滨江地区探索实践了土地出让溢价分成的机制，实现“政企合作、利益共享、责任共担”。对于大型国有企业，通过区政府与国企签订整体战略框架合作协议，以“合作开发、资产安置、政策优惠”等方式，满足收储企业多元化安置补偿需求（王娟等, 2021）。以上海水泥厂为例，其上级上海建材集团共收到的补偿，一部分转化为用于水泥厂新址建设的土地费用，另一部分转化为徐汇滨江文化用地，开发权交给建材集团上级单位上海国盛集团。其余企业按照综合效益进行分类，优质企业以异地安置为主，淘汰类企业则主要通过现金进行补偿（张松，2021）。

10.2.3 城镇开发边界外：以郊野单元为抓手，推进乡村建设用地减量化

为解决建设用地低效利用问题，实现“减量化”发展目标，上海较早提出了郊野单元的概念，即在集中建设区外的郊野地区实施规划和土地管理的基本地域单位，原则上以单个镇域为一个基本单元。2015年将“上海2035”新要求与镇域层面规划进行衔接，首次提出使用单元图则管理；2018年，合并郊野单元规划与村庄规划为郊野单元（村庄）规划，作为城市开发边界外的详细规划。随着国土空间管理的精细化发展，现阶段上海将土地整治、增减挂钩等土地政策工具与郊野地区空间开发相融合，建立了以空间规划为引领，以郊野单元为载体，以土地综合整治项目为平台，以城乡用地增减挂钩为主要工具的减量规划体系（黄婧等, 2020; 林坚等, 2020）。

（1）嵌入国土空间规划体系，统筹制定年度减量化目标和项目计划

为实现建设用地“减量化”目标，上海通过对比分析集中建设区外现状建设用地和规划状况，明确未来减量空间主要分布在集中建设区外的工业仓储用地整治区域和农村居民点用地归并区域，结合减量操作可行性和政策支持导向。上海以“198区域”[1]为重点区域，制定了以三年为周期的行动计划。

1　在规划集中建设区外近 198km^2 的现状低效工业用地，称为“198 区域”。

为贯彻落实建设用地“负增长”目标，依据“上海2035”制定行动规划体系，一方面加强规划统筹引领，空间落实减量指标，依据市、区县国土空间总体规划各区剩余规划建设空间、年度新增建设需求以及减量潜力等情况，由市规划和自然资源局将任务分解到区县和年度，各区县再根据自身情况，推进以镇街为单位的郊野单元规划编制与实施，落实“减量化”工作（李雯骐, 2017）；另一方面做实近期计划，明确资金平衡方案：结合综合行动规划，市级划定规划实施重点区域，镇街层面通过调查分析确定三年内能够实施减量的地块，明确拆迁补偿安置等所需费用的资金来源，通过自上而下引导资源倾斜与自下而上项目申报遴选相结合的方式，确保减量化目标落实和后续项目实施（钱家潍等，2015）。

（2）以郊野单元为平台，开展土地综合整治，推动乡村振兴发展

2018年以来，郊野单元规划更加聚焦乡村振兴战略，主要承担镇域用途管制、建设项目依据、推动国土整治等内容，一方面协调各部门计划要求，解决各环节之间重复、矛盾的问题，统筹全域国土整治；另一方面整合各类专项规划，明确规划责任实施主体，强化空间用途管制（林坚等, 2020）。郊野单元规划的内容主要包括以下三方面，一是加强现状摸排，传导上位规划，合理确定规划目标并策划乡村产业振兴的路径；二是强化全域空间和全地类统筹布局；三是制定单元图则，形成近期行动计划，指导项目实施（杨秋惠, 2019）。

（3）通过城乡建设用地增减挂钩，实现项目开发利益平衡

上海探索建立了“以减定增”的政策体系，要求经营性和一般工业项目的新增用地指标，必须通过实施等量的低效建设用地减量化获得，进而将建设用地指标转移到土地级差较高的城镇区域，将经济利益留在实施减量的集体经济组织中，从而实现项目开发利益平衡。为避免减量化前期的“阵痛”期，提高区镇实施积极性，上海分别从统筹资金、利益平衡的角度，进行了一系列有益的探索。

一方面，市区两级政府对减量化净新增指标进行补贴。若是减量化同时产生了净新增建设用地指标和耕地占补平衡指标（即“双指标”），则鼓励进行有偿交易流转，实现用地指标区内供给平衡和增减平衡、资金封闭运行和收支平衡。另一方面，积极引导企业退出或转型升级，并充分考虑集体经济组织和农民的长效收益，建立“造血”机制。

10.2.4 成效和问题

上海通过城乡低效用地再开发，一方面守住了建设用地规模底线，实现了土地利用方式的根本性转变；另一方面缓解了耕地保护和生态环境保护的压力。同时，城乡空间布局也得到优化。经统计，全市减量化腾挪出来的用地指标用于市政民生项目约48%、用于经营性项目约29%、用于工业项目约23%。规划开发边界内外的用地结构得到调整，城乡空间布局得到优化。

与此同时，上海低效用地减量化工作也存在一系列问题与难点。一是政府绝对主导下的土地整治涉及的资金量十分庞大，仅靠市区两级政府财政难以支撑。按目前收购价，实施集中建设区外减量化目标需巨额资金，如果仅依靠政府投资而没有社会资本参与，减量化任务难以完成，减量化能否全面推进存在不确定性。二是政府主导下的土地整治忽略了各镇的土地级差，邻近中心城区和郊区新城的区域整治的动力较强，远郊区县由于得到的建设用地指标和集中建设区指标没有“市场”而对减量缺乏动力（田莉等, 2015）。

10.3 重庆：面向城乡统筹发展的土地综合整治

10.3.1 案例概述

重庆市辖区地域广阔，幅员辽阔，其内山地多，平原少，集大城市与大农村于一体。自然地理环境导致农村居民点分散，基础设施和公共服务设施的利用效率不高。随着新型城镇化的推进，出现了空心村和农村宅基地闲置的现象。而重庆要建成长江上游经济中心和西部增长极，必须进一步加快工业化城镇化进程，按照规划进度，重庆每年新增建设用地指标需求和计划指标存在较大的缺口（陈悦, 2010）。市域内经济发展水平和资源禀赋相差较大，在生态资源禀赋较好经济发展相对落后的区域，农村建设用地闲置和浪费现象严重；主城区经济发展水平和人口密度较高，但面临建设用地指标缺口大和耕地保护压力大的问题（顾汉龙等, 2020）。地票制度，即将农村建设用地通过复垦形成证券化的新增建设用地指标，使得土地要素能够在区域间流通。地票交易不仅为农民自愿有偿退出农村宅基地开辟了一个制度通道，也为解决城镇建设用地的指标缺口提供了政策通道，有效促进了土地城镇化和人口城镇化协调发展。

10.3.2　机制创新：创新“地票”制度，促进城乡建设用地指标流转

伴随城镇化进程的推进，城市空间扩张与耕地保护之间的矛盾日益突出，为实现建设用地指标的城乡流动，国务院于2005年正式提出将城镇建设用地新增与农村建设用地减少相关联的政策，并以试点先行的方式在全国范围内逐步推广。2007年5月，重庆被国家批准成为统筹城乡综合配套改革实验区。为此，重庆市提出设立重庆农村土地交易所，建立统一的城乡土地交易市场。2008年11月，《重庆农村土地交易所管理暂行办法》经重庆市政府常务会议通过，同年12月，由政府出资的非营利性事业法人机构正式挂牌成立，即重庆农村土地交易所，地票交易制度正式诞生，标志着重庆在统筹城乡发展过程中对土地流转方式的重要创新（王婧等, 2011）。

“地票”指农村集体建设用地经过复垦和规划和自然资源管理部门验收后产生的指标，可以通过公平拍卖在全市范围内进行流转。作为城乡建设用地增减挂钩的具体方案，地票制度的本质在于以市场化方式实现农村建设用地指标向城镇地区让渡，欠发达地区获得资金来源，发达地区解决建设用地短缺的困境，通过土地要素在城乡间的自由流动，在不降低地方耕地保有量的同时增加城市建设用地，同时使耕地成片化，为农业现代化创造条件（陈春艳, 2021）。地票运作流程大致可分为复垦、交易与使用三个环节。复垦环节，农村土地权利人将闲置的农村建设用地向区县国土部门提出复垦申请，复垦工作结束后交由市级国土部门进行资格审查，确认后核发地票。交易环节，获得地票的土地权利人将地票投放到重庆市农村土地交易所，开发者通过公开拍卖竞标购入地票。使用环节，购得地票的市场主体在全市规划区内选择拟落地地块，政府对拟落地地块进行征收后通过招、拍、挂方式出让，市场主体在竞购中胜出后地票指标才最终落地。

10.3.3　全域统筹：逐步强化全市空间统筹，通过土地流转优化开发保护格局

地票交易在政府监管下自发形成，地票来源和落地均显现出市场化特征。由于重庆对地票价款的分配并未考虑不同区域的土地价值差异，城市近郊的农村土地潜在价值比较高，农民的地票生产意愿较低，偏远地区闲置建设用地开发机会少，土地价值较低，通过远距离、大范围的地票交易置换，可以突破级差地租的约束，显

化土地价值，农民对地票生产的意愿较高。从地票来源来看，重庆地票发展导向是引导超载人口转移。从地票落地区域来看，主要落在了承担人口、产业集聚功能的主城及周边地区，其中落位于都市功能核心区、拓展区和城市发展新区的地票占比达到95%以上，而渝东北生态涵养发展区和渝东南生态保护发展区落地面积的占比仅为2.31%和1.05%（慕卫东, 2016）。由此可见，为追求经济效益最大化，地票落地使用区域主要是经济发展条件较好的区域，经济发展条件越好，地票落地使用的数量越多。地票的流通有利于推进区域发展差异化、资源利用最优化和整体功能最大化（黄奇帆, 2015）。

随着城市发展和环境保护意识提高，重庆对地票来源和落地都进行了进一步引导和管控。其中重庆市地票来源逐渐向生态建设空间支持转型，以协调推进生态保护、脱贫攻坚工作。2018年，重庆在巫溪和城口等国家级贫困县开展试点，一些因区位条件限制无法复垦为耕地的农户，也可以纳入复垦为林地、草地的范畴，增加了偏远地区农户参与地票交易获取财产性收益的机会，助推了当地的绿色转型发展（刘燕等, 2020）。在地票使用上，重庆市规定主城区经营性用地只能使用“地票”，国家下达计划指标则用于国家重点项目和公共设施、公益事业等公共利益目的用地（刘澄宇等, 2016）。

10.3.4 乡村振兴：利用地票交易资金，撬动乡村地区空间重塑与长效发展

地票制度具有反哺“三农”的鲜明特色，通过近期资金注入和远期保障体系建设，促进乡村地区长远发展。一是赋予了农民更多的财产权利。一方面复垦宅基地生成的地票在扣除成本和分成之后对农民而言是一笔较为可观的财产性收入；另一方面地票作为有价证券，还可用作融资的质押物，从而解决了农民贷款信用不足的问题，缓解“三农”融资难题。二是支持了新农村建设，促进了乡村振兴。重庆把农村闲置宅基地复垦与农村危旧房改造、地质灾害避险搬迁、高山生态扶贫搬迁等工作有机结合并共同推进，达到了“一票”带“三房”的效果，人居环境与质量得到显著提升。三是增加了农民家庭的承包地数量。四是村集体的地票收益则用于村集体公益事业建设，解决了村集体发展公益事业过程中的资金难题。

10.3.5　成效和问题

2008年以来，地票交易政策在重庆市范围内推广迅速，在优化土地结构、统筹城乡发展、提高土地节约集约利用等方面发挥着很大作用，为产业经济和城镇建设提供了发展空间，同时促进了城乡农民收入增长，为乡村振兴注入了强大动力。截至2022年底，重庆地票交易已累计36.9万亩，其中生态类地票6589亩，有效促进了生态恢复与发展；已成交地票为农村输送反哺资金700余亿元。同时，重庆的探索也为其他城市提供了新的理论和经验，其中国家下达计划指标与交易指标双轨制这项探索，已纳入国家《深化农村改革综合性实施方案》予以推广。

重庆地票交易制度在取得显著成效的同时，也面临一系列有待深入解决的问题：

一是经济利益驱动下地票生产过剩，与城市发展需求脱节。虽然政策规定地票交易要根据年度用地计划和实际用地需求情况合理确定，但在实际工作中，由于地票能够为农村带来可观的经济利益，相关权益人意愿较强，生产地票的区县都不同程度地存在库存指标。库存指标的大量积压，使得地票交易落地困难，一定程度上阻碍了乡村地区的复垦复绿和持续发展。

二是地票承载权利模糊，与土地出让市场脱节，市场购买动力不足。按照现行政策，地票持有人并未获得同等面积地块的建设用地使用权，只是获得了建设用地地块选择权和征地建议的权利，即使地票持有人选中的地块进入“招拍挂”程序，地票持有人仍须与其他未持有地票的开发商进行竞争，存在无法竞得土地使用权的风险，较高的机会成本一定程度上降低了开发商购买地票的积极性，导致地票新增城市建设用地的功能难以快速实现，一定程度制约了地票制度功能的发挥。

三是地票适用范围较窄，农村长期发展受到制约。地票制度产生的建设用地指标，虽然制度中规定优先用于农村发展需求，但由于缺乏具体实施细则，各地为了最大化收益，基本全部纳入地票交易体系，几乎没有预留农村长远发展的指标。同时，乡村留用指标主要用于满足当时的集中社区建设或新建住宅，同样忽略了未来发展的用地需求，存在新农村建设面临建设用地指标匮乏的隐患。

10.4 佛山：聚焦产业转型的村级工业园升级改造

10.4.1 案例概述

村级工业园是佛山乃至珠三角地区早期经济发展的缩影，是佛山经济腾飞的历史功臣。改革开放以来，自下而上的农村工业化带动了佛山地方经济的快速发展，然而在新时期高质量发展要求下，村级工业园粗放化发展造成空间品质和土地节约集约利用水平低等一系列问题，低成本、粗放扩张的村级工业园成了制约城市发展、产业转型等的关键因素（袁奇峰等, 2016）。以顺德为例，在村镇工业化高度发展背景下，城镇区迅速蔓延，国土开发强度接近50%，城镇建设用地趋于饱和的同时，村级工业园布局散、效率低的问题也十分突出，土地面积占已投产工业用地的70%，却仅贡献了27%的产值和4.3%的税收（梁家健等, 2021）。“十三五”之后，粤港澳大湾区发展格局重构，科技创新要素环湾集聚，广深两城先进制造业也在不断外溢，大量企业向佛山、珠江西岸转移，佛山迎来产业转型升级的契机。区域大格局转型要求下，量大、面广、低效的村级工业园已难以适应新时期经济发展要求。

为盘活低效工业用地，获取城市高质量发展空间，佛山集中资源投放，合力攻坚村级工业园升级改造，寻求城市再发展。2009年广东出台“三旧改造”相关政策后，2010年顺德成为“三旧”改造政策的先行地，并将村级工业园作为“三旧”改造重点（龚亚男, 2021）；2014年南海区成为广东省开展新一轮深化“三旧”改造综合试点单位（张开泽, 2020）；2018年佛山全市以“工改工”为主开展村级工业园改造；2021年佛山出台《佛山市村级工业园升级改造总攻坚三年行动计划（2021—2023年）》，推动村级工业园升级改造。三年行动计划有效推动村级工业园的盘活、转型、升级，在摆脱集体土地产权困境、促进土地的整合开发等方面取得明显成效，为后续村级工业园改造提供了宝贵经验，对于调整产业布局、优化产业形态、促进产业创新发展都具有非凡的意义。

10.4.2 政策创新：破解集体土地权属壁垒，整合土地实现连片开发

集体土地产权困境是村级工业园改造需要直面的首要问题。一方面，村级工业园所在的集体土地本身土地产权稳定性不足，集体土地与国有土地相比缺乏优势。

另一方面，土地使用权转移方式等方面的差异，造成了两类用地的开发割裂，给存量开发推进带来了巨大的困难。因此，摆脱集体土地产权困境，成为推进村级工业园转型的重要环节。

一方面，佛山市争取政策试点，探索集体土地入市和指标流转。以南海区为例，借助《土地管理法》（2019年修正）允许经营性集体建设用地入市流转的契机，积极探索集体土地入市制度。佛山市在集体建设用地入市管理、调节金与税费征收、用地手续办理、交易抵押、土地综合整治和产业发展等方面制定了政策性文件，完善了农村集体经营性建设用地入市规则体系。与此同时，佛山市还建立了公开交易平台、农村集体建设用地信息管理系统、集体建设用地基准地价和基准地租体系，为集体建设用地入市提供了交易平台。在交易方面，南海区引入市场机制，将零散集体建设用地复垦后形成的建设用地规模和指标在全区范围内“公开交易”，形成了“地券生成—地券交易—地券使用”的地券交易机制，推动了建设用地和非建设用地间的相互流动。

另一方面，探索土地整合开发路径，破解集体土地权属壁垒。早期佛山发展依靠农村集体土地，以“离土不离家、进厂不进城”，在家门口办企业的发展方式，在空间上往往以村为单位，空间分布广泛，造成用地破碎化严重的情况，且在土地上集体土地与国有土地交错，导致用地更加混杂（龚亚男, 2021）。佛山积极探索集体土地整合开发路径，内容包括创新土地置换机制、探索不同用地权属的混合开发、鼓励用地归宗改造等（黄利华等, 2022）。

10.4.3 规划统筹：强化规划引领管控，引导村级工业园连片改造提升

长期以来，顺德以村集体为核心的产权体系和与之对应以村、镇为基本经济单元的工业发展模式，导致了村级工业园面临空间布局分散、权属破碎、低产低效等问题，在城市升级和产业转型的当下造成了对资源的严重浪费，不适宜当前集体土地市场化要素配置的要求。村级工业园改造不是简单的“破”和“立”，顺德通过强化规划引领作用，形成了“总体规划+专项规划+详细规划”三级规划体系，实现村级工业园高质量转型升级（田莉等, 2012）。

在国土空间总体规划层面，定格局、明重点，框定空间蓝图。以底线“找空间”，在满足相关底线要素前提下，构建产业空间、城市公共空间、生活休闲空间为

一体的蓝图，明确存量更新、空间腾挪和土地整备的重点地区（王朝宇等, 2021）。以空间格局重构为导向，打破既有村级工业园零散破碎的用地格局，规划形成9个连片成规模的现代产业保护区，在此基础上划定20个以制造业为核心的产业集聚区和30个面向村级工业园升级改造的主题园区，并且针对辖区自然资源全要素，形成“全要素增减腾挪动态流量图+空间引导蓝图”，通过用地腾挪流转手段，实现增存并举与空间重构（梁家健等, 2021）。

在专项规划层面，重引导、定计划，引导推动村级工业园改造。紧紧围绕空间集聚、产业集群两大主线，编制《顺德村级工业园改造总体规划》，构建“四个一”成果体系。一是建立一本台账，形成系统反映权属、建设、效能的城市立体台账；二是绘制一张蓝图，通过数据分析和综合评估，选取产业空间集聚最适宜区域，构建从零散分布的村级工业园走向20个产业集聚区的产业空间调整重构蓝图，引导产业集聚，明确政策投放边界；三是形成一套指引，形成涵盖产业指导目录、空间建设指引、建筑形态指引、服务配套指引的综合开发指引，明确产业园区发展目标；四是制定一个计划，制定三年行动计划，近期优先改造产业集聚区内低效用地。

在详细规划层面，筛项目、定指标，保障项目高质量。在综合考虑土地整备、土地供应、招商建设等内容的基础上，定园区产业主题方向、定园区企业准入标准、定园区建设标准、定园区产业扶持政策。具体过程分为划定城市更新单元、纳入城市更新单元计划、编制城市更新单元规划方案、编制实施方案、实施土地整理工作等阶段。结合改造项目成本分析、规划管控核查，编制园区规划设计方案和土地整理开发方案，落实底线管控和公共利益，综合考虑更新改造效益，提出控制指标和更新改造策略。

10.4.4 利益统筹：搭建多方共享利益机制，充分保障原权利人收益预期

村级工业园依赖的集体土地，在转型过程中相关利益主体过多带来的高昂交易成本不可忽视，再加上现状制度下的交易成本无法预估，导致改造难以推进（龚亚男, 2021）。一方面，集体建设用地以出租为主，剩余租期长短不一，或经多次的转租流转等，加大了利益诉求的复杂性，导致前期土地整理中效益空间不明确。另一方面，开发主体多以市场为主，偏向于“工改居商”项目，有明显的逐利属性，对

于“工改工”项目动力不足。因此，建立利益统筹分配机制，调动多元利益主体积极性，是村级工业园改造能否成功的关键。

一是优化前期整理的利益分配，提高改造动力。针对一级土地市场涉及的巨额赔偿、交涉费用等，佛山南海区优化一、二级土地利益分配路径，通过增加前期整理的利益分配提高改造动力；通过协议出让实现土地一级开发和二级开发联动。由原权利人引入市场主体对更新范围摸底调查，评估土地整理成本，并依国土空间规划平衡测算等制定招商文件，进而通过“农村集体资产交易平台”公开选取市场改造主体。市场改造主体既负责前期土地整理，也负责后期的土地开发，以平衡全周期开发利益。

二是建立不同类型改造项目的联动机制。针对“工改工”动力不足的问题，探索用地捆绑实施模式，协调利益分配。南海区首创联动改造模式，明确“工改居”项目须联动“工改工”“工改公”“工改农”“工改商”项目实施联动改造，并按不同改造类型明确了联动改造的比例要求。顺德区为了防止村级工业园转型中的“房地产化”现象，以“工改工”为核心，探索“工改商”收益反哺“工改工”机制，降低“工改工”成本，由此激发市场活力。

三是创新多元补偿手段。村集体作为土地的实际掌控者，在村级工业园改造发挥着核心作用。顺德通过制度安排保障其长远收益，调动村集体参与改造的积极性。首先，通过物业补偿使村集体能够分享城市发展红利，具体做法是村集体通过持有物业的方式获得长期稳定收益。其次，引入企业长租自管。政府做好产业引导，集体土地性质不变，通过将过去“低租金、长租期”的租约归零，引入实力雄厚的优质企业长租自管，避免层层转租损害村集体利益。此外，探索村集体经济参与园区改造。通过与社会资本合作成立公司，共同推动园区改造，持有园区股份共享长远收益。

10.4.5　多元实施：探索多种项目实施路径，提高主体协同推进项目改造意愿

以顺德区为例，村级工业园升级改造包括九种模式：政府挂账收储、一二级联动、政府生态修复、政府直接征收、企业长租自管、企业自主改造、政府统租统管、国有集体混合开发和改造权公开交易。其中以政府主导的模式中，除传统直接

征收外，政府挂账收储和政府统租统管使用较多。

政府挂账收储模式由政府统筹，改造项目的实施方案经农村集体经济组织表决同意后将集体土地转为国有，政府采用挂账收储方式将土地收储后推向市场。其中，挂账收储协议和土地出让协议约定土地出让建成后，返还一定规模的物业给农村集体经济组织，确保村民长远收益。以顺德区龙江镇仙塘宝涌工业区项目为例，项目一共分为四期，目前已进行一期和二期的建设，其中，一期地块公开出让后被万洋集团竞得，进行万洋众创城的建设。按照转型方案，仙塘宝涌工业区地块由政府挂账收储再委托公开交易出让，出让后，村民将获得一次性分红4.17万元/股。通过转型，宝涌工业区给仙塘村集体保留了约18.93万m^2的地上物业，预计每年将有2000多万元的收入，土地收益实现了翻倍。同时，部分符合条件的企业可继续留在园区，村集体收入也不用中断（龚亚男, 2021）。该模式将集体土地转为国有用地，土地权能得到完善，政府将土地出让成交价较高的比例转移给农村集体经济组织。然而，该模式村集体需在土地出让后才能获得货币补偿，时间不可控，加上土地性质由集体土地转为国有土地，农村集体经济组织接受度较低，政府谈判难度大。

政府统租统管模式是实施方案通过村集体表决同意并经批准后，政府以统租统管方式协助村集体完成前期土地整理工作后，由村集体以公开流转的形式出让集体土地使用权，由竞得人进行开发建设，并按约定的方式返还政府参与前期土地整理的成本。该模式下，村集体除了保持土地所有权外，还可以获得集体土地使用权出让收益、物业补偿等。但该模式也有一定局限性，前期需政府垫资，对政府财政承受能力、开发建设运营能力要求较高。

10.4.6 成效和问题

佛山市村级工业园区升级改造摆脱了集体土地产权困境，实现二元空间再开发。集体土地存量开发过程中在开发主体统筹、规划统筹、公共利益统筹等方面都存在制度障碍，造成了权属空间和物质空间双重破碎的土地利用困境（郭炎等, 2017）。佛山一方面通过创新集体土地入市政策支撑，搭建地券交易机制，增强了集体土地的流动性；另一方面探索集体土地与国有土地、建设用地与非建设用地等不同用地的整合开发路径，促进了土地的整合开发。在实践探索的过程中，也形成了多种灵活的改造模式，为后续村级工业园改造提供了宝贵经验。

然而，在村级工业园改造取得不凡成绩的背后，也显现出些许问题和难点。一是村集体内部复杂性导致改造项目的不可控性。在推进村级工业园改造项目时考虑较多的是政府、市场和村集体之间的利益关系，一定程度上对村集体内部存在村委会（经联社）、村民小组（经济社）和村民3个主体的关注不够。正在推进的项目中，由于村集体“简单顺从主义”和村民“短期机会主义”的共同作用，部分村民在前期已获利益的基础上，又提出在剩余土地上重新获取利益的诉求，进一步增加了后期改造的成本和难度（袁奇峰等, 2016）。二是土地整理成本高企，土地价值低地区难以改造。村级工业园的改造成本较高，这就导致在土地价值低的区位往往已经丧失了改造的可能（梁雄飞等, 2021）。

10.5　各地实践的基本经验

土地整备作为深圳结合自身实际创造的新概念和新做法，源自对传统土地征收模式的改革创新，其实质仍是政府主导的存量土地再开发。近年来，随着我国城市增量土地供给趋紧，各地纷纷开展政府主导存量土地再开发的探索和创新，形成诸多有益经验和典型模式，其与深圳土地整备存在许多相似之处，同时也有立足自身实际的差异化做法。下文将对深圳、上海、重庆、佛山等典型城市的政府主导存量土地再开发实践进行梳理，以进一步刻画我国土地整备多元探索的广阔图景。

纵观各地实践，可以看到面对存量土地再开发的高昂成本和复杂性，存在一些共性的经验与做法。从土地整备全流程的视角来看：首先是通过政策创新和利益分配优化，提高原权利人的参与积极性；其次，需要发挥规划工具的统筹引领作用，保障政府发展意图的落实；最后，还需要政府、原权利人及市场主体等协同合作，共同推进项目的有效实施。

10.5.1　创新制度供给，优化利益分配，推动存量土地再开发

各地实践中，推进存量土地再开发的关键起点是通过制度创新，优化土地增值收益的分配，合理保障和适当提升原权利人收益，从而提高原权利人参与改造的积极性，降低交易成本，使再开发工作得以顺利推进。其中，深圳和佛山主要基于物业返还政策进行延展和创新，按照一定比例返还原权利人留用地或集体物业，并提

供一定资金补偿，使原权利人获得更高的预期收益，有效保障其发展权，以此调动原权利人的积极性，使其具备更强动力来主动推进土地整备工作。上海和重庆则主要是利用城乡建设用地增减挂钩政策，形成指标证券化的制度工具，将中心区的部分土地增值收益转移给外围的土地指标输出地，使其能够获取更高的资金补偿，从而调动相关权利人的积极性，推进乡村地区复垦复绿，实现全域土地要素的合理流转和优化配置。

对于原权利人（特别是村集体）的利益分配，除了合理补偿其短期利益损失外，还需有效保障其长远收益，促进村集体的长远发展。在深圳、佛山及上海的实践中，通过为原权利人提供集体物业，使其能够继续获取租金或股权收益，保障集体经济的长期稳定和有效提升。而在重庆的实践中，则通过提升基建、完善社保和产业培育等，促进乡村经济的进一步发展，以提升村集体和村民的长远收益。

10.5.2　强化规划引领，保障存量地区空间格局优化和品质提升

在调动原权利人积极性的同时，还需有效落实政府的宏观战略意图，保障存量空间品质的有效提升，这就需要规划在其中发挥重要的统筹引领作用。

在宏观层面，各地主要通过国土空间总体规划、专项规划及年度计划等，加强顶层谋划，保障城市宏观战略的落实和土地市场的平稳运行。一是落实城市总体格局谋划，形成差异化的政策分区，例如上海、重庆等地通过国土空间总体规划，划分集建区或城镇开发边界，区分建设用地指标输入地和输出地，引导土地要素向中心城区集聚，发挥规模效应，以实现城市开发保护格局的逐步优化和土地使用效率的提升。二是明确存量开发的重点地区，引导资源集中投放，例如深圳在专项规划中通过明确若干土地整备重点地区，作为各区土地整备工作开展和任务考核的重心；又如佛山在总体规划及专项规划中，划定30个产业主题园区，引导相应村级工业园优先推进土地整备，作为目标产业的重要载体，引领所在片区的产业转型和集群发展。三是控制存量开发规模，保障土地平稳供给，例如深圳在专项规划中对各区的土地整备规模和任务指标进行了细化规定。此外，深圳、上海、重庆等地还会提出每年的土地整备或减量化指标，保障土地指标满足年度发展需求，同时避免存量用地过度供给对增量土地市场造成冲击。

在中微观层面，则主要通过片区统筹规划、单元规划及实施方案等，对空间要

素进行统筹优化，协调不同利益诉求，促进片区整体品质的提升和各方利益平衡。一是整理各类土地资源，实现产权重构和规模集聚。例如，深圳通过土地整备单元规划，综合政策指引、上位规划和各方诉求，计算留用地规模，进而划分出相对规整连片的留用地和移交政府用地；上海则通过郊野单元规划对村庄建设用地和各类农用地进行统筹，在实现建设用地减量化的同时促进建设用地连片集聚。二是统筹优化空间方案，促进土地价值提升。在深圳、上海、佛山等地的实践中，均可看到通过统筹优化功能布局、设施配套和交通体系等，促进片区环境品质和土地价值的提升，从而进一步提高各方的收益预期和改造动力。三是协调各方利益诉求，促进项目经济平衡。相比传统规划进一步强化实施路径和利益平衡的研究，在深圳、佛山等地的规划实践中则是通过财务测算保障经济可行性，从而有效促进项目的实施。

10.5.3 探索协同治理，凝聚各方力量共同推动项目实施

在各类土地整备项目实施的过程中，由于工作开展的复杂性和相关利益群体的多元性，各地实践在不同程度推动空间治理体系的转变，通过不同主体间的协作来保障项目落地，这既包括政府部门间的联动，也包括政府与原权利人间的协同。

在政府内部，存量土地再开发往往涉及不同层级和职能的部门事权，为了降低项目推进中的制度成本，各地通常会对政府治理架构进行针对性调整优化。一方面通过设置牵头机构加强横向间的部门协同，提高项目审批管理效率。上海、佛山等地通过成立领导小组，由属地领导牵头，协调各部门意见，指导和加快重点项目的实施；而深圳则通过设置专业化的城市更新和土地整备局，整合存量土地开发涉及的诸多职能，实现快速审查审批和全周期管理。另一方面，通过资源下沉优化纵向事权划分，强化基层力量，以有效应对存量开发中面临的复杂情况。例如，深圳土地整备中，将部分决策权和审批权下放，由区级政府统筹立项计划、管理整备资金和审批实施方案，街道则负责与村集体沟通谈判、统筹留用地指标等，以此调动各级政府主动性，共同推进整备工作。

在政府与原权利人之间，则不断强化两者间的沟通与协作，提高原权利人在项目推进全过程中的主动性。在计划立项环节，深圳、佛山、重庆等地更多将项目启动的主动权赋予村集体，由其投票决定是否参与土地整备，以及开展土地整备的模式等。在方案制定环节，村集体深度参与规划方案的制定，对留用地、返还物业及

公共服务配套等进行决策。在后端项目实施环节，则主要由村集体自主开展或引入市场主体合作开展整备实施工作，并在村集体内部“算细账”，确定村民的货币、物业及股权的分配方案。

10.5.4 聚焦地域特征，探索差异化的治理模式和政策工具

在识别共性经验的同时，也需要注意各地实践的显著差异。由于城市发展阶段的不同、社会治理体系和水平的差异等，各地存量土地再开发的工作重心、治理模式、制度工具等存在诸多区别。深圳受辖区范围限制，形成了全域城市化和增量土地高度稀缺的局面，面向“中国特色社会主义先行示范区”的战略目标，高度依赖存量土地完善设施配套、加强住房供给、释放现代服务和高新产业空间，这决定了深圳需要同时聚焦低效城中村和旧工业区，通过存量土地再开发推动城市整体转型升级。佛山尽管同样面临增量土地不足和全域城镇化（特别是顺德和南海）的现状局面，但在“全球智造中心”的定位和相对有限的财力下，更加聚焦规模庞大而低效的村级工业园，通过存量改造提供规模化的产业空间，以有效承载智能制造产业集聚。上海、重庆则与以上两个城市存在显著区别，其广阔的行政辖区内，存在差异显著的城乡空间，可以更多通过城乡间的土地要素转移实现空间拓展，满足城市发展需求，因此其存量土地开发的重心更偏向于中心城区的品质提升和乡村地区的减量化发展。

正是在不同工作目标和治理模式的影响下，各地选择了多样化的制度工具。深圳通过土地整备利益统筹引导村集体及市场主体主动开展存量土地再开发，推动土地产权的重构和高品质城市空间的供给，并获取可观的土地增值收益分成，而政府对项目的干预主要集中在计划规划和审批管理范畴，行政成本大幅降低。佛山市更强调政府的积极作为，协同村集体共同推进村级工业园改造，同时为了充分调动村集体的积极性，提供多元开发模式，使村集体可以基于自身利益、村民诉求和现实条件选择恰当模式推进项目实施。

重庆为了实现土地要素的高效流转和集中使用，其核心工作便是建立起全市统一的“地票”交易制度，乡村地区主动开展复垦复绿，利用结余指标获取市场收益，政府则主要负责“地票”制度的不断完善，对地票生产和使用的干预则相对有限。上海尽管采用了与重庆类似的建设用地流转制度，但由于辖区尺度相比重庆小很

多，各区发展潜力相近，城乡之间并未形成巨大的价值落差，难以完全依赖土地指标流转收益激发村集体自主改造的积极性。因此，需要进一步强化政府主导作用，自上而下谋划和推进乡村地区的减量化发展，并依托郊野单元规划进行精细化统筹，促进乡村地区的设施完善、品质提升和发展赋能，并通过减量化资金补贴和集体物业定向供给等手段，提高村集体参与推进土地整治的积极性。

各地正是基于不同目标导向和自身条件，综合运用利益调配、要素供给、行政干预等制度工具，推进存量土地再开发，进而形成了丰富多元的实践模式。不同城市所适用的存量土地开发模式也必然千差万别，需要各地立足自身禀赋和发展目标去不断探索寻求恰当的路径。同时，存量土地开发的模式也并非一成不变，随着宏观经济社会环境的变迁和城市阶段发展目标的调整，存量开发也需要适时动态调整和持续完善。

第11章　政府主导下土地整备的思考与展望

11.1　存量土地开发的宏观政策动向

改革开放以来，我国经历了波澜壮阔的快速城镇化进程，这有力支撑了国家经济的高速增长和国力的持续增强，在世界城市发展史上创造了辉煌的奇迹。随着我国2019年常住人口城镇化率突破60%，城镇化步入较快发展的中后期，面对日益增长的人口需求和建设用地日趋紧张的矛盾，我国城市开发建设从增量外延扩张转向存量内涵提升，存量土地开发的重要性不断突显。在此背景下，我国近年来相继出台了低效用地再开发、城市更新、城中村改造等国家政策，对各地探索土地整备、推进存量土地开发、促进城市持续发展具有重要的方向指引作用。为深入洞察土地整备在我国城市发展中承担的作用和未来的方向，有必要对当前的三大国家政策进行系统回顾和梳理。

11.1.1　低效用地再开发

（1）政策回顾：从“三旧”改造到低效用地再开发

低效用地再开发工作主要由自然资源部门牵头推进，意在通过盘活存量用地，提升土地资源利用效率，促进高质量、可持续发展。截至目前，我国低效用地再开发的探索大致经历了三个阶段。

第一阶段（2009—2012年）为封闭试点期，由原国土资源部和广东省联手开展建设节约集约用地试点示范省，通过出台《关于推进“三旧”改造促进节约集约用地的若干意见》，针对旧厂房、旧城镇和旧村庄，通过赋予经营性用地协议出让等政策红利，激发权利人和市场主体参与改造的积极性，推动存量建设用地“二次开发”，促进节约集约用地。

第二阶段（2013—2021年）为逐步推广期，原国土资源部在总结广东试点建设成效与经验做法的基础上，于2013年出台了《关于开展城镇低效用地再开发试点的指导意见》，选取内蒙古、辽宁、上海等10个省级行政区作为试点进一步开展探索，文件中将城镇低效用地界定为“城镇中布局散乱、利用粗放、用途不合理的存量建设用地”，提出原国有土地使用权人、农村集体经济组织、市场主体和政府四类主体推动再开发的方式。2016年进一步印发《关于深入推进城镇低效用地再开发的指导意见（试行）》，明确闲置土地、土规不符的历史遗留建设用地等不得列入改造开发范围，鼓励集中成片开发，并从规划引领、土地保障、历史遗留问题处理等方面给予政策支持，在全国层面推动城镇低效用地再开发。

第三阶段（2022年至今）为转型探索期，在国家部制改革和国土空间规划全面推进的背景下，由自然资源部牵头开展新一轮探索。2022年自然资源部联合福建省制定《泉州市盘活利用低效用地试点工作方案》，以泉州为试点开展空间资源优化配置、全域土地综合整治、城镇低效用地再开发、历史遗留建设用地处理等领域的探索工作。2023年自然资源部进一步出台《关于开展低效用地再开发试点工作的通知》，将北京、天津、上海等43个城市纳入试点范围，要求各试点城市以国土空间规划为统领，以城中村和低效工业用地改造为重点，在前一阶段实践经验基础上，重点围绕政策与机制创新，从规划统筹、收储支撑、政策激励和基础保障四个方面开展探索。

（2）政策要点：聚焦低效建设用地，强调“有为政府+有效市场”相结合

低效用地再开发的适用范畴经历了逐步扩大的过程，从最初的“三旧”用地，扩展到城镇低效用地，再到目前扩展到全域低效建设用地，涵盖了城镇和乡村地区，以促进国土空间规划实施和城乡高质量发展。同时紧密衔接当前国家发展导向和工作重心，明确以城中村和低效工业用地改造为重点。

改造方式上，引导各地结合实际，综合运用留、改、转、拆等不同方式推进低效用地再开发工作。同时，鼓励集中连片改造开发，探索不同用途地块混合供应，允许“工改工”与“工改商”“工改住”联动改造。

改造主体上，低效用地再开发强调“坚持有效市场、有为政府”，一方面强化政府在空间统筹、结构优化、资金平衡、组织推动等方面的作用；另一方面坚持公平公开、“净地”出让，充分调动市场主体参与改造开发积极性，鼓励原土地使用权人改造开发。

为有效支撑低效用地再开发工作开展，国家层面提出了一系列政策支持：一是探索资源资产组合供应，对同一使用权人需要使用多个门类自然资源资产的，实行组合包供应；对需要整体规划建设的轨道交通、公共设施等地上地下空间，实行一次性组合供应。二是完善土地供应方式和地价政策工具，探索不同用途地块混合供应，完善地价计收补缴标准。三是完善收益分享机制，探索边角地、夹心地、插花地等零星低效用地通过国有与国有、集体与集体、国有与集体之间整合、置换方式实施成片改造，完善原土地权利人货币化补偿标准，拓展实物补偿的途径，探索利用集体建设用地建设保障性租赁住房。

11.1.2 城市更新

（1）政策回顾：从方向性重大部署到纲领性工作指引

2020年《中共中央关于制定国民经济和社会发展第十四个五年规划和二〇三五年远景目标的建议》发布，提出要推进以人为核心的新型城镇化，明确“实施城市更新行动，推进城市生态修复、功能完善工程”，城市更新升级为国家层面的重大部署。次年《中华人民共和国国民经济和社会发展第十四个五年规划和2035年远景目标纲要》颁布，明确提出加快转变城市发展方式，统筹城市规划建设管理，实施城市更新行动，推动城市空间结构优化和品质提升，实施城市更新行动首次写入我国五年发展规划。

一方面，在国家政策导向下，由住建部牵头，引导各地积极开展城市更新探索。2020年12月住建部联合辽宁省试点建设城市更新先导区，制定了《住房和城乡建设部辽宁省人民政府共建城市更新先导区实施方案》，明确创建完整居住社区、开展生态修复、改造城镇老旧小区、保护历史文化街区和历史建筑等18项重点任务，探索统筹协调工作机制、建立完善城市更新制度体系和标准体系、建立城市更新项目建设机制。2021年11月，住建部出台《关于开展第一批城市更新试点工作的通知》，确定了北京、唐山、呼和浩特等21个城市作为第一批城市更新试点城市，要求各地因地制宜探索城市更新的工作机制、实施模式、支持政策、技术方法和管理制度，推动城市结构优化、功能完善和品质提升，形成可复制、可推广的经验做法。

另一方面，为有效指导各地积极稳妥实施城市更新行动，2021年8月住建部发布《关于在实施城市更新行动中防止大拆大建问题的通知》，对城市更新中拆旧占比、拆建比、就地安置率、租金涨幅等指标进行管控。2023年，住建部进一步出台《关于扎实有序推进城市更新工作的通知》，对城市更新工作提出坚持城市体检先行、发挥城市更新规划统筹作用、强化精细化城市设计引导、创新城市更新可持续实施模式、明确城市更新底线五个方面的要求，为各地城市更新工作提供更全面系统的政策指引。

（2）政策要点：涵盖城市建设各层面，严控大拆大建，坚持政府引导

城市更新的工作范畴涵盖城市发展的方方面面，与住房和城乡建设系统的各项职能息息相关。按照住建部政策导向，城市更新需要统筹推进既有建筑更新改造、城镇老旧小区改造、完整社区建设、活力街区打造、城市生态修复、城市功能完善、基础设施更新改造、城市生命线安全工程建设、历史街区和历史建筑保护传承、城市数字化基础设施建设等工作。同时，实施城市更新行动，需要将城市体检作为前提，坚持问题导向、目标导向和结果导向相结合，将城市体检发现的问题和短板作为城市更新的重点，促进城市体检和城市更新工作一体化推进。

改造方式上，强调城市更新应坚持“留改拆”并举、以保留利用提升为主，鼓励小规模、渐进式有机更新和微改造。为控制大拆大建，通过拆旧占比、拆建比等指标进行底线管控，一方面严格划定拆除改造底线，原则上拆除建筑面积不大于现状总建筑面积的20%，拆建比不应大于2；另一方面坚持应留尽留，尽可能保持老城格局尺度，延续城市特色风貌，鼓励保留利用既有建筑。

改造主体上，强调建立“政府引导、市场运作、公众参与”的可持续实施模式，形成政府、企业、产权人、群众等多主体参与机制，政府重点关注项目的公益属性，市场重点关注项目的投资和运营，通过政府和市场协作推进城市更新项目。同时鼓励企业依法合规盘活闲置低效存量资产，支持社会力量参与，探索运营前置和全流程一体化推进，将公众参与贯穿于城市更新全过程，实现共建共治共享。

为有效推进城市更新行动，国家层面给予专项补助资金，纳入中央预算内投资，并积极推动政策性资金支持，支持通过地方政府专项债券拓展资金来源，引导国家开发银行等提供信贷支持。同时鼓励各地积极开展制度探索，创新土地、规划、建设、园林绿化、消防、不动产、产业、财税、金融等相关配套政策，制定适用于存量更新改造的标准规范，深化改革项目审批制度，建立城市更新全生命周期管理制度。

11.1.3　城中村改造

（1）政策回顾：从纳入“棚改”全面开展到聚焦重点城市专项推进

在国家层面，城中村改造可以追溯到“十二五”期间开展的棚户区改造工作。2012年住建部等发布的《关于加快推进棚户区（危旧房）改造的通知》中，明确将城中村纳入棚户区改造范畴，要求各地按照城镇规划稳步实施改造。

近年来，国家层面对城中村的关注不断加强，多次强调积极稳步推进城中村改造工作，以消除城市建设治理短板、改善城乡居民居住环境条件、扩大内需、优化房地产结构。2023年4月中共中央政治局会议指出，在超大特大城市积极稳步推进城中村改造和“平急两用”公共基础设施建设，规划建设保障性住房。2023年7月，国务院常务会议通过了《关于在超大特大城市积极稳步推进城中村改造的指导意见》，明确了城中村改造范围界定与重点任务，强调发挥市场在资源配置中的决定性作用，通过多渠道筹措改造资金，鼓励城中村改造与保障性住房建设相结合。

为强化对城中村改造的资金支持，2023年12月住建部、财政部、中国人民银行、金融监管总局联合印发《关于通过专项借款支持城中村改造工作方案的通知》，提出设立城中村改造专项借款、城中村改造配套贷款和保障性住房开发贷款，其中城中村改造专项借款用于政府土地收储及安置且只用于拆建类项目；配套贷款用于综合整治、二级开发建设，保障性住房开发贷款用于配售型保障房建设。

（2）政策要点：限定超大特大城市，强调政府主导、稳步推进

为合理平衡城市发展需求和地方债务风险，当前国家层面对城中村改造进行精准施策，将政策适用范围限定在全国21个超大特大城市，明确城中村改造应为位于城镇开发边界内的各类城中村，强调“优先对群众需求迫切、城市安全和社会治理隐患多的城中村进行改造，成熟一个推进一个，实施一项做成一项”。

在改造方式上，明确提出拆除新建、整治提升、拆整结合三类方式，要求具备条件的城中村实施拆除新建，并按照城市标准规划建设管理；不具备条件的不可强行推进，要开展经常性整治提升，防控风险隐患；介于前两类之间的实施拆整结合，按照文明城市标准整治提升和实施管理。同时，强调城中村改造与保障性住房建设相结合，各地城中村改造土地除安置房外的住宅用地及其建筑，原则上应当按一定比例建设保障性住房。

在改造主体上，要求坚持城市人民政府负主体责任，更好发挥政府作用，坚持规划先行、依法征收，由城市人民政府摸清现状情况、编制城中村改造控制性详细规划、征求村民意愿、先行安排安置房建设和产业转移承接园区，统筹制定市域城中村改造资金平衡方案。允许各地通过公开择优方式选择优质合作单位，相应城中村改造项目内土地可依法实施综合评价出让或带设计方案出让，并鼓励和支持民间资本参与，发展各种新业态，实现可持续运营。

为保障城中村改造工作有效推进，一方面提供土地和规划政策支持，允许通过在集体建设用地之间、集体与国有建设用地之间进行土地整合、置换等方式，促进区域统筹和成片开发，城中村改造可在市域内统筹平衡规划指标，对改造项目在规划用地性质、建筑规模等方面予以支持优化。另一方面强化资金支持，将其纳入中央资金补助和地方政府专项债券支持范围，并设立城中村改造专项借款，且明确“符合条件的城中村改造项目适用现行棚户区改造有关税费支持政策”。

总体而言，存量土地开发逐步成为我国城市发展建设的重大议题和政策热点，一方面，国家层面通过政策指引，鼓励各地因地制宜开展试点实践；另一方面，基于地方实践经验，持续完善政策体系。通过梳理三大政策，可以看到国家层面强调存量土地开发中需要合理协调政府和市场的关系，既要坚持市场在资源配置中的决定性作用，又要强化政府的主动作为，特别是在低效用地再开发和城中村改造中，更多发挥主导作用，有效弥补市场不足。事实上，政府主导的土地整备在存量土地开发和城市发展中扮演着不可或缺的角色，需要结合新时期高质量发展要求，深入开展体制机制创新，破解现实瓶颈，有力支撑我国城市开发建设模式转型和可持续发展。

11.2 土地整备的重要作用

11.2.1 应对市场失灵，保障城市整体公共利益

市场机制能够激励存量土地要素依据市场信号实现土地资源的最优化配置，推动存量土地依市场价格和供需进行开发建设，提高总体剩余效用（伍灵晶等, 2022）。同时，市场机制也能够发挥市场及社会的主观能动性，激励市场主体、资本力量及各类产权人积极参与城市空间资源的再配置，降低存量土地再开发中的交易成本，使政府财政资金专注于民生需求和重大设施，大大提高资源配置效率。

然而，随着存量土地再开发的推进，市场主导的改造模式也暴露出诸多问题。首先，市场逐利的特征，使存量土地开发集中在区位条件较好、改造后以居住功能为主、收益预期较高的改造项目上，对区位较差、难度较高的改造项目以及城市公共设施的配套升级的项目缺乏积极性，民生短板难以全面解决，形成“吃肉留骨”的局面，有可能带来城市运营成本的抬升。其次，在市场主导下，存量土地开发范围往往以“谈得拢”和“好拆迁”为原则来划定，优先选择拆除难度小、实施成本低的土地，缺乏对空间的整体统筹利用，导致大量插花式、碎片化的小规模开发，不利于大型公共基础设施的实施，难以推动整个片区的提升，且存在叠加谬误的隐患（林强等, 2022）。最后，存量土地开发往往涉及复杂的利益关系，产权整合的成本较高，在市场博弈的过程中，原权利人预期不断提高，扰乱补偿市场秩序，导致改造成本持续增加，最终通过建筑提容和房价提升转嫁成本，间接抬高了整个社会的负担。

相比而言，政府主导的存量土地再开发可以有效应对市场短板，促进公共服务供给，强化民生保障。首先，排除安全隐患、保障基本民生关系着社会稳定和行政安全，是政府的重要职责。政府主导的存量土地再开发可以优先推进民生问题突出、群众意愿强烈的地区改造，及时解决历史欠账，强化公共服务配套和改善人居环境。其次，政府主导的存量土地再开发可以立足更大范围统筹连片开发，通过整合零散的土地产权，统筹配置空间要素，平衡开发利益，释放连片土地，用于大型公共设施和重大项目建设，推动片区空间品质整体提升。最后，政府主导的存量土地再开发可以综合运用土地、产权、奖补、查违等多种手段，合理控制成本，稳定原权利人预期，推动利益关系的调整、产权结构的优化和土地资源要素的再配置，

让政府与土地权利人在存量用地开发中形成共赢局面，避免因改造项目中人口过度集聚导致额外增加财政支出。

11.2.2 落实宏观战略，引领城市总体转型提升

与自下而上的市场机制不同，科层化的组织架构使政府主导的土地再开发能够更加有效地贯彻上位战略意图，优先推进重大战略地区的再开发，引领城市空间格局的重塑。一方面，上级政府的战略谋划可以自上而下传导至下级政府，作为集中攻坚的首要任务和头号工程等，通过成立项目工作专班、投放优惠政策、加快审批流程等方式，集中人力、财政和政策等资源推进重点地区的改造开发，能够显著提升再开发的效率和品质。另一方面，在政府资源集中投放和土地再开发引领下，可以有效提振市场对战略地区的信心，促进市场要素集聚，形成新的城市增长极，从而带动空间格局的调整优化。例如，在上海黄浦江两岸开发中，通过成立由市主要领导牵头的工作小组，协调各部门职能，集中审议和推进再开发进程中的各项工作，保障了战略项目的有序实施，并形成高品质滨水空间环境，使黄浦江沿岸地区从城市边缘区一跃成为最具活力的中央活力区。

在规模化供给产业空间、招引龙头企业、牵引产业转型方面，政府主导的存量土地再开发同样具备显著优势。大型龙头企业往往更偏好规模化、定制化、低成本的产业净地，使其能够根据自身生产需要组织建筑布局，并提高生产线的保密性。然而，市场及权利人主导的改造项目，受开发成本和财务制约，能够提供的产业空间偏小，且难以长时间预留净地以招引龙头企业，更偏向建设标准化园区并向中小微企业分割销售或租赁。相比而言，政府可以在更大尺度、更长时间范围内调度资源，通过整备连片产业空间，有效释放规模化土地，为引入龙头企业、链主企业提供载体，并合理控制土地成本，满足企业的多样化需求。通过龙头企业和链主企业的引入，则有助于带动上下游产业链的发展集聚，培育战略性新兴产业集群，进而推动城市产业结构的转型升级，促进城市经济的长效发展。

11.2.3 统筹土地供应，有效适配城市发展需求

政府主导的存量土地再开发能够使政府有效掌握土地资源，并结合城市发展

需求把控土地供应的节奏。由市场主导的存量开发项目，受资金成本限制，往往需要在短期内完成开发重建和产权销售，从而及时回笼资金、保障项目财务平衡，但由于分散的市场化行为难以整体统筹，存在短期内集中投放市场、冲击政府常规土地市场的隐患。相对而言，由政府主导的存量土地再开发项目，除了近期需要实施的回迁安置用地、道路及公共设施用地外，其他经营性用地可以纳入政府土地储备库，结合城市产业发展需求、住房市场行情及地方财政情况，在全市层面统筹调控土地供给规模和范围，保障土地市场的稳定运行，实现政府收益的最大化。

此外，政府主导的存量土地再开发可以结合实际需要，合理预留备用土地，以弹性适应未来发展的不确定性。随着城市扩张和建设速度加快，城市所面临的不确定性因素也在增加，未来发展需要留下弹性空间以应对突发风险、多解性问题和多元利益诉求（左为, 2018）。由政府主导的再开发项目，在保障近期地方财政总体平衡的情况下，能够预留发展备用地，并与增量土地、闲置土地等整合联动，形成连片储备资源，为未来发展预留足够弹性。后期地方政府可根据城乡建设发展、生产经营方式结构调整、民生改善与公共设施建设需要等，及时调节备用土地的用途与布局，对外界信息的变化作出迅速、灵敏的反应，及时满足城市未来发展需求（王笑笑等, 2021）。同时，还可利用备用土地资源应对突发性、偶发性事件，以避免短期土地供给不足的隐患。

总体而言，政府主导存量土地再开发在高质量发展语境下，仍然承担着不可或缺的作用，需要各地立足自身实际，在鼓励市场和社会参与推进存量更新的同时，强化政府战略引领和民生兜底的作用，聚焦具备重大战略意义和存在突出民生短板的区域，通过集中资源投放，引领片区转型提升，并为未来发展合理预留弹性空间，从而推动城市的高品质建设和高质量发展。

11.3 土地整备的现实困境

11.3.1 财务困境：存量改造中的财政压力与债务风险

（1）既有利益格局复杂，加大前期资金压力

在漫长的历史变迁中，由于土地开发建设时序、土地及房屋产权流转、土地利用手续不完善和违规建设等方面原因，导致存量土地产权格局复杂多样，且往往涉及大量利益相关主体，大幅抬高了土地收储成本。这集中体现在两个方面：一是产权处置成本高，存量土地开发往往涉及不同类型、不同产权主体用地混杂分布的情形，且部分存量土地存在权属不清、地类用途模糊以及各种形式违法违规用地、无法取得合法产权等历史遗留问题，需要耗费大量的时间、人力和资金进行产权认定和依法处置，面临高昂的前期成本；二是利益协调成本高，存量土地开发多会涉及政府、村民、村集体、业主及非正规土地流转中的非原住民、其他企业单位或个人等多元主体，利益主体数量众多且类型繁杂，各方诉求和收益预期不一，存在众多不确定性和高昂的交易成本，同样需要大量的时间、人力和资金投入。在政府主导模式下，这些前期成本的抬高无疑加大了地方政府的前期资金压力，当存量开发规模过大时，将成为沉重的财政负担。

与此同时，随着城市土地价值的上涨，公众产权意识、市场意识及协商谈判能力也逐渐增强，对拆迁补偿安置标准的预期不断提高，在有限的政府资金预算下，极易陷入博弈僵局，导致存量开发项目难以为继。以城中村改造为例，改造项目涉及拆迁成本高、需要被拆迁人的配合才能够保证项目顺利推进，但在实际操作过程中，公众对拆迁安置补偿的诉求高甚至不合理的现象较多。各方利益之间展开博弈，经常出现拆迁时间拉长，成本费用超预算的现象，使得开发周期延长，政府的财务成本高，资金压力大。同时，由于涉及切身利益，居民往往都不愿妥协，因此常常陷入“一人反对，全员搁置”的困境。

（2）土地市场逐步收缩，增加地方债务风险

随着我国城镇化步入中后期，城市人口增长趋缓，许多城市将面临房地产市场收缩、土地需求减弱、土地收益下行的挑战。2022年我国新生儿大幅减少，新增人口规模急剧收缩，全国人口总量减少85万人，出现过峰下行的征兆（国家统计局, 2023）。与此同时，2022年末我国城镇化率达到65.22%，城镇人口增量规模出现放缓迹象，各大城市人口增量“断崖式”放缓，部分大城市人口总量实现“负增长”，人口分布呈现两极分化局面（解安等, 2023）。其中，东部沿海省份、国家中心城市、省会城市和区域中心城市人口仍旧保持增长，城镇化红利持续释放；而东北和中西部的非中心城市人口规模减少，面临老龄化加速、潜在置业人口和住房需求减少，房地产市场收缩，土地收益降低等严峻挑战。与此同时，在“房住不炒”和“去杠杆”的宏观政策调控下，房地产企业融资规模受限，投资信心不足，使许多城市的土地市场行情进一步冷却。土地收益的降低，将为政府主导的存量土地再开发带来更大财务风险，存在支付高昂成本收回的土地却难以向市场出让以回笼资金的隐患。

存量土地开发的高昂成本往往需要地方大规模融资，而土地市场收缩和收益下行，可能引发地方债务风险。目前，我国政府主导的存量土地再开发主要通过专项债、母基金、REITs等方式进行融资，尽管资金成本有所降低，但仍面临一定的偿债压力。而随着土地市场收缩，将造成地方债务偿还的巨大压力，存在逾期还款甚至债务违约风险。同时，随着土地收益预期下行，地方持有的土地资产面临缩水风险，一旦出现资不抵债，将引发地方金融系统的坏账累积，甚至导致地方性金融危机和财政危机。

（3）城市运营成本增加，存在财政赤字隐患

政府主导下的存量土地开发往往通过提高居住用地容积率，来平衡存量土地再开发的前期成本，但同时使公共服务成本增加，加大政府后期财政负担。在城中村改造和老旧小区改造实践中，由于征拆成本巨大，为了实现当期融资和投资的平衡，便提高了居住用地的比例和容积率。这种模式下，政府用出让土地收入建设了大量不能带来利润的“大白象工程”，这些投资不仅不能“通过招商引资”给政府带来税收，反而增加公共服务成本、生成大量折旧和运维费用，加大未来的运营成本压力，使得政府的财政状况进一步恶化（赵燕菁, 2023）。

随着大量工业用地转为商住，甚而造成地方税收收入的降低，进一步加剧财政压力。部分城市延续商业地产思维，变相推动“工改居商”，诱发低价工业用地和高价商业用地之间的套利并冲击正常的商办用地市场，从而造成产业空间的高度同质化和类办公化，在工改实践中出现房地产化和去制造业化的趋势（覃文超, 2022）。为此，很多城市又计划将这些商办用地进一步转化为居住用地，这种政府“自主”的套利活动，将会摧毁房地产这一地方政府最重要的融资市场，并导致公共财富大量流失，带来地方税收收入的降低，公共服务成本抬高，进一步加剧地方政府财政压力，增加财政赤字风险。

11.3.2　治理困境：政府权威型治理下的非均衡博弈

（1）政府与原权利人权力不对等，形成非均衡博弈

政府主导下形成一元治理格局，强势控制整个治理过程，对各利益主体意愿不够重视，加剧与各利益主体矛盾，项目开展难以为继。在存量土地开发的实践过程中，政府通过自上而下强制性政令安排推动改造工作，表现出很强的计划性，政府成为一个经济组织，承担存量土地开发的主要责任，并提供政策和资金；而市场力量和社会力量都是“被治理”的对象，并非是治理过程的参与者。虽然这种模式可以很好地推动存量土地更新，但由于开发过程中几乎都由地方政府“包办”，并没有给社会力量和市场参与的空间，同时过多注重效率和经济利益而忽视社会公平、产权保护观念淡薄，容易导致公共利益被忽视、开发商合法权益无法实现、产权利益被侵害、治理的持续性较差等问题。例如，在上海减量化的实践过程中，政府对减量化的过多干预导致实施效率下降，项目开展举步维艰。

在土地再开发的博弈过程中，物业权利人往往处于相对的弱势地位，容易引发空间与利益分配不公平问题，进而增加社会稳定风险。地方政府通过回购产权再出让的方式完成存量土地资源要素的再配置，然而该种配置方式使得原权利人无法参与存量土地开发的增值收益分配。由于现行补偿标准与再开发后房屋价值往往存在较大的差价，原权利主体难以情愿地接受地方政府和开发商主导的强制拆迁，因而采用抬高补偿标准、维持现状或非正式交易等不同方式与政府和开发商进行博弈。地方政府注重效率和经济利益，为了招商引资，放宽对容积率、绿地率等指标的控制，协助开发商以相对低成本来完成拆迁、补偿，而对传统社区的社会与文化肌理延续、原住民的后续生存与发展能力则缺乏足够关注，使得部分原住民越来越失去生存空间，低收入者往往迁移到土地价值低廉以及公共服务设施不足的城市边缘区，引发空间失衡和社会不公平现象，增加社会对立风险（郭旭等, 2018）。

（2）各级政府间权责关系不匹配，潜在治理危机

作为一种自上而下推动的空间治理，存量规划涉及纵向多级政府博弈。上级政府与基层政府由于具体的利益追求和面临的考核标准不同，存在诸多差异，进而形成条块矛盾（傅荣校, 2018）。由于存量土地开发权属复杂、涉及利益主体较多，公众权利意识高涨，社会治理压力较大，容易让上级政府“甩锅”给基层政府。当刚性的存量规划自上而下实施时，往往与当地的实际情况产生偏差，造成规划难以实施。为此，政府内部之间会围绕体制权威与地方的有效治理进行平衡，上下级政府彼此寻求“减压”方式，存量土地开发在实践中不可避免地出现“运动式治理”、政府间“共谋”、灵活变通等行为方式来缓解治理危机（郭旭, 2022）。

权威型治理格局下，发展权上收、责任下放，形成政府间的权责不对等局面，容易引发基层政府的抵触。为维护体制权威，上级政府将土地发展权上收，却把完成自上而下的存量土地开发任务、公共产品的提供、解决地方性冲突等责任下放给基层政府，由于资源配置掌握在上级政府与职能部门手中，基层政府成为权责博弈的受害者，面临有责无权的治理困境。例如，在苏州更新实践中，收储类项目的收储、拆迁成本由街道办承担，但是按照现有市、区、街道三级政府的土地出让金分成比例，街道收益偏低，难以覆盖收储、拆迁等投资成本，使得街道办推动城市更新的积极性降低。

11.3.3 品质困境：碎片化土地征收与叠加谬误隐患

（1）财政制约下，易导致以项目为导向的碎片化征收

地方政府往往以招商引资项目为导向，频繁修改与调整规划方案，导致大量的插花式、碎片化的开发。随着土地收益趋减，地方财政风险加剧，融资政策收紧，地方政府资金不足，加之存量土地权利主体多元、利益关系复杂、产权整合成本较高，地方政府往往趋向于哪个地方好征，哪个地方可以批地，就跳跃（插花）式使用，易导致以招商引资项目为导向的碎片化征收。而这种以投资项目为主导、跳跃式（插花）布局的土地供应机制，规划方案往往不是因整个片区开发建设的需要，而是为了某个或几个项目的落地而编制，导致了规划的频繁修改与调整，实际上是项目倒逼规划，而不是规划引领发展。

成片开发范围划定缺乏总体统筹，小片区编大方案，开发范围不规整，导致相邻地区开发相互衔接不足，为后续实施留下隐患。自《土地管理法》（2019年修正）施行以来，各地依据《土地征收成片开发标准（试行）》，积极探索编制土地征收成片开发方案，有力保障了城市建设用地供给和经济社会发展（唐健, 2020）。但在实施过程中也面临项目小型化、范围不规则化等问题。例如，在浙江省宁波市2021年、2022年土地征收成片开发实践中，成片开发片区规模过小，存在“小片区大方案”的问题，同时为了拼凑公益性比例，强行将城镇道路用地或其他公益性用地划入，导致成片开发范围边界形态不规则，并对未来相邻片区的成片开发方案编制留下隐患（黄绍华等, 2023）。

（2）碎片式开发难以实现片区整体提升，存在叠加谬误隐患

长期以来的碎片化开发，用地项目布局不集中成片，难以形成集聚效应，无法满足功能多元需求，制约片区整体发展。由于主体多元、投资分散、发展时序不协同，多点开花、分散建设，导致了大量的插花式、碎片化的开发，建设用地的密实度（现状建设用地除以规划建成区的比值）低，用地项目布局不集中连片，导致基础设施投入过大，用地平均产出较低（叶斌, 2020）。同时，因农村、城市用地相互交错，城市风貌不协调，缺乏对空间的整体统筹，城市空间未能实现“建一片、成一片”，难以形成集聚效应，无法满足城市功能多元的规划落实，更难以实现片区整体提升。

在空间指标紧约束的前提下，地方政府往往优先保障经营性用地供应，而将市政基础设施、公共服务设施等公益性项目靠后实施，易导致违法用地或闲置土地。为了加快存量土地开发资金回收，追求经济效益最大，很多基层政府在实践中倾向于将目标用地、土地收益快或高的用地安排在近期实施，而城镇道路用地、公园绿地、防护绿地等公益性用地的建设时序则相对靠后，公共设施被零散安置在开发地块边缘，强调的是数量而非质量。这给下一步供地带来困难，易导致违法用地或闲置土地，蓝绿空间和遗产保护缺位，容积率过高公共利益受损，空间利用效率低下，不利于配套设施的同步建设和项目的整体开发。

11.4　土地整备的趋势与展望

11.4.1　高质量发展语境下的土地整备新趋势

（1）从高速度到高质量：城市发展底层逻辑的转换

在改革开放的40余年间，我国经历了波澜壮阔的城镇化进程，规模庞大的乡村人口进入城市，参与全球产业分工，推动城镇化率从1978年的18%迅速攀升至2022年的65.2%，带动国内生产总值从1978年的0.37万亿元急剧扩张至2022年的121.02万亿元，创造了举世瞩目的发展奇迹（国家统计局, 2023）。

在快速城镇化过程中，地方政府低价征收集体土地并转为国有，将其中部分作为商品房用地高价出让，获取高额增值收益，用于基础设施建设和廉价工业用地供应，以此吸引工业企业和人口集聚，不断扩大税基和提升土地价值，形成城镇化和工业化的增长闭环。而在高速城镇化背景下，住房需求的持续增长，使土地成为具备良好收益预期的投资标的物，地方政府通过抵押融资，实现未来收益的贴现，撬动了更大规模的资金杠杆，巨额资金的注入进一步加速了我国城市的基础设施建设和增量土地扩张，并带动经济的高速增长。

然而，随着我国城镇化步入中后期，前一阶段的高速增长模式渐近尾声，各地亟须探索高质量发展的新路径。从需求侧来看，随着我国城镇化率突破60%，城镇人口增速趋缓，甚至部分城市出现人口收缩，这意味着大量城市的住房需求进入下行通道，使原有土地出让和土地融资的根基发生动摇；而在供给侧，前期城镇建设用地的高速扩张为耕地保护和粮食安全带来巨大挑战，于是国家层面逐渐收紧增量土地供给，进一步压缩了土地收入和融资规模。在此背景下，以“增量土地开发”为核心的大规模融资、大规模建设、高速度增长模式难以为继，需要转向“存量资产运营”，通过合理的土地再开发，深化公共服务供给，推动新兴经济增长，提升土地产出效益，并为地方政府带来持续现金流，从而构建新的增长闭环，促进城市高质量发展。

（2）面向高质量发展的土地整备新要求

于城市而言，一方面，高质量发展意味着产业结构的转型升级，通过产业基础再造和创新动能培育，强化优势产业领先地位，集聚战略性新兴产业，在有限的土地上创造更高的经济效益和产业附加值，从而扩大政府税基。另一方面，高质量发展也意味着居民获得感幸福感的提升，通过加大公共服务供给，补齐设施短板，提升环境品质，传承和创新多元文化，满足广大人民日益增长的美好生活需要，促进共同富裕（刘彬等, 2018）。此外，高质量发展还需要现代化治理体系的有力支撑，通过引入更多居民参与城市治理，强化主人翁意识，实现城市空间的共商共建共治共享，提高城市发展的活力和韧性。

在高质量发展导向下，随着增量土地供给收紧，存量土地再开发从“特例”走向“常态”，承担起更加宏大而多元的使命。首先，存量土地再开发需要充分响应城市发展需求，稳步盘活低效用地，为传统产业转型和新兴产业引入提供空间载体，促进城市经济的持续增长。其次，存量土地再开发还需要积极回应群众关切，有效解决高速城镇化阶段存在的公共服务短板，改善人居环境，并合理保护和振兴历史文化遗存，推动生态环境治理修复，为广大居民提供多样化生活游憩空间。最后，存量土地再开发还需要强化多元协商治理，通过利益相关主体的全过程参与，降低交易成本，实现土地价值提升和增值收益的合理分配，促进存量土地再开发的有效实施。

在此背景下，土地整备被赋予新的要求和使命。首先，需要厘清政府与市场的关系，充分发挥政府的比较优势，明确土地整备的工作重心，以有效适应城市高质量发展需求，促进宏观发展战略的有效落实，引领城市转型提升。其次，需要合理平衡存量土地再开发中的利益分配格局，有效激发权利人的改造积极性和市场参与的动力，降低交易成本和财政压力，同时保障弱势群体的权益，促进社会公平。再次，需要积极响应存量开发的实际需要，推进规划范式转型，在统筹优化片区整体空间品质的基础上，强化土地整理和财务平衡的思维，保障空间规划方案切实可行，引导土地整备项目有序实施。最后，需要协同推进物质空间重塑与社会治理提升，利用土地整备过程中多元社会群体参与的宝贵契机，推动社会治理体系改革，凝聚各方发展共识，使多元社区群体共同参与到存量土地再开发的全生命周期，共建美好家园。

11.4.2　面向高质量发展的土地整备展望

针对高质量发展目标下面临的新挑战和新要求，亟须立足我国城市发展逻辑转变的现实语境，积极探索和创新土地整备模式，强化政府在存量土地开发中的引领作用，促进城市持续发展。结合深圳及其他城市的实践经验，土地整备工作需要重点探索以下四个方面的创新路径。

（1）平台聚焦：发挥政府比较优势，聚焦重点引领城市发展

面对高质量发展阶段繁杂的存量土地再开发任务，单一的土地整备模式难以有效支撑。一方面，存量土地往往面对数量众多的物业权利主体和复杂多元的利益诉求，再开发成本相较增量土地大幅抬升，政府资金压力相应增加，在房地产下行的背景下更是面临扩大地方债务的风险。另一方面，地方政府有限的人力和资金，导致存量土地再开发效率相对偏低，难以及时响应广大居民和市场的多样化需求，且存在空间产品供需关系错位的隐患。

面对这一挑战，需要合理界定土地整备的适用范畴，使政府能够聚焦重点平台，充分发挥比较优势，集中行政和财力资源推动存量土地开发，以此引领城市转型发展。这些重点平台，既包括城市总体发展格局中具有重要战略意义的关键节点，如上海通过推动黄浦江两岸的土地整备和环境整治，实现了滨江地区的高端要素集聚和沿江扩散，引领城市功能格局的重组和优化；又包括助力城市产业转型发展的重大空间载体，例如深圳通过推进燕罗等20个先进制造业园区土地整备工作，释放规模化产业空间，优化设施配套和园区环境，为招引目标产业链提供有力的支撑。在重点平台的谋划中，优先与城市安全隐患和民生短板突出的地区相结合，使土地整备既能够发挥战略引领作用，又可以承担民生托底的责任，从而最大化政府资源投入的综合效益。

在推进重点平台土地整备的同时，还需合理引导社会和市场主体积极参与其他地区的改造提升，以满足社会主体的多样化需求，促进城市全面高质量提升。对于权利主体自主改造和市场主体改造的项目，需要结合城市发展阶段目标和特征，提供精准的政策供给，调动社会主体积极性，使社会资本参与推进土地要素的优化配置，同时合理设置准入门槛，保障城市的平稳发展。例如工业用地紧缺，而商品房去化周期较长的城市，需要通过更多政策优惠支持权利主体自主开展“工改工”，以此加大高品质产业空间的供给；而对“改居商”类项目需严格控制市场改造的准入门槛，避免因存量开发导致商品房的过度放量，对城市住房及土地市场带来冲击。

（2）利益共享：优化利益分配格局促进包容性增长

对于政府主导的土地整备项目，需要基于地方实际，逐步优化土地增值收益的分配格局，合理平衡政府、权利主体、市场、租户和社会公众的利益空间，降低各方之间的沟通博弈成本，实现多方共赢和包容性发展。

首先要解决的问题是如何划分政府与权利主体的利益分成，在保障城市公共利益的同时，提高权利主体收益预期，以此激发其参与整备的积极性。其中，除了结合地方实际情况和权利主体诉求，适当提高补偿安置标准外，还需要探索更加多元的补偿方式，满足原权利人的多样化诉求。例如借鉴深圳“留用地”制度，在农村集体经营性建设用地入市改革的背景下，探索完善返还地的补偿机制，使村集体能够获得一定的土地发展权，从而保障其长远收益；抑或探索将货币或物业补偿转化为股权，使村集体可以通过入股旧改基金、产投基金、高成长性产业等，获取长期稳定的收益。

同时，为有效降低政府财政压力，各地需要结合地方实际探索将市场主体引入土地整备的可行路径，通过市场资本助力政府推进整备工作。引入市场机制的核心，是保障市场获取合理的开发利润，结合各地实践经验，其关键举措是逐步推进土地出让制度改革，通过协议出让、定向挂牌、带方案出让等路径，实现"土地一二级联动开发"，使土地二级开发的收益能够有效反哺一级开发，形成更加稳定和明确的收益预期，从而调动市场参与土地整备的积极性。

此外，还需要充分考虑租户的权益，避免新市民群体在土地整备中面临利益受损的局面，保障社会公平，促进包容性增长。这既需要有效回应租户的短期利益诉求，合理补偿因停产停业、临时搬迁等导致的经济损失，也需要合理地保障其长期利益，可借鉴国内外城市实践，通过供给一定规模的可负担住房，为租户提供优先租赁权或购买权，以实现更加包容的发展。

（3）技术转型：从"蓝图规划"到"治理规划"的范式转型

面对土地整备的工作转型，还需要积极推进规划范式改革，在传统空间规划的基础上，强化土地整理、利益统筹、治理模式等方面的设计，使其从"蓝图式"规划向"治理型"规划转变，切实指导土地整备项目的实施。

对于土地整理，需要厘清现状土地权属关系，在国家和地方土地政策的基础上，通过不同层次规划，引导土地整合和连片开发。在宏观层面，需基于增量和存量土地开发潜力评估，识别重点片区，引导增存土地联动开发，以实现规模化的土地供给。在中微观层面，需要结合相关权利主体诉求，提出各类土地权属进行腾挪、置换、归宗、零星用地处置等的路径，形成捆绑改造单元，明确具体改造模式，以此促进土地规整连片开发。

对于利益统筹，则需有效对接空间方案和经济测算，通过规划赋能提升土地价值，在保障整体经济可行的同时，促进各个项目收益平衡。一方面，需要通过合理的用地结构配置，保障片区整体开发收益能够有效覆盖投入成本，实现土地整备的经济平衡和持续推进；另一方面，需要通过合理布局各类用地，保障不同开发主体或不同阶段的项目，能够基本实现资金自平衡，且避免各项目间存在过于悬殊的收益差距。

对于治理模式，则需要积极探索土地整备过程中不同主体的协同实施路径和长效治理机制。这既包括明确各个利益主体的权责关系，保障其在推进土地整备的过程中，能够有效行使被授予的权利，并落实应负的责任；也包括优化各个主体间的协作关系，通过合理搭建共治平台，促进不同主体间的有效沟通，逐步达成共识，协作推进项目的实施。

（4）治理变革：推动存量开发与社会治理的协同互促演进

在以往的土地整备工作中，更多强调物质空间的改善，而对社会治理的改善缺乏足够重视。事实上，由于存量土地开发涉及众多利益主体，其推进实施的过程，也是不同社会群体协商博弈的过程，这为优化社会治理格局，特别是推进基层治理体系的改革，提供了宝贵的契机。而基层治理体系的改善，也可以加快整备项目实施，保障改造后的空间有效管理。

因此，在未来的土地整备工作中，应进一步强化对社会治理体系的设计，通过优化基层治理格局，搭建党建引领、多方参与、共商共治的基层自治平台，有效汇集和协调各级政府、权利主体、租户、市场主体及社会公众的多元诉求，形成政府和权利主体有效沟通的桥梁，引领各方逐步寻求共识，协同开展土地整备及长效运营管理工作。

参考资料

[1] 陈春艳. 地票交易对重庆产业结构升级的影响分析[D]. 成都：四川大学，2021.

[2] 陈慧玲. 强区放权改革背景下深圳市保障性住房政策执行困境研究[D]. 深圳：深圳大学，2020.

[3] 陈群弟. 土地整备整村统筹：存量规划建设的一个新探索[J]. 城市，2016（7）：45-48.

[4] 陈悦. 重庆地票交易制度研究[J]. 西部论坛，2010，20（6）：1-5.

[5] 段磊，许丛强，岳隽. 深圳"整村统筹"土地整备改革：坪山实验[M]. 北京：中国社会科学出版社，2018.

[6] 冯小红. 机构改革背景下存量用地开发趋势分析：以深圳市为例[J]. 中国国土资源经济，2019，32（10）：46-52.

[7] 傅荣校. 警惕基层治理"节点"上的权责失衡：关于上级"甩锅"现象的思考[J]. 人民论坛，2018（17）：40-41.

[8] 龚亚男. 土地产权视角下顺德村级工业园转型机制研究[D]. 广州：华南理工大学，2021.

[9] 顾汉龙，刘忆莹，王秋兵. 土地发展权交易与区域经济增长的时空溢出效应：基于重庆地票交易政策的实证分析[J]. 中国人口·资源与环境，2020，30（3）：126-134.

[10] 顾秀莉. "两规合一"背景下的土地储备规划编制初探：以上海浦东新区近期土地储备规划为例[J]. 上海城市规划，2010（4）：5-8.

[11] 郭旭，田莉. "自上而下"还是"多元合作"：存量建设用地改造的空间治理模式比较[J]. 城市规划学刊，2018（1）：66-72.

[12] 郭旭. 发达地区存量规划治理困境研究：理论分析框架与改革建议[J]. 城市规划，2022，46（8）：18-25.

[13] 郭炎，袁奇峰，李志刚，等. 破碎的半城市化空间：土地开发治理转型的诱致逻辑——佛山市南海区为例[J]. 城市发展研究，2017，24（9）：15-25.

[14] 郭源园. "整村统筹"土地整备实践中的问题及对策建议：以深圳市南布社区为例[J]. 城市观察，2021（2）：117-127.

[15] 国家统计局. 中华人民共和国2022年国民经济和社会发展统计公报[J]. 中国统计，2023（3）：12-29.

[16] 黄婧，吴沅箐. 乡村振兴背景下的上海市郊野单元村庄规划研究：以松江区泖港镇试点为例[J]. 上海国土资源，2020，41（2）：13-18.

[17] 黄利华，李汉飞，焦政. 集体土地主导权下的城市更新路径研究：以佛山市南海区为例[J]. 规划师，2022，38（10）：74-79.

[18] 黄绍华，缪海粟，沈欣. 土地征收成片开发的实践与思考：以浙江省宁波市为例[J]. 中国

土地，2023（1）：39-41.
[19] 黄卫东. 城市治理演进与城市更新响应：深圳的先行试验[J]. 城市规划，2021，45（6）：19-29.
[20] 解安，林进龙. 中国农村人口发展态势研究：2020—2050年[J]. 中国农村观察，2023（3）：61-86.
[21] 李江，胡盈盈. 转型期深圳城市更新规划探索与实践[M]. 南京：东南大学出版社，2015.
[22] 梁雄飞，李汉飞，朱墨，等. 村级工业园升级改造助推高质量发展的新举措：以佛山市《顺德区高质量推动村级工业园升级改造总体规划》为例[J]. 规划师，2021，37（4）：51-56.
[23] 林坚，陈雪梅. 郊野单元规划：高度城市化地区国土整治和用途管制的重要抓手[J]. 上海城市规划，2020（2）：99-103.
[24] 林强，李孟徽，李茜，等. 存量用地更新的新模式：深圳土地整备规划与政策研究[J]. 城乡规划，2022（3）：127-132.
[25] 林强，李泳，夏欢，等. 从政策分离走向政策融合：深圳市存量用地开发政策的反思与建议[J]. 城市规划学刊，2020（2）：89-94.
[26] 刘彬，吕贤军，古杰. 人本视角下城市微更新规划研究：以益阳市康富片区为例[J]. 城市学刊，2018，39（3）：87-92.
[27] 刘澄宇，龙开胜. 集体建设用地指标交易创新——特征、问题与对策：基于渝川苏浙等地典型实践[J]. 农村经济，2016（3）：27-33.
[28] 刘荷蕾，陈小祥，岳隽，等. 深圳城市更新与土地整备的联动：案例实践与政策反思[J]. 规划师，2020，36（9）：84-90.
[29] 刘燕，杨庆媛. 地票制度下贫困地区土地生态功能的拓展：以重庆的实践为例[J]. 中国土地，2020（12）：36-38.
[30] 刘永红，刘秋玲. 深圳规划制度改革：从近期建设规划到近期建设规划年度实施计划[J]. 城市发展研究，2011，18（11）：65-69.
[31] 慕卫东. 重庆地票制度的功能研究：制度经济学视角[D]. 重庆：西南大学，2016.
[32] 钱家潍，金忠民，殷玮. 基于上海郊野单元规划实践的土地集约利用模式研究初探[J]. 上海城市规划，2015（4）：87-91.
[33] 深圳市光明区城市更新和土地整备局课题组. "双区"驱动下土地整备机制改革实践研究[J]. 特区实践与理论，2020（5）：65-71.
[34] 施玉麒. 上海经营性土地储备制度及机制完善[J]. 上海国土资源，2012，33（1）：15-19.
[35] 司马晓，赵广英，李晨. 深圳社区规划治理体系的改善途径研究[J]. 城市规划，2020，44（7）：91-101.

[36] 宋德凤. 土地新政背景下深化上海土地储备工作的对策思考[J]. 上海国土资源，2016，37（4）：63-65.

[37] 覃文超. 产业空间房地产化引发的思考：以深圳工业区更新改造为例[J]. 特区经济，2022（5）：17-20.

[38] 唐健. 成片土地开发制度演变及政策设计[J]. 中国土地，2020（10）：4-8.

[39] 唐艳. 产权视角下台湾都市更新实施方法研究及对大陆的启示[D]. 哈尔滨：哈尔滨工业大学，2013.

[40] 田莉，罗长海. 土地股份制与农村工业化进程中的土地利用：以顺德为例的研究[J]. 城市规划，2012，36（4）：25-31.

[41] 田莉，姚之浩，郭旭，等. 基于产权重构的土地再开发：新型城镇化背景下的地方实践与启示[J]. 城市规划，2015，39（1）：22-29.

[42] 田莉. 摇摆之间：三旧改造中个体、集体与公众利益平衡[J]. 城市规划，2018，42（2）：78-84.

[43] 王朝宇，朱国鸣，相阵迎，等. 从增量扩张到存量调整的国土空间规划模式转变研究：基于珠三角高强度开发地区的实践探索[J]. 中国土地科学，2021，35（2）：1-11.

[44] 王富海. 城市更新行动：新时代的城市建设模式[M]. 北京：中国建筑工业出版社，2022.

[45] 王婧，方创琳，王振波. 我国当前城乡建设用地置换的实践探索及问题剖析[J]. 自然资源学报，2011，26（9）：1453-1466.

[46] 王玲慧. 基于国土空间规划管理视角的上海高质量土地储备的思考[J]. 上海城市规划，2020（1）：77-81.

[47] 王笑笑，赵华甫. 留白用地的定位及管控机制研究：基于国土空间规划语境[J]. 中国土地，2021（1）：22-24.

[48] 王雪妍.城市更新背景下超大特大城市城中村改造的模式探究：基于北京、深圳、上海等城市的经验[J].新型城镇化，2024（3）：53-56.

[49] 伍灵晶，刘芳，罗罡辉，等. 构建存量土地开发的市场化机制：理论路径与深圳实践[J]. 城市规划，2022，46（10）：46-55.

[50] 肖靖宇，戴根平，魏秀月. 深圳市土地整备利益统筹共享机制研究[J]. 规划师，2020，36（16）：38-44.

[51] 许世光. 国土空间规划背景下的近期建设规划演变前景与展望[J]. 规划师，2021，37（10）：82-86.

[52] 许亚萍，吴丹. 基于土地增值收益分配的深圳土地整备制度研究[J]. 规划师，2020，36（9）：91-94.

[53] 杨秋惠. 镇村域国土空间规划的单元式编制与管理：上海市郊野单元规划的发展与探索

[J]. 上海城市规划，2019（4）：24-31.
[54] 叶斌. 空间规划视角下土地征收“成片开发”类型界定及标准研究[J]. 中国土地，2020（11）：13-16.
[55] 游和远，童佳慧，王学才.新一轮低效用地再开发中的“再适应”及其对策建议[J].中国土地，2024（3）：28-31.
[56] 袁奇峰，钱天乐，杨廉.“内卷化”约束视角下的珠江三角洲地区旧村改造：以佛山市南海区XB村为例[J]. 现代城市研究，2016（10）：46-52.
[57] 岳隽. 关于深圳城市更新和土地整备内在运作机制的思考[J]. 中国土地，2022（9）：18-21.
[58] 张开泽. 村级工业园改造的问题与对策：以广东省佛山市为例[J]. 理论与当代，2020（3）：21-23.
[59] 张松. 上海浦江滨水岸线工业遗产保护更新实践[J]. 建筑实践，2021（11）：26-35.
[60] 张宇. 高度城市化区域土地整备运作机制研究：以深圳市为例[J]. 特区经济，2012（1）：21-23.
[61] 赵广英，宋聚生. 规划史观：改革开放以来的深圳规划历程回顾[J]. 城市学刊，2022，43（4）：23-31.
[62] 赵燕菁. 城市更新中的财务问题[J]. 国际城市规划，2023，38（1）：19-27.
[63] 邹兵. 行动规划・制度设计・政策支持：深圳近10年城市规划实施历程剖析[J]. 城市规划学刊，2013（1）：61-68.
[64] 左为. 城市规划的“留白”之道[J]. 城市规划，2018，42（1）：83-91.